"十四五"职业教育国家规划教材

高等职业教育"新资源、新智造"系列精品教材

电机与变压器
项目实训——教、学、做一体（第2版）

马宏骞　姜　伟　主　编

杨弟平　邹大为　副主编

电子工业出版社

Publishing House of Electronics Industry

北京·BEIJING

内 容 简 介

"电机与变压器实训"课程是电气自动化专业学生的必修课,也是践行高职教育教学改革、推广"1+X"证书的课程之一。全书包含 5 个项目,分别为项目 1 电机测量仪表、维修工具及材料的使用、项目 2 变压器的维修与维护、项目 3 三相异步电动机的维修与维护、项目 4 单相异步电动机的维修与维护、项目 5 控制电机的认识。本书在每个项目中又设置了若干个任务,全书共提供 18 个任务。此外,本书还附有常用电机维修参数表,方便学生查找维修数据。

本书突出了工程实用性,理实结合、易教易学,可作为高职高专院校电气自动化技术专业的理实一体化教学用书,也可作为培训机构和企业人员的自学用书,以及相关技术人员的参考用书。

未经许可,不得以任何方式复制或抄袭本书之部分或全部内容。
版权所有,侵权必究。

图书在版编目(CIP)数据

电机与变压器项目实训:教、学、做一体 / 马宏骞,姜伟主编. —2 版. —北京:电子工业出版社,2019.11
ISBN 978-7-121-37777-8

Ⅰ. ①电… Ⅱ. ①马… ②姜… Ⅲ. ①电机—高等职业教育—教学参考资料②变压器—高等职业教育—教学参考资料 Ⅳ. ①TM

中国版本图书馆 CIP 数据核字(2019)第 240660 号

责任编辑:王昭松
印　　刷:天津千鹤文化传播有限公司
装　　订:天津千鹤文化传播有限公司
出版发行:电子工业出版社
　　　　　北京市海淀区万寿路 173 信箱　邮编 100036
开　　本:787×1 092　1/16　印张:14　字数:358.4 千字
版　　次:2013 年 11 月第 1 版
　　　　　2019 年 11 月第 2 版
印　　次:2025 年 6 月第 13 次印刷
定　　价:45.00 元

凡所购买电子工业出版社图书有缺损问题,请向购买书店调换。若书店售缺,请与本社发行部联系,联系及邮购电话:(010)88254888,88258888。
质量投诉请发邮件至 zlts@phei.com.cn,盗版侵权举报请发邮件至 dbqq@phei.com.cn。
本书咨询联系方式:(010)88254015　wangzs@phei.com.cn　QQ:83169290。

第 2 版前言

一、缘起

电机作为机电能量转换的重要装置，不仅是电气传动的基础设备，更是工业生产的主要动力来源。可以说，只要有电能应用的场合，就会有电机的身影。因此，学习电机技术与应用对电气自动化专业学生来说非常重要。为落实国家职业教育 20 条新要求，推进产教融合、校企合作新发展，本书在总结上一版教材优缺点、充分分析近几年职业教育发展新要求及技术发展新动向的基础上，对教材内容进行了修订，以期更好地满足职业院校师生的需要。

二、编写结构

全书将"电机原理""拖动基础""控制电机""电机维修与维护"等内容有机融合，共设置了 5 个项目，分别为项目 1 电机测量仪表、维修工具及材料的使用，项目 2 变压器的维修与维护，项目 3 三相异步电动机的维修与维护，项目 4 单相异步电动机的维修与维护，项目 5 控制电机的认识。针对不同的学习内容，本书在每个项目中又设置了若干个任务，全书共提供了 18 个任务。

三、本书特色

（1）校企合作、协同育人

为准确把握高职教材特色、突出职业能力培养主线、实现理论与实践的有效衔接，本书的编写大纲由校企专家共同审议商定。本书编者职业教育背景深厚，不仅有教学一线的教学名师，还有三菱电机自动化（中国）公司的技术专家，他们的专业性为本书的编写提供了有力的技术保障。

（2）素材真实、指导性强

本书的很多内容均来自生产实践，其中一些内容是编者亲身经历的案例，这些案例生动具体、针对性极强。书中所使用的图片大多是编者在工厂车间和电机维修场所拍摄的，画面清晰、表达准确、写实性强、说明有力，具有很高的实践指导性。另外，编者还把多年积累的宝贵实践经验和教学体会，通过"课堂讨论""工程经验""应用实战"等形式一一呈现给读者，这些对读者快速提高电机应用能力有很大帮助。

（3）内容新颖、技术全面

本书以提升学生电机应用能力为重点，在编写内容上着重介绍电机的使用、安装、维修和维护方法，力求让学生学有所用、学以致用；在编写体例上充分体现"教、学、做"一体化教学理念，力求让学生学有所得、技有所长。本书以国家职业岗位标准为依据、以工业现场技术要求为导向，以任务形式开展专项训练，力求"真事、真学、真做"，使学生不仅懂得电机的结构和原理，会选用和使用电机，而且还能维修和维护电机。

（4）教学资源丰富，支持新形态教学

本书配备大量高质量教学资源，这些教学资源对书中的重点学习内容进行了生动描述和详细分析，能全方位支持新形态教学。

四、致谢

本书由辽宁机电职业技术学院老师和三菱电机自动化（中国）有限公司工程技术人员共同合作编写。马宏骞、姜伟担任主编，杨弟平和邹大为担任副主编，李美萱和牟迪参编，其中，马宏骞负责全书统筹并编写附录A～D，牟迪编写项目1，邹大为编写项目2，姜伟编写项目3，李美萱编写项目4，杨弟平编写项目5。

任何一本新书都是在认真总结和借鉴前人成果的基础上创新发展起来的，本书在编写过程中无疑也参考和引用了许多前人优秀著作与论文的精华。在此向本书所参考和引用其著作和论文的作者表示最诚挚的敬意和感谢！

由于编者水平所限，书中不妥之处在所难免，敬请兄弟院校的师生给予批评和指正。请您把对本书的建议告诉我们，以便我们修订时改进。所有意见和建议请发至：E-mail:zkx2533420@163.com 。

编　者

2019年10月

目 录

项目1 电机测量仪表、维修工具及材料的使用 …………………………………………………… (1)
  任务1 电机测量仪表的使用 …………………………………………………………………… (1)
  任务2 电机安装维修工具的使用 ……………………………………………………………… (11)
  任务3 电机维修专用工具的使用 ……………………………………………………………… (21)
  任务4 电机维修材料的选用 …………………………………………………………………… (35)

项目2 变压器的维修与维护 …………………………………………………………………………… (47)
  任务1 小型变压器的绕制 ……………………………………………………………………… (47)
  任务2 变压器同极性端的判别 ………………………………………………………………… (57)
  任务3 电力变压器的维护 ……………………………………………………………………… (60)

项目3 三相异步电动机的维修与维护 ………………………………………………………………… (66)
  任务1 三相异步电动机铭牌的认识 …………………………………………………………… (66)
  任务2 三相异步电动机的拆装 ………………………………………………………………… (75)
  任务3 三相异步电动机的安装 ………………………………………………………………… (87)
  任务4 三相定子绕组的重绕 …………………………………………………………………… (93)
  任务5 三相异步电动机绕组首末端的判别及接线 …………………………………………… (115)
  任务6 三相异步电动机的巡检和维护 ………………………………………………………… (124)
  任务7 三相异步电动机的故障分析 …………………………………………………………… (131)

项目4 单相异步电动机的维修与维护 ………………………………………………………………… (154)
  任务1 单相异步电动机的认识 ………………………………………………………………… (154)
  任务2 单相异步电动机的故障分析 …………………………………………………………… (168)

项目5 控制电机的认识 ………………………………………………………………………………… (180)
  任务1 步进电机控制训练 ……………………………………………………………………… (180)
  任务2 伺服电机控制训练 ……………………………………………………………………… (190)

附录A 电机绕线模尺寸 ………………………………………………………………………………… (201)
附录B 常见的三相异步电动机技术数据 ……………………………………………………………… (207)
附录C 常用圆漆包线规格数据 ………………………………………………………………………… (212)
附录D 常见的单相异步电动机技术数据 ……………………………………………………………… (214)
参考文献 …………………………………………………………………………………………………… (217)

项目1　电机测量仪表、维修工具及材料的使用

在安装、运行和维修电机的过程中，电机维修人员经常用到测量仪表与维修工具。因此，测量仪表与维修工具的使用是电机维修人员必须熟练掌握的一项重要技能。此外，能正确选用维修材料也是电机维修人员应具备的能力。

任务1　电机测量仪表的使用

【任务要求】

本任务要求学生认识电机测量仪表，掌握电机测量仪表的用途和使用方法。

知识目标

1. 认识电机测量仪表，了解电机测量仪表的用途；
2. 了解电机测量仪表的结构及工作原理；
3. 掌握电机测量仪表的使用方法及测量注意事项。

技能目标

能熟练使用电机测量仪表。

【任务相关知识】

常用的电机测量仪表主要有万用表、绝缘电阻表、钳形电流表等。

1. 万用表

作为电工测量仪器，万用表的使用最为广泛。它可以测量直流电流、直流电压、交流电流、交流电压、电阻和晶体管直流参数等物理量。根据测量原理及测量结果显示方式的不同，万用表可分为两大类：指针式万用表和数字式万用表，其外形如图1-1-1所示。

1）MF-47型万用表

MF-47型万用表是一款多量程、多用途、便携式测量仪表，其外形如图1-1-2所示。该型万用表的读数采用指针指示方式，具有量限多、分挡细、灵敏度高、体形轻巧、性能稳定、过载保护可靠、读数清晰、使用方便等优点，因而在电机维修工作中被广泛使用。

（1）主要功能

MF-47型万用表具有26个基本量程，还有测量电平、电容、电感、晶体管直流参数等7个附加参考量程，是一种通用型万用表。

在表的面板上有带多条标度尺的标度盘、转换开关的旋钮、在测量电阻时实现调零的电位器的旋钮、供接线用的插孔等。

（2）主要技术指标

MF-47型万用表的技术指标如下。

直流电压测量范围：0～0.25V，0～1V，0～10V，0～50V，0～250V，0～500V，0～1000V；

（a）指针式　　　　　　　（b）数字式

图 1-1-1　万用表外形　　　　　　　　图 1-1-2　MF-47 型万用表

交流电压测量范围：0～10V，0～50V，0～250V，0～500V，0～1000V，0～2500V；
直流电流测量范围：0～50μA，0～0.5mA，0～5mA，0～50mA，0～500mA，0～5A；
电阻测量范围：0～2kΩ，0～20kΩ，0～200kΩ，0～2MΩ，0～40MΩ。

（3）测量方法

测量过程：插孔选择→机械调零→物理量选择→量程选择→物理量的测量→读数。

① 插孔选择。将红表笔插入标有"+"符号的插孔，将黑表笔插入标有"-"符号的插孔。

② 机械调零。将万用表水平放置，短接红、黑两表笔，调节表盘上的机械调零旋钮，使表针指准零位。

③ 物理量选择。物理量选择就是根据不同的被测物理量将转换开关旋至相应的位置。

④ 量程选择。选择量程时，应先预估被测量的大小，再确定合适的量程。如果被测量的等级是未知的，则应从最大挡位开始逐一进行测试，直到指针偏摆接近满刻度的 2/3 位置。这样既可以避免烧表的可能，又可以保证测量的精度。

量程的选择标准：测量电流和电压时，应使表针偏转至满刻度的 1/2 或 2/3 以上；测量电阻时，应使表针偏转至中心刻度值的 1/10～10 倍。

⑤ 物理量的测量。

电压测量：将万用表与被测电路并联测量；测量直流电压时，应将红表笔接高电位、黑表笔接低电位；若无法区分高低电位，应先将一只表笔接一端，另一只表笔触碰另一端，若表针反偏，则说明表笔接反；测量高电压（500～2500V）时应戴绝缘手套，站在绝缘垫上进行操作，并使用高压测试表笔。

电流测量：将万用表串联在被测回路中；测量直流电流时，应使电流由红表笔流入万用表、再由黑表笔流出万用表；在测量中不许带电换挡，测量较大电流时应先断开电源再撤表笔。

电阻测量：首先应进行电气调零，即将两表笔短接，同时调节面板上的"欧姆调零"旋钮，使表针指在电阻刻度的零点上,若调不到零点,说明万用表内电池不足,需要更换电池;断开被测电阻的电源及连接导线进行测量;测量过程中每变换一次量程挡位,应重新进行欧姆调零;测量过程中表笔应与被测电阻接触良好,手不得触及表笔的金属部分,以减小不必要的测量误差;被测电阻不能有并联支路。

> **测量口诀**
> 一看:拿起表笔看挡位;
> 二扳:对应电量扳到位;
> 三调零:测量欧姆先调零;
> 四测:测量稳定记读数;
> 五复位:放下表笔及复位。

⑥ 读数。读数时应根据不同的测量物理量及量程,在相应的刻度尺上读出指针指示的数值。另外,读数时应尽量使视线与表面垂直,以减小由于视线偏差所引起的读数误差。

实战技巧

技巧1:"舍近求远"。
转动万用表的拨盘时,一定要顺时针旋转,例如,原来的挡位是 R×100,想要更换到 R×1k 挡位时,需要旋转一大圈才行,这样能有效保护万用表的多刀多掷开关。

技巧2:"偷工减料"。
在测量电路的通断和测量二极管和三极管的 PN 结时,不必做几挡的校准工作。

技巧3:"联合作战"。
用万用表测量发光二极管时,应尽量使用 R×1 和 R×10 低挡位,以减少电池的消耗。若表内没有 9V 电池,只能用 R×1k 挡,则不容易测量出发光二极管的正反向电阻,因为此时表内的电池只有 1.5V,不能将 PN 结导通。可采用两块万用表串联,将甲表的红表笔插入乙表的黑表笔插孔中,用甲表的黑表笔和乙表的红表笔来测量发光二极管。若仍用 R×1k 挡,则能明显看出正反向电阻的差别;若用 R×10 挡,则在正向导通时可使发光二极管发光。

技巧4:"孤身迎敌"。
在测量 220~380V 交流电或高压直流电时,要用一只手握住表笔进行测量,以免造成意外触电事故。

(4) MF-47 型万用表的维护
① 每次使用后,应拔出表笔。
② 将量程选择开关拨到交流电压最高挡,防止下次开始测量时不慎烧坏万用表。
③ 长期搁置不用时,应将万用表中的电池取出,以防止电池电解液渗漏而腐蚀内部电路。
④ 平时要保持万用表干燥、清洁,严禁振动和机械冲击。

2) DM-B 型数字式万用表
(1) 主要功能
DM-B 型数字式万用表是一款数显式电子测量仪表,具有高输入阻抗、高可读性、高智能性等特点,其外形如图 1-1-3 所示。该型万用表不仅可以测量一般物理量,还可以自动调零、自动分辨电极、显示极性、超量程显示和低压指示,并具有过流保护和过压保护能力。

图1-1-3　DM-B型数字式万用表

（2）主要技术指标

DM-B型数字式万用表的主要技术指标如下。

直流电压测量范围：0～200mV，0～2V，0～20V，0～200V，0～1000V；

交流电压测量范围：0～200mV，0～2V，0～20V，0～200V，0～750V；

直流电流测量范围：0～200μA，0～2mA，0～20mA，0～200mA；

交流电流测量范围：0～200μA，0～2mA，0～20mA，0～200mA；

电阻测量范围：0～200Ω，0～2kΩ，0～20kΩ，0～200kΩ，0～2MΩ，0～20MΩ；

二极管：显示正向导通压降数值；

电路通断：蜂鸣器提示电路的导通。

（3）测量方法

电压测量：将红表笔插入"600V"插孔，黑表笔插入"COM"插孔，根据所测电压选择合适量程后，将表笔与被测电路并联即可进行测量。但要注意，不同的量程其测量精度也不同，不能用高量程挡去测量小电压。

电流测量：将红表笔插入"10A"或"mA"插孔（根据量程大小选择），黑表笔插入"COM"插孔，合理选择量程，将两表笔串联接入被测电路即可进行测量。

电阻测量：将红表笔插入"Ω"插孔，黑表笔插入"COM"插孔，合理选择量程即可测量。

二极管的测量：将量程开关拨至二极管挡，红表笔插入"Ω"插孔、接二极管正极，黑表笔插入"COM"插孔、接二极管负极，若管子正常，则测锗管时应显示0.150～0.300V，测硅管时应显示0.550～0.700V，此为正向测量；反向测量时，将二极管反接，若管子正常将显示"1"，若管子不正常将显示"000"。

电路通断的检查：将红表笔插入"Ω"插孔，将量程开关旋至蜂鸣器挡，让表笔触及被测电路，若表内蜂鸣器发出蜂鸣声，则说明电路是通的，反之则不通。

3）万用表的使用注意事项

① 先检查表笔的绝缘层和连线是否有损坏甚至露出金属，再检查表笔连线的通断性。若连线有损坏，应更换后再使用。

② 用万用表测量一个已知的电压，来确定万用表是否能正常工作。若万用表工作异常，

请勿使用，因为此时保护设施可能已损坏。

③ 切勿在任何端子和地线间施加超出万用表额定电压的电压。

④ 测量各种物理量时，必须使用正确的端子，选择正确的功能和量程。

⑤ 使用测试探针时，手指应在保护装置的后面。

⑥ 与其他仪器和电路进行连接时，先连接公共测试导线，再连接带电的测试导线；切断连接时，先断开带电的测试导线，再断开公共测试导线。

⑦ 在测试电阻、导线和铜箔的通断性、二极管或电容之前，必须先切断电源再进行测试。大容量的电容器必须先进行放电。

2．绝缘电阻表

绝缘电阻表又称兆欧表或摇表，其外形如图 1-1-4 所示。它是一种测量高电阻的仪表，一般用于测量电气设备与电气线路的绝缘电阻。

1）结构及工作原理

绝缘电阻表的内部电路如图 1-1-5 所示，其主要组成部分是一个手摇直流发动机和一个磁电式流比计测量机构，以及一个电流回路和一个电压回路。摇动手柄带动导线旋转，切割磁力线，产生直流高电压。

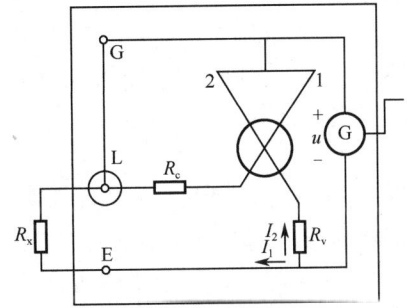

图 1-1-4 绝缘电阻表外形　　　　　　图 1-1-5 绝缘电阻表的内部电路

绝缘电阻表有 3 个接线柱，分别标有"L"（线）、"E"（地）和"G"（屏蔽），如图 1-1-6 所示，在进行一般测量时，只要把被测对象接在"线"和"地"之间即可。绝缘电阻表的刻度盘如图 1-1-7 所示，它能比较正确地反映绝缘电阻在高电压作用下的电阻值。

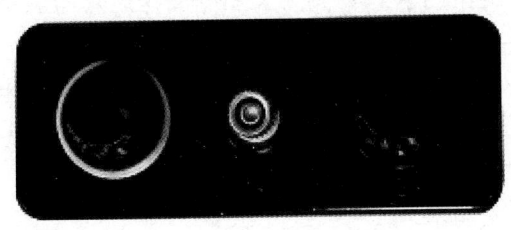

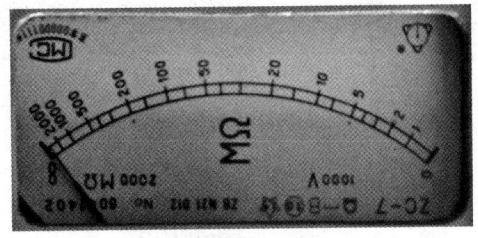

图 1-1-6 绝缘电阻表的接线柱　　　　　图 1-1-7 绝缘电阻表的刻度盘

2）测量方法

（1）检查偏转情况

第一步是将"线"与"地"开路，摇动绝缘电阻表的手柄，使其达到额定转速，指针应指到"∞"；第二步是将"线"与"地"短接，摇动绝缘电阻表的手柄，使其达到额定转速，指针应指到"0"。

注意：在测量时，绝缘电阻表必须水平放置。

（2）接线及测量

将被测对象接在"线"和"地"之间，摇动绝缘电阻表的手柄，速度由慢到快，最终稳定在120r/min，约1min，待指针稳定后读数。

注意：绝缘电阻表内没有游丝，不使用时，表针可以停留在任意位置，此时读数是没有意义的。因此，使用绝缘电阻表时必须在摇动发电机时读数。

3）使用注意事项

用绝缘电阻表测量绝缘电阻似乎是简单容易的事，但实际上，如果接线或操作不正确，会直接影响到测量的结果，甚至危及人身安全，因此，必须注意以下事项。

① 选用绝缘电阻表时，其额定电压一定要与被测电气设备或电气线路的工作电压对应。根据电工技术规程，使用绝缘电阻表测量电气设备时，要求测量电压不得低于该设备的正常工作电压。例如，测量高压设备的绝缘电阻，不能用额定电压500V以下的绝缘电阻表，因为这时测量结果不能反映工作电压下的绝缘电阻。当然，也不能用额定电压太高的绝缘电阻表来测量低压电气设备的绝缘电阻，以免损坏绝缘。此外，绝缘电阻表的测量范围也应与被测绝缘电阻的范围相吻合。

② 在表面不干净或潮湿的情况下测量绝缘电阻时，必须使用屏蔽"G"接线柱。被测设备表面也应擦拭干净，否则将引起漏电，影响测量数值的准确性。

③ 测量电气设备的绝缘时，必须先切断电源，再将设备放电，以保证人身安全和测量数值的准确。

④ 如果被测电气设备短路，表针指向"0"点，应立即停止摇动，以防绝缘电阻表因过热而烧坏。测量时手摇发电机转速要求为120r/min左右，过快或过慢将使指针左右颤动。

⑤ 在摇动绝缘电阻表时，接线柱间具有较高电压，不能用手触及，以防触电。只有在绝缘电阻表停止转动和被测设备充分放电之后，才能用手触及被测设备的导电部分。

⑥ 严禁带电测量。在有电容的电路中，要及时放电，以防发生触电事故。对于有可能感应出高压的设备，要采取措施，消除感应高电压后才能测量。在有雷电时，或在临近高压设备时，不允许测量。

⑦ 绝缘电阻表与被测设备之间的连接线应当采用单股绝缘导线，不可采用双股绝缘导线。

⑧ 在测量电缆芯对电缆壳的绝缘电阻时，应将电缆壳与电缆芯之间的绝缘物接保护环，以消除因表面漏电而引起的误差。

3. 钳形电流表

钳形电流表又称测流钳，它是一种电流测量仪表。普通的钳形电流表可以测量1～1000A的交流电流，但其测量精度不高，通常为2.5～5级。钳形电流表可分为两大类：指针式钳形电流表和数字式钳形电流表，其外形如图1-1-8所示。

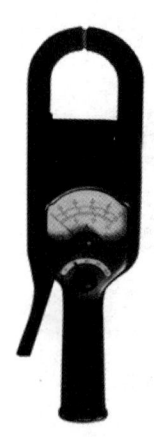

（a）指针式　　（b）数字式

图1-1-8　钳形电流表外形

1）结构及工作原理

钳形电流表由电流互感器和电流表组合而成。电流互感器的铁芯在捏紧扳手时可以张开，被测电流所通过的导线可以不必切断直接穿过铁芯张开的钳口，当放开扳手后铁芯闭合。穿过铁芯的被测电路导线成为电流互感器的一次线圈，被测电流在二次线圈中感应出电流，并通过与二次线圈相连接的电流表指示，从而测出被测电路的电流。

利用钳形电流表可以随时随地测量电路中的电流值，不必像普通电流互感器那样必须固定在一处，或者在测量时一定要断开电路而将原绕组串联进去。目前，人们常用的是指针式钳形电流表，如图1-1-8（a）所示，其使用示意图如图1-1-9所示。

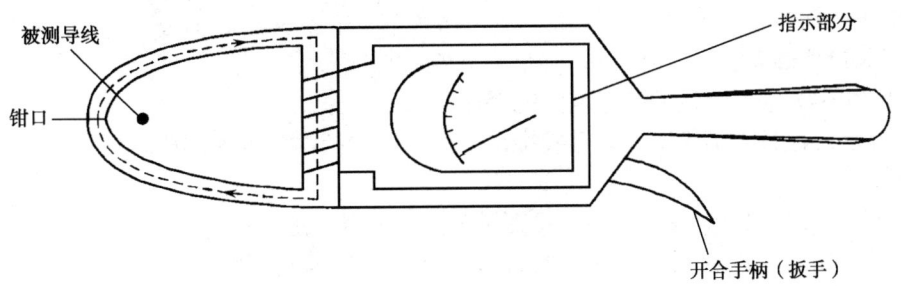

图1-1-9 指针式钳形电流表使用示意图

随着新产品的研制开发，钳形电流表已由指针式发展到数字式，由单一功能型发展到多功能型，测量准确度也有很大程度的提高，如图1-1-8（b）所示。它的测量范围基本囊括了电路的全部常规电参数，如电流、电压、电阻、有功功率、频率、相位角、功率因数等。

2）使用方法

① 选择合适挡位。估计被测电流的大小，选择合适的量程。若不确定，可先用大量程挡测量，然后逐渐减小挡位，直到合适为止。

② 测量及读数。张开钳口，将被测导线放在钳口中央区域；闭合钳口，按下锁定按钮，读数。

3）钳形电流表的选用

钳形电流表的种类很多，在选择时主要考虑被测导线的形状、粗细、被测电流的大小，以及所需测量的功能等。

4）使用注意事项

① 与带电导线保持距离，一般来说，与10kV带电导线的安全距离为0.7m以上，与380V带电导线的安全距离为0.3m以上，要一人监护，一人操作。

② 钳形电流表可以通过转换开关的挡位改换不同的量程，但拨挡时必须把钳口打开。为消除铁芯中剩磁的影响，应将钳口开、合数次。

③ 当被测电流小于5A时，为获得较准确的读数，可把导线多绕几圈放进钳口进行测量。但实际电流数值应为读数除以放进钳口内的导线根数。

④ 钳口两面要保证很好的吻合，如有污秽之物，应用汽油擦净再测。

⑤ 钳形电流表每次只能测量一相导线的电流，被测导线应置于钳形窗口中央，不可以将多相导线都放入窗口测量。

⑥ 不允许在绝缘不良或裸露的导线上测量，以免发生导电事故；也禁止在潮湿的地方和雨天在户外进行测量。

⑦ 测量后一定要把调节开关放在最大量程位置，以免下次使用时由于忘记选量程而造成仪表损坏。

【任务实施】

【任务实施器材】

① MF-47 型万用表，一块/组。
② DM-B 型数字式万用表，一块/组。
③ ZC-7 型绝缘电阻表，一块/组。
④ 钳形电流表，一块/组。

【任务实施步骤】

1. 用 MF-47 型万用表测量电阻值的操作

操作提示：检查表笔绝缘、调零校准；严禁用欧姆挡测量电压；注意测试安全。

操作要求：

第 1 步：如图 1-1-10（a）所示，将万用表水平放置，进行机械调零。

第 2 步：如图 1-1-10（b）所示，将量程选择开关拨到适当挡位。

第 3 步：如图 1-1-10（c）所示，将红、黑表笔短接，进行欧姆调零。注意，若"调零"旋钮已调到极限位置，但指针仍不指向"0Ω"位置，说明万用表内部电池电压已不足，应更换新电池后再测量。

第 4 步：如图 1-1-10（d）所示，将被测电阻和其他元器件或电源脱离，单手持表笔并跨接在电阻两端。

第 5 步：待指针偏转稳定后，读取测量值。

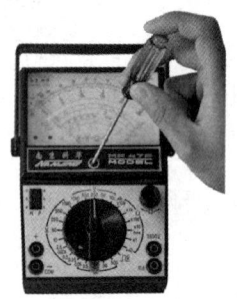   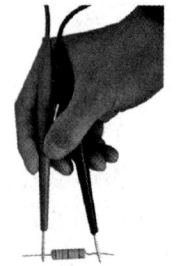

　　（a）机械调零　　　　　　（b）选择量程　　　　　　（c）欧姆调零　　　　　　（d）测量方法

图 1-1-10　用万用表测量电阻

2. 用 DM-B 型数字式万用表测量三相交流电压的操作

操作提示：DM-B 型数字式万用表的插孔较多，应注意区分。

操作要求：

第 1 步：将红表笔插入 600V 插孔，黑表笔插入 COM 插孔。

第 2 步：选择 600 挡位。

第 3 步：将红、黑表笔分别跨接在三相电源端子上。

第 4 步：读数。

3. 用绝缘电阻表测量电动机绕组绝缘电阻的操作

操作提示：电动机带电运行时，不允许测量绕组绝缘；操作者两手不允许触及表线探头；摇动手柄时，转速要保持 120r/min。

操作要求：

第 1 步：如图 1-1-11 所示，断开表线探头，摇动绝缘电阻表的手柄，保持 120r/min 转速，检验表的开路状态。

第 2 步：如图 1-1-12 所示，短接表线探头，摇动绝缘电阻表的手柄，保持 120r/min 转速，检验表的短路状态。

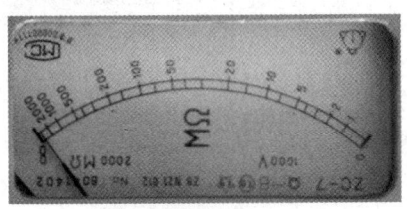

图 1-1-11　绝缘电阻表开路检验

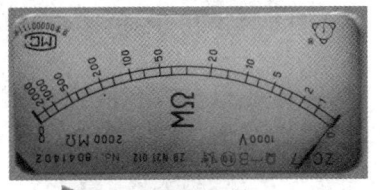
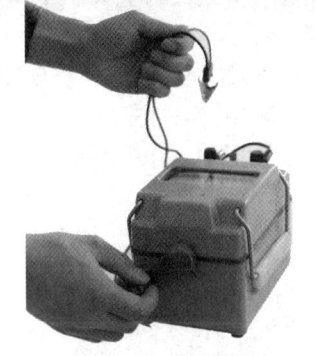
图 1-1-12　绝缘电阻表短路检验

第 3 步：如图 1-1-13 所示，将 L 表线探头触及电动机绕组的出线端，E 表线探头触及电动机壳体，摇动绝缘电阻表的手柄，保持 120r/min 转速，待指针稳定后，读取测量值。

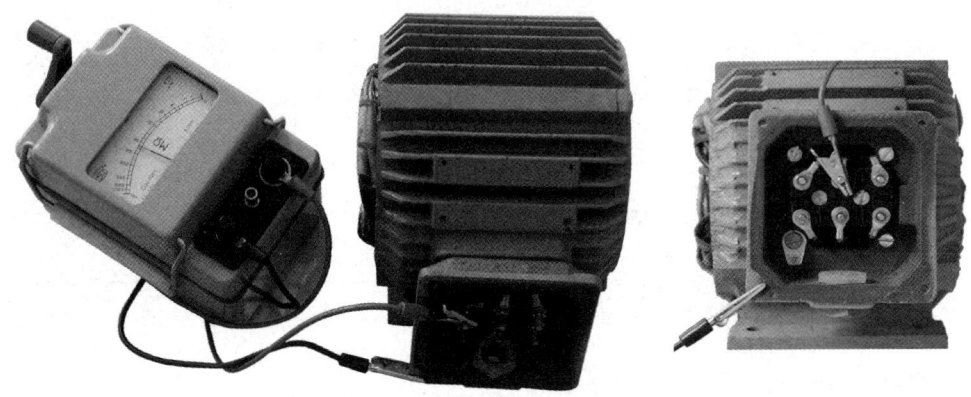

图 1-1-13　测量绕组对地绝缘

第 4 步：如图 1-1-14 所示，将 L 和 E 表线探头触及电动机任意两相绕组的出线端，摇动绝缘电阻表的手柄，保持 120r/min 转速，待指针稳定后，读取测量值。

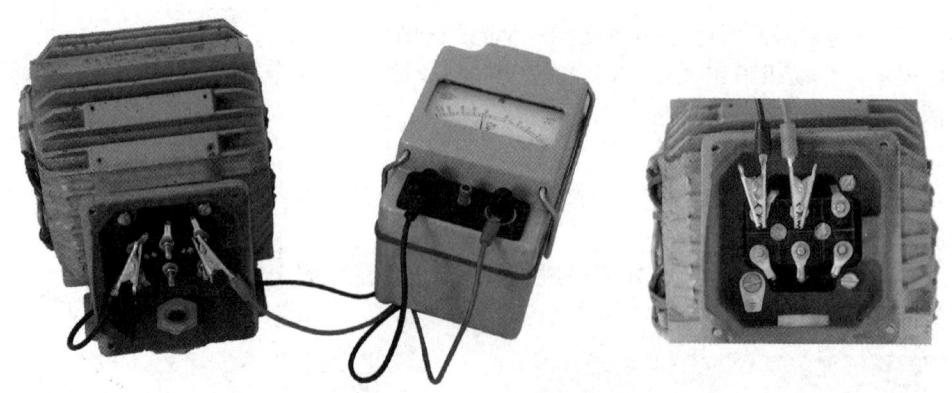

图 1-1-14　测量绕组相间绝缘

4．用钳形电流表测量电动机绕组电流的操作

操作提示：不允许测量裸导线；检查钳口表面是否清洁、手柄绝缘是否良好；注意测试安全。

操作要求：

第 1 步：将量程选择开关拨到 10A 挡位。

第 2 步：如图 1-1-15（a）所示，张开钳口，将一根电源线放入钳口中心区。

第 3 步：如图 1-1-15（b）所示，闭合钳口，待指针偏转稳定后，读取测量值。

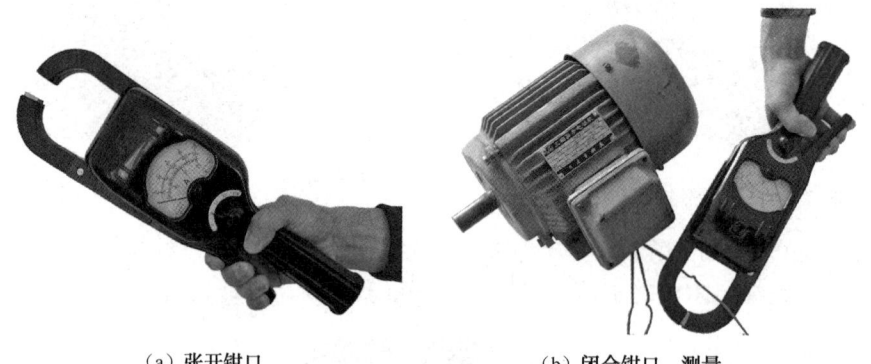

（a）张开钳口　　　　　　　　　　（b）闭合钳口、测量

图 1-1-15　钳形电流表测量电动机绕组电流

【任务考核与评价】

电机测量仪表使用的考核见表 1-1-1。

表 1-1-1　电机测量仪表使用的考核

项目内容	配　分	评分标准	自　评	互　评	教师评
MF-47 型万用表的使用	25 分	① 万用表的校准 10 分； ② 测量挡位的选择 5 分； ③ 正确读数 10 分			
DM-B 型数字式万用表的使用	20 分	① 测量挡位、插孔的选择 10 分； ② 正确读数 10 分			
ZC-7 型绝缘电阻表的使用	20 分	① 开路试验、短路试验 10 分； ② 测量过程及读数 10 分			

项目 1　电机测量仪表、维修工具及材料的使用

续表

项目内容	配　分	评 分 标 准	自　评	互　评	教 师 评
钳形电流表的使用	25 分	① 正确握法 5 分； ② 测量挡位的选择 5 分； ③ 测量过程及读数 15 分			
安全、文明操作	10 分	违反一次扣 5 分			
定额时间	20min	每超过 5min 扣 10 分			
开始时间		结束时间		总评分	

任务 2　电机安装维修工具的使用

【任务描述】

本任务要求学生认识电机维修工具，掌握电机维修工具的用途和使用方法。

知识目标

1．认识电机维修工具，了解电机维修工具的用途；

2．了解电机维修工具的结构；

3．掌握电机维修工具的使用方法。

技能目标

能熟练使用电机维修工具。

【任务相关知识】

在电机维修工作中，常用的工具主要有低压验电器、水平仪、螺钉旋具、电工用钳、电工刀、活扳手、钢锯、手电钻、拉具等。

1．低压验电器

低压验电器又称验电笔，它是用来检验对地电压 250V 以下的低压电源及电气设备是否带电的工具，验电笔分为氖管式和数字式两种类型，如图 1-2-1 所示。

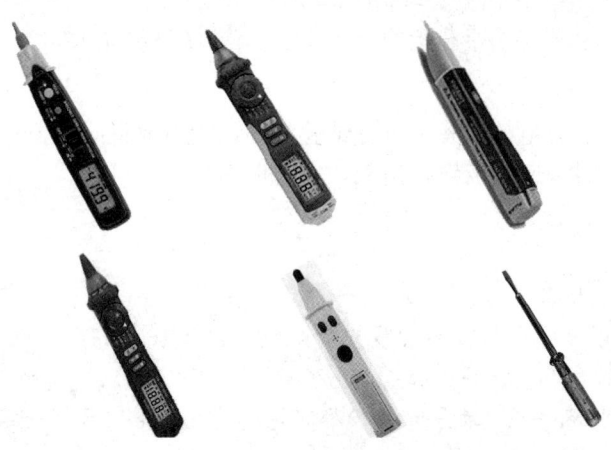

图 1-2-1　低压验电器

1) 氖管式验电笔

氖管式验电笔从外形上分为螺钉旋具式和钢笔式两类,目前市场上出售的验电笔以螺钉旋具式较为常见。

(1) 组成及工作原理

氖管式验电笔通常由笔尖金属体(工作触头)、电阻、氖管、弹簧、绝缘套管和笔尾金属体组成,如图 1-2-2(a)所示。它是利用电流通过验电笔、人体、大地形成回路,其漏电电流使氖泡起辉发光而工作的。只要带电体与大地之间电位差超过一定数值(36V 以下),验电笔就会发出辉光,低于这个数值,就不发光,从而判断低压电气设备是否带电。验电笔的正确握法如图 1-2-2(b)所示。

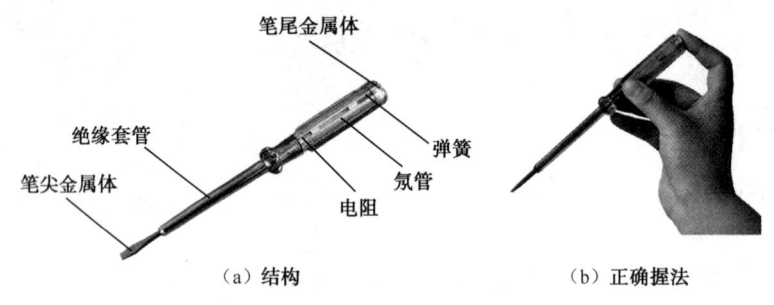

(a) 结构　　　　　　　　　(b) 正确握法

图 1-2-2　氖管式验电笔

 **课堂讨论**

问题:当用验电笔触及火线时,笔、人、大地构成回路,氖管发亮,为什么戴着手套碰那个金属螺钉验电笔就不亮了呢?戴着手套是不是相当于人和笔之间接了一个很大的电阻呢?可是大地也有很大的电阻呀!对于中性点不接地的三相电源或者采用三角形接法的三相电源,当用验电笔接触一根火线时它还会亮吗?

答案:当验电笔里面的氖泡的两极间电压达到一定值时,两极间便产生辉光,辉光强弱与两极间电压成正比。当带电体对地电压大于氖泡起始的辉光电压时,用验电笔的笔尖接触带电体,另一端通过人体接地,此时验电笔会发光。验电笔中电阻的作用是限制流过人体的电流,以免发生危险。戴着手套相当于断路,故验电笔不亮。大地是导电的,没有空气的电阻大。对于中性点不接地的三相电源或者采用三角形接法的三相电源,当用验电笔接触一根火线时它会亮。

(2) 使用注意事项

① 使用前应在确认有电的设备上进行试验,确认验电笔良好后方可进行验电。

② 在强光下验电时,应采取遮挡措施,以防误判断。

 应用实战

战例1:区分相线和零线。

战法:用验电笔触及导线,使氖管发光的是相线,使氖管不亮的线为零线或地线。

战例2:区分交流电和直流电。

战法:用验电笔触及导线,使氖管两极都发光的是交流电;只有一极发光的是直流电,如果笔尖端明亮,则为负极,反之为正极。

口诀:电笔判断交直流,交流明亮直流暗;交流氖管通身亮,直流氖管亮一端;电笔判断正负极，观察氖管要心细，前端明亮是负极，后端明亮为正极。

战例 3：判断电压的高低。

战法：如果氖管发黄红色光，则电压较高；如果氖管发暗红光、轻微亮，则电压较低。

战例 4：判断交流电的同相与异相。

战法：两只手各持一只验电笔，站在绝缘体上，将两只笔同时触及待测的两条导线，如果两只笔的氖管均不太亮，则表明两条导线是同相；如果两只笔的氖管发很亮的光，则表明两条导线是异相。

口诀：判断两线相同异，两手各持一只笔；两脚与地相绝缘，两笔各触一条线；用眼观看一只笔，不亮同相亮为异。

战例 5：识别相线碰壳。

战法：用验电笔触及未接地的用电器金属外壳，若氖管发光强烈，则说明该设备有碰壳现象；若氖管发光不强烈，搭接接地线后亮光消失，则说明该设备存在感应电。

战例 6：识别相线接地。

战法：在三相三线制 Y 连接交流电路中，用验电笔触及相线，有两根比平时稍亮，另一根稍暗，说明亮度暗的相线有接地现象，但不太严重。如果有一根不亮，则这一相已完全接地。

口诀：星形接法三相线，电笔触及两根亮，剩余一根亮度弱，该相导线已接地；若是几乎不见亮，金属接地的故障。

课堂讨论

问题：用数字式万用表测试三相交流电源，测得 U_{UV}、U_{UW}、U_{VW} 都比较平衡，U_{UN}、U_{VN}、U_{WN} 都在 220V 左右；用氖管式验电笔测试 U、W 两相发光，V 相不发光，这是什么原因？

答案：用验电笔测量时，参考零电位为地，如果被测电压对地悬浮，如用隔离变压器隔离后，就会出现用数字式万用表测量变压器两端电压正常，但用氖管式验电笔测试为无电的现象。以上前提为验电笔是好的。

2）数字式验电笔

（1）数字式验电笔结构

数字式验电笔由笔尖金属体（工作触头）、显示屏、感应检测按钮、直接检测按钮和工程塑料壳体组成，如图 1-2-3 所示。

（2）使用注意事项

测试交流电时，切勿按感应检测按钮。将笔尖触及被测导体时，显示屏上显示的数字为测得的电压"段值"。当被测数值未到高段显示的 70% 时，显示屏将会显示低段值。

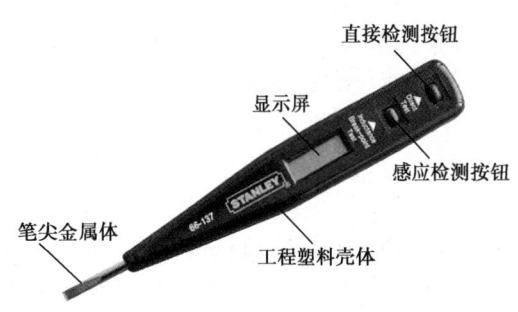
图 1-2-3 数字式验电笔结构

应用实战

战例 1：区分相线和零线。

战法：用验电笔触及被测导线，如果是火线，则显示屏上显示五段电压值，即"12V、36V、55V、110V、220V"字样全是亮的；如果是零线，则显示屏上显示"12V、36V、55V、110V"或者更低，"220V"的字样不亮。

> 战例2：识别相线碰壳。
> 战法：按下感应检测按钮，将验电笔笔尖靠近用电器金属外壳，如果显示屏上显示"⚡"标志，则表明被测物带电。
> 战例3：断点测试。
> 战法：按下感应检测按钮，将验电笔笔尖靠近被测导线，沿相线纵向移动，直到一处无法显示"⚡"标志，则该处为断点。

2．水平仪

水平仪是利用水准泡的移动来检查平面相对水平或垂直位置的专用量具。在安装电机时经常用到水平仪。

1）水平仪的结构

水平仪的外形如图1-2-4所示。在水平仪弧形玻璃管的表面有刻线，内装乙醚或酒精，并留有气泡。当被测平面处在水平或垂直位置时，气泡处于中央位置；若被测平面是倾斜的，则气泡的位置就会发生偏移。在安装电机时，必须用水平仪校正电机底脚安装位置是否水平，如图1-2-5所示。

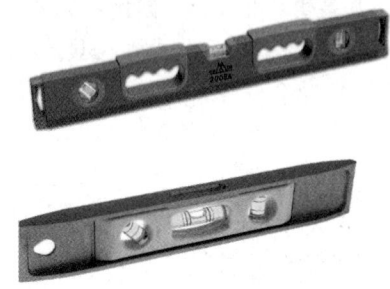

图1-2-4　水平仪的外形

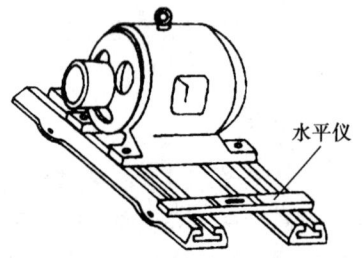

图1-2-5　水平校正示意图

2）使用注意事项

① 测量前，应检查水平仪的零位是否正确。
② 被测表面必须清洁。
③ 读数时，气泡必须完全稳定方可读数。
④ 读取水平仪示值时，应在垂直水平仪的位置上进行。

3．螺钉旋具

螺钉旋具俗称螺丝刀，它是用来旋紧或起松螺钉的工具。电工使用的螺钉旋具一般是木柄或塑料柄的，按其头部形状不同，可分为一字槽和十字槽两种，常用规格按长度不同有50mm、100mm、150mm和200mm四种，如图1-2-6所示。

多用螺钉旋具附有一字槽旋杆和十字槽旋杆多只，它可以紧固或拆卸机螺钉、木螺钉。使用时，只需选择所需要的旋杆装入夹头后便可操作，如图1-2-7所示。

使用螺钉旋具紧固要领：先用手指尖握住手柄拧紧螺钉，再用手掌拧半圈左右即可。紧固有弹簧垫圈的螺钉时，要求把弹簧垫圈刚好压平即可。对成组的螺钉紧固，要采用对角轮流紧固的方法，先轮流将全部螺钉预紧再按对角线的顺序轮流将螺钉紧固。

使用螺钉旋具时应注意：不可使用金属杆直通柄顶的螺钉旋具，应在金属杆上加绝缘护套；螺钉旋具的规格应与螺钉的规格尽量一致；两种槽型的旋具不要混用。

图 1-2-6　螺钉旋具

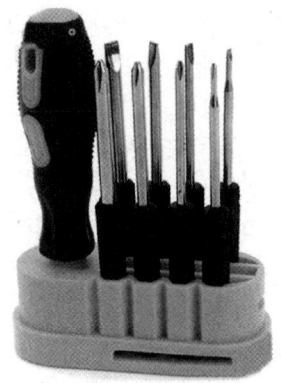

图 1-2-7　多用螺钉旋具

4．钢丝钳

钢丝钳是用来钳夹和剪切的工具，电工用钢丝钳的钳柄带有绝缘，耐压为 500V 以上。钢丝钳由钳头（钳口、齿口、刀口、铡口）和钳柄两部分组成，如图 1-2-8（a）所示。钳口用来弯绞或钳夹导线线头；齿口用来紧固或起松螺母；刀口用来剪切导线或剖削导线绝缘层；铡口用来铡切电线线芯、钢丝或铁丝等。钢丝钳常用的规格有 150mm、175mm 和 200mm 三种。

钢丝钳使用注意事项：必须检查钳柄的绝缘是否完好；剪切带电导线时，不得用刀口同时剪切相线和零线，以免发生短路故障；不能将钢丝钳当作敲打工具。

5．尖嘴钳

如图 1-2-8（b）所示，尖嘴钳的头部呈细长圆锥形，在接近端部的钳口上有一段菱形齿纹，由于它的头部尖而细，适用于在较狭小的工作空间操作。尖嘴钳常用的规格有 130mm、160mm、180mm、200mm 四种，目前常见的尖嘴钳多数是带刃口的，既可夹持零件，又可剪切细金属丝。

6．斜口钳

如图 1-2-8（c）所示，斜口钳是用来剪切细金属丝的工具，尤其适用于剪切工作空间比较狭窄和有斜度的工件。斜口钳常用的规格有 130mm、160mm、180mm、200mm 四种。

斜口钳使用注意事项：剪切时，钳头应朝下，在不能改变钳口的方向时，可用另一只手将钳口遮挡一下，以防剪下的线头飞出伤人或掉落到电路板上。

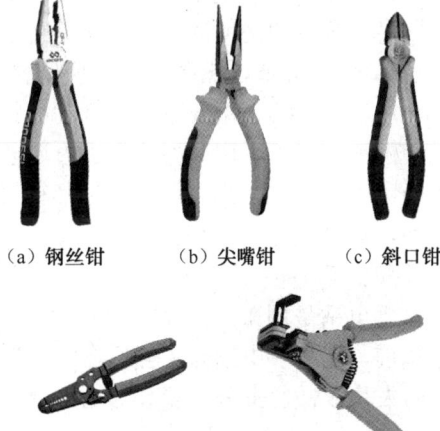

（a）钢丝钳　　（b）尖嘴钳　　（c）斜口钳

（d）剥线钳

图 1-2-8　电工用钳

7．剥线钳

剥线钳是用来剥离小直径导线线头绝缘层的工具。如图 1-2-8（d）所示，剥线钳由钳头和钳柄两部分组成。钳头由压线口和刀口构成，具有直径为 0.5～3mm 的多个刀口，以适用于不同规格的线芯。使用时，将要剥削的绝缘层先放入相应的刀口中（比导线直径稍大），用手将钳柄一握，导线的绝缘层即被割破自动弹出。

使用剥线钳剥线要领：剥线时根据导线的线径选择相应的剥线刀口，将准备好的导线放在剥线钳的刀刃中间，选择好要剥线的长度，握住剥线钳手柄，将导线夹住，缓缓用力使导线的绝缘层慢慢剥落。松开剥线钳的手柄，取出导线，可以看到导线端头的金属线芯整齐地露在外面，导线上其余的绝缘层则完好无损。

8．电工刀

电工刀是用来剖削的专用工具，如图 1-2-9 所示。使用时，刀口应朝外进行操作，用完应随时把刀片折入刀柄内。电工刀的刀柄是没有绝缘的，不能在带电体上使用电工刀进行操作，以免触电。电工刀的刀口呈圆弧状，在剖削导线的绝缘层时，应使圆弧状刀口贴在导线上进行切割，这样刀口就不易损伤线芯了。

9．活扳手

活扳手又称活络扳手。它是供装、拆、维修时旋转六角或方头螺栓、螺钉、螺母用的一种常用工具。它的特点是开口尺寸在规定范围内可以任意调节。其外形如图 1-2-10 所示。

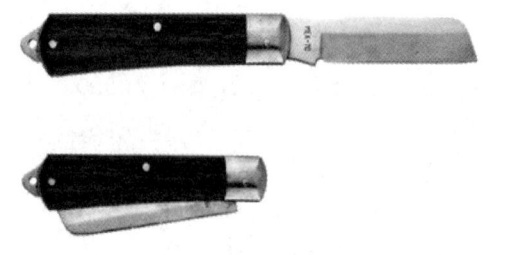 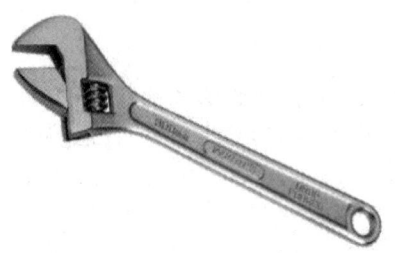

图 1-2-9　电工刀　　　　　　　　　　图 1-2-10　活扳手

10．钢锯

钢锯是用来切割电线管的工具，如图 1-2-11 所示。锯弓用来张紧锯条，分固定式和可调式两种，常用的是可调式。锯条根据锯齿的牙锯大小，分为粗齿、中齿和细齿三种，常用的锯条规格为 300mm。锯条应根据所锯材料的软硬、厚薄来选用。粗齿锯条适宜锯割软材料或锯缝长的工件；细齿锯条适宜锯割硬材料、管子、薄板料及角铁。根据加工需要，可将锯条装成直向的或横向的，切锯齿的齿尖方向要向前，不能反装。锯条的绷紧程度要适当，若过紧，齿条会因受力而失去弹性，锯割时稍有弯曲，就会崩裂；若安装过松，锯割时不但容易弯曲造成折断，而且锯缝易歪斜。

11．手电钻

手电钻是用来对金属、塑料和木头等材料进行钻孔的电动工具，如图 1-2-12 所示。接通电源前，应将手电钻开关复位在"关"的位置上，并检查电线、插头、开关是否完好，以免使用时发生事故。此外，操作者必须戴手套操作。

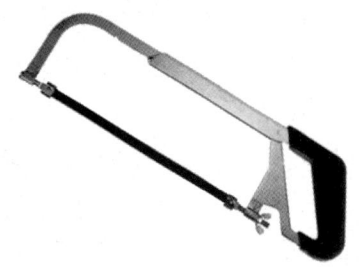 

图 1-2-11　钢锯　　　　　　　　　　图 1-2-12　手电钻

12. 拉具

拉具是电机拆卸专用工具,又称拉拔或扒子,如图 1-2-13 所示。拉具通常用来拆卸电机的端盖、轴承和皮带轮等紧固件。使用拉具拆卸工件时,拉具的抓钩要抓住工件的内圈,顶杆的轴心线与工件轴心线对齐,然后扳动手柄,用力要均匀。

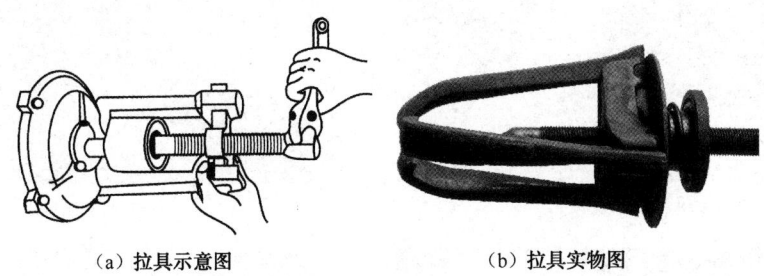

(a) 拉具示意图　　　　　　(b) 拉具实物图

图 1-2-13　拉具

【任务实施】

【任务实施器材】

① 氖管式验电笔,一只/人。
② 数字式验电笔,一只/人。
③ 钢丝钳、尖嘴钳、斜口钳、剥线钳,一套/组。
④ 电工刀、活扳手,一套/组。
⑤ 水平仪,一个/组。

【任务实施步骤】

1. 氖管式验电笔的操作

操作题目 1:测试交流电源插孔、导线、开关是否带电。

操作要求:观察氖管发光情况,给出验电结论。

操作题目 2:测试交流电源,区分相线与零线。

操作要求:观察氖管发光情况,如图 1-2-14 所示,指出导线属性。

操作题目 3:测试三相异步电动机机壳。

操作要求:观察氖管发光情况,如图 1-2-15 所示,给出机壳是否漏电的结论。

2. 数字式验电笔的操作

操作题目 1:测试交流电源插孔、导线、开关是否带电。

操作要求:观察显示屏,给出验电结论。

操作题目 2:用非接触方式,测试三相异步电动机机壳。

操作要求:观察显示屏,给出机壳是否漏电结论。

操作题目 3:测试导线断点。

操作要求:观察显示屏,找出导线断点。

注意:在测量时,操作者应注意安全,防止触电;同组内成员应注意协同保护。

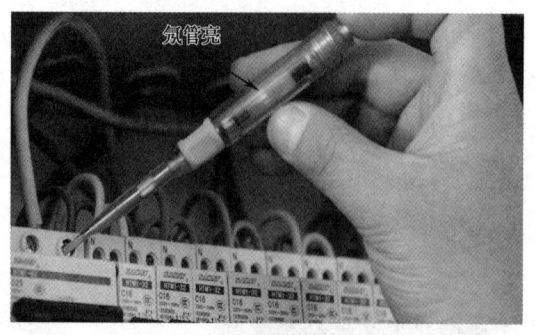

(a) 测试相线

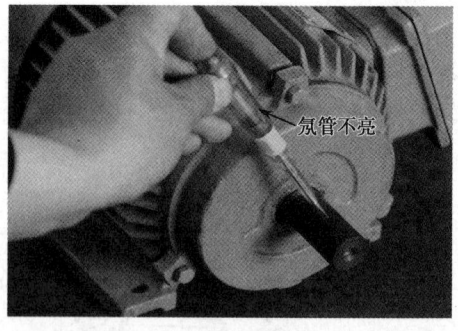

(a) 机壳不漏电

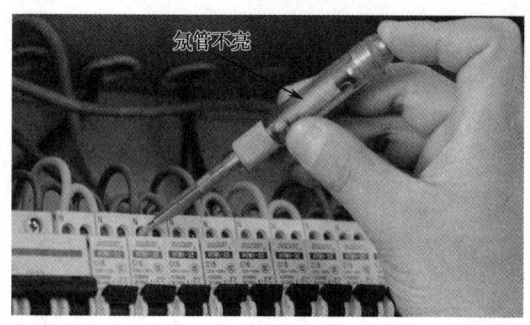

(b) 测试零线

图 1-2-14　测试交流电源

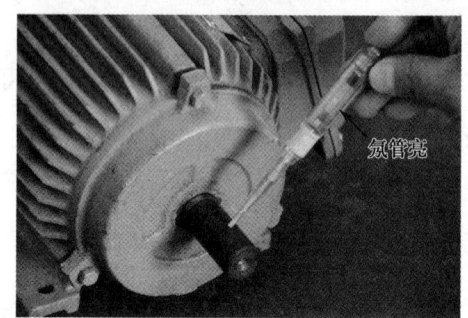

(b) 机壳漏电

图 1-2-15　测试三相异步电动机机壳

3．螺钉旋具的操作

操作提示：旋进力度要适度；注意安全，防止触电。

操作题目：螺钉旋具的握法如图 1-2-16 所示，用螺钉旋具拆解接线端子。

操作要求：螺钉要保持垂直旋进，不能用螺钉旋具捶打螺钉。

4．电工用钳的操作

操作提示：注意握钳姿势，握力要适度。

操作题目 1：钢丝钳的握法如图 1-2-17 所示。用刀口剪断 BV 导线；用钳口弯直角线形。

图 1-2-16　螺钉旋具的握法

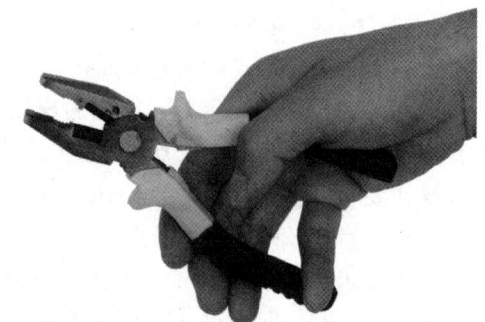

图 1-2-17　钢丝钳的握法

操作要求：导线是被剪断的而不是被折断的，断口与绝缘层要平齐；线形的弯角要呈 90°。
操作题目 2：尖嘴钳的握法如图 1-2-18 所示，用钳嘴紧固、起松电源箱内的接地螺母。
操作要求：紧固要牢靠，钳头不要磨圆螺母的六角。
操作题目 3：斜口钳的握法如图 1-2-19 所示，用斜口钳整理电路板上的元件引脚。

图 1-2-18　尖嘴钳的握法

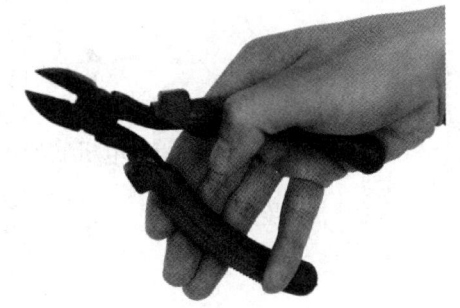

图 1-2-19　斜口钳的握法

操作要求：元件引脚要平整，高低应一致。
操作题目 4：剥线钳的握法如图 1-2-20 所示，选取多种线径导线，用剥线钳剥离其端部的绝缘层。
操作要求：根据线径选择剥线钳的刀口，不要割伤线芯；线芯裸露的长度要适度。

5．电工刀的操作

操作提示：操作时，刀口应朝外，以免伤人；刀口应稍微放平，以免割伤线芯。
操作题目：电工刀的握法如图 1-2-21 所示，用电工刀剖割导线的绝缘层。
操作要求：绝缘层剖割要规整、长短要适度，不能伤线芯；用后应将刀片及时折回刀柄内。

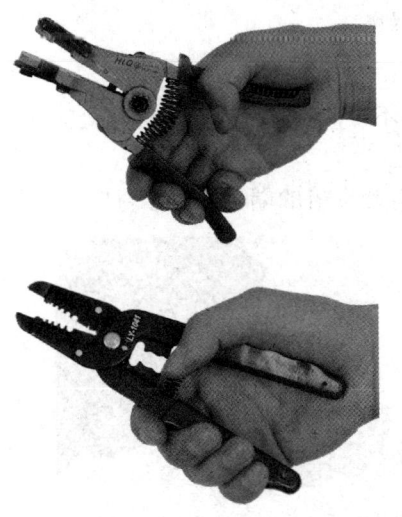

图 1-2-20　剥线钳的握法

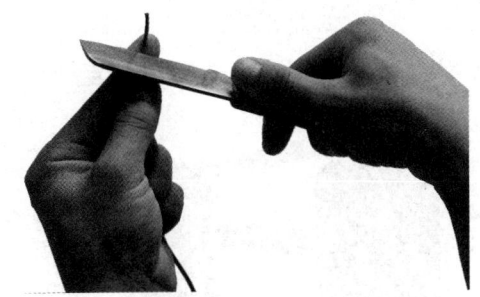

图 1-2-21　电工刀的握法

6．活扳手的操作

操作提示：活扳手的开口应调节至既能夹住螺栓、又能方便地转换角度的位置上。

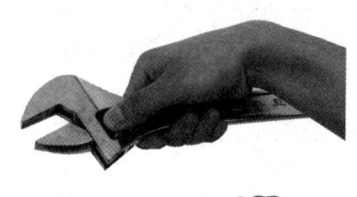

图 1-2-22 活扳手的操作

操作题目：活扳手的操作如图 1-2-22 所示，用活扳手拆卸交流电动机底脚螺栓。

操作要求：根据底脚螺栓的大小选择相应规格的活扳手；正确调节扳手开口。

7．水平仪的操作

操作提示：测量前，应先检查水平仪的零位是否正确；读取示值时，人眼的位置应与水平仪保持垂直。

操作题目：水平仪的操作如图 1-2-23 所示，用水平仪测量电机底座的水平度。

操作要求：根据电机的安装现场情况，确定水平仪的摆放位置并正确读取示数。

（a）测轴向水平

（b）测径向水平

图 1-2-23 水平仪的操作

8．拉具的操作

操作提示：注意抓钩和工件的受力情况，拉不动时不要硬拉，可在工件连接处滴些煤油或用喷灯加热后趁热拉下。

操作题目：拉具的操作如图 1-2-24 所示，用拉具拆卸电机的端盖和"靠背轮"。

（a）拉端盖

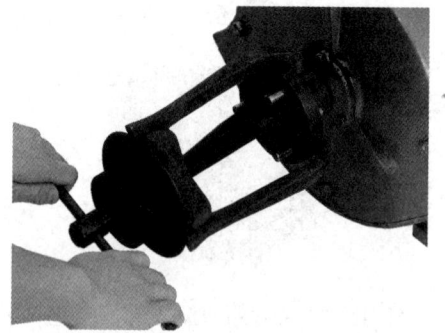

（b）拉"靠背轮"

图 1-2-24 拉具的操作

操作要求：将拉具的三个抓钩分别钩住电机的端盖和"靠背轮"，并将顶杆的轴心线与电机轴心线对齐，旋转扳手，卸下端盖。

【任务考核与评价】

电机安装维修工具使用的考核见表 1-2-1。

表 1-2-1 电机安装维修工具使用的考核

项目内容	配 分	评分标准	自 评	互 评	教 师 评
验电笔的使用	15 分	① 正确握法 5 分； ② 相线与零线的判断 5 分； ③ 电机机壳是否漏电的判断 5 分			
螺钉旋具的使用	15 分	① 正确选用 5 分； ② 正确握法 5 分； ③ 旋进、旋出操作 5 分			
电工钳的使用	10 分	① 正确握法 5 分； ② 剪、弯、剥、紧固、起松操作 5 分			
电工刀的使用	10 分	① 正确握法 5 分； ② 剖削操作 5 分			
活扳手的使用	15 分	① 正确选用 5 分； ② 正确握法 5 分； ③ 紧固、起松操作 5 分			
水平仪的使用	10 分	① 正确摆放 5 分； ② 正确读数 5 分			
拉具的使用	15 分	① 抓钩是否钩住工件 5 分； ② 顶杆的轴心线与电机轴心线是否对齐 5 分； ③ 操作是否得当 5 分			
安全、文明操作	10 分	违反一次扣 5 分			
定额时间	25min	每超过 5min 扣 10 分			
开始时间		结束时间		总评分	

任务 3　电机维修专用工具的使用

【任务要求】

本任务要求学生认识电机维修专用工具，掌握电机维修专用工具的用途和使用方法。

知识目标

1．认识电机维修专用工具，了解电机维修专用工具的用途；
2．了解电机维修专用工具的结构；
3．掌握电机维修专用工具的使用方法。

技能目标

能熟练使用电机维修专用工具。

【任务相关知识】

电机维修专用工具主要包括手工工具和常用量具。

1. 手工工具

1）划线板

划线板又称理线板，是嵌线时将导线划入槽内的专用工具，其形状如图 1-3-1 所示。作为理顺已嵌入槽内导线的工具，划线板的使用如图 1-3-2 所示。划线板的前端截面呈椭圆形，并经常保持光滑；头部呈圆弧状，以防划伤导线和槽内绝缘。划线板的长度约为 200～240mm，宽度约为 30～35mm，尖处厚度约为 1～2mm。自制划线板一般用新鲜、干透了的毛竹皮或层压树脂板制作，削至上述尺寸后用砂纸打磨，擦净后再用石蜡涂抹即可使用。

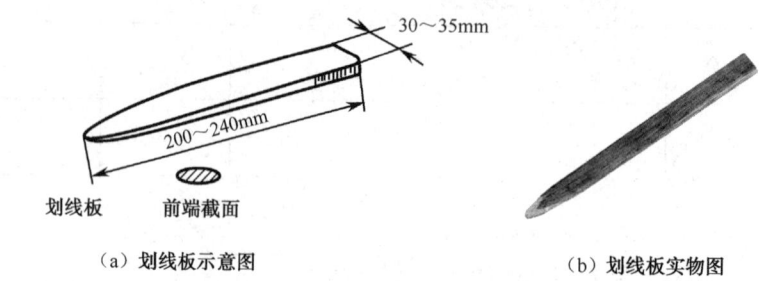

图 1-3-1 划线板的形状

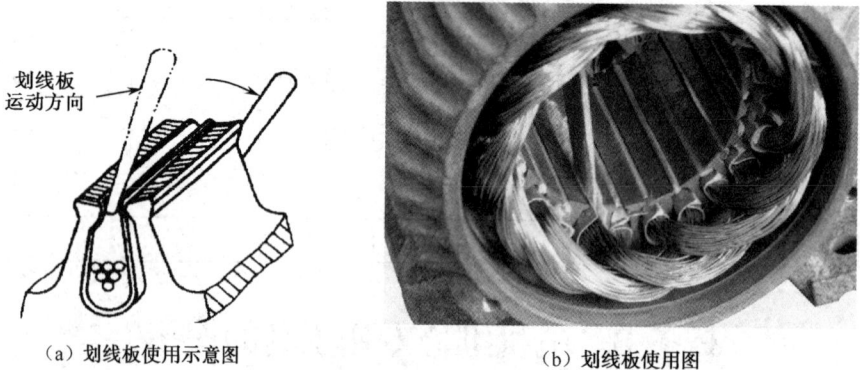

图 1-3-2 划线板的使用

2）压线板

压线板俗称压脚，它是将已嵌入槽内的导线压实、压平的专用工具，其形状如图 1-3-3 所示。作为槽内导线的施压工具，压线板的使用如图 1-3-4 所示。压线板一般用钢板制作，其压脚部位应进行热处理，使其具有较高的硬度和强度。压脚底面四角应磨光并呈圆弧形，纵向可磨成反瓦片状，以利于插入槽中和在槽内前后行走。根据电机槽截面的宽窄，可准备不同压脚宽度的压线板。

3）橡皮锤

橡皮锤的外形如图 1-3-5 所示。因为橡皮锤的锤头质地较软，不容易使导线的线皮破损，所以在修理三相异步电动机绕组的时候，经常用橡皮锤来进行绕组端部整形。橡皮锤的使用如图 1-3-6 所示。

项目1　电机测量仪表、维修工具及材料的使用

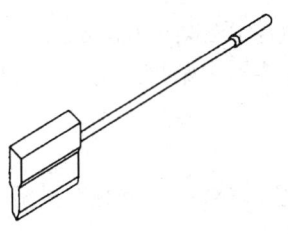
（a）压线板示意图

（b）压线板实物图

图 1-3-3　压线板的形状

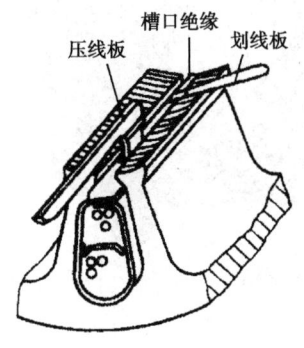
（a）压线板使用示意图

（b）压线板使用图

图 1-3-4　压线板的使用

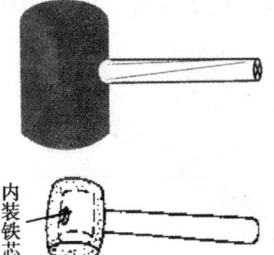
（a）橡皮锤示意图

（b）橡皮锤实物图

图 1-3-5　橡皮锤的形状

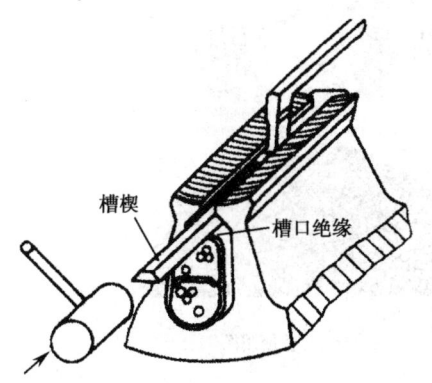
（a）橡皮锤使用示意图

（b）橡皮锤使用图

图 1-3-6　橡皮锤的使用

橡皮锤的式样、规格很多，在电机修理中常用的是 0.25kg、0.5kg、0.75kg 的圆头锤。在需要轻轻敲打的场合，手应握得离锤头近一些；在需要用力敲打的场合，手应握在木柄尾部，握持的部位得当，不仅用得上力，而且手部震麻的感觉可以减轻许多。

4）铁榔头

在修理三相异步电动机时，铁榔头可用于电机拆装、修整铁芯及结合打板修整绕组端部等，如图 1-3-7 所示。

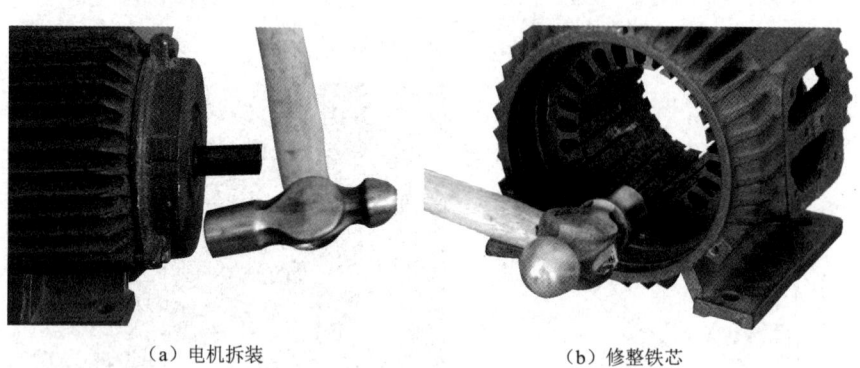

(a) 电机拆装　　　　　　　　　　(b) 修整铁芯

图 1-3-7　铁榔头的使用

5）打板

打板是用于对绕组端部喇叭口进行整形的辅助工具，其形状如图 1-3-8 所示。在用铁榔头敲打绕组时，将打板垫在绕组上，可防止伤害导线的绝缘。根据需要，打板截面可为长方形或椭圆形，打板的使用如图 1-3-9 所示。

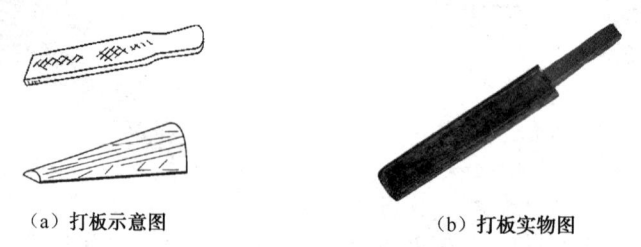

(a) 打板示意图　　　　　　　　　　(b) 打板实物图

图 1-3-8　打板的形状

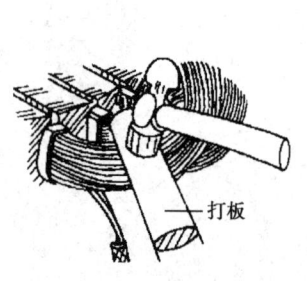

(a) 打板使用示意图　　　　　　　　(b) 打板使用图

图 1-3-9　打板的使用

6）刮线刀

刮线刀是用来刮去导线接头上绝缘层的专用工具，其形状如图 1-3-10 所示。它是用具有弹性的金属片弯成一个 V 字形，然后用螺钉固定两片刀片制成的。如果一时找不到合适的金属片，也可以用类似形状的长指甲刀代替。刮绝缘层时注意不要刮伤导线，刮去绝缘层后要用 00 号细砂纸将线芯上的油漆擦拭干净，直到露出铜线为止。

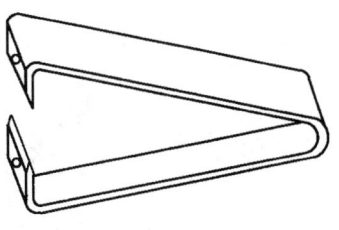

图 1-3-10　刮线刀

7）錾子

錾子是一种錾断工具，其形状如图 1-3-11 所示。在拆除损坏的线圈绕组时，需要用锋利的錾子将线圈的端部錾断，这就是錾子的作用。錾子的使用如图 1-3-12 所示。

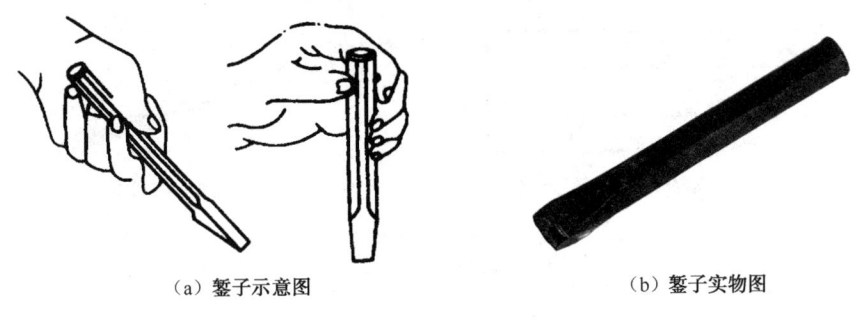

（a）錾子示意图　　　　　　　　（b）錾子实物图

图 1-3-11　錾子的形状

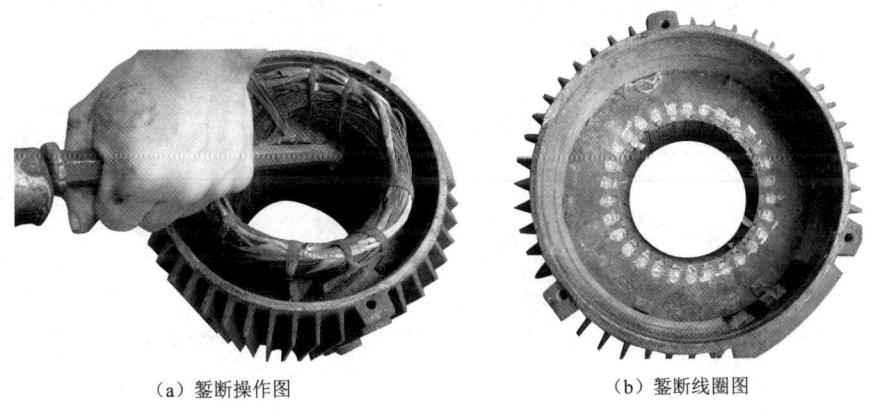

（a）錾断操作图　　　　　　　　（b）錾断线圈图

图 1-3-12　錾子的使用

8）清槽铲刀

清槽铲刀是用于清除电机定子铁芯槽内残存绝缘物、锈斑等的专用工具，专用清槽铲刀如图 1-3-13 所示。可用断钢锯条在砂轮上磨成尖头或钩状，尾部用胶带包扎成手柄，自制清槽铲刀，其形状如图 1-3-14 所示。

9）绕线模

绕线模是绕制线圈的必备工具，其尺寸应符合规定值。根据修理工作的需要，绕线模可简可繁，可多可少。

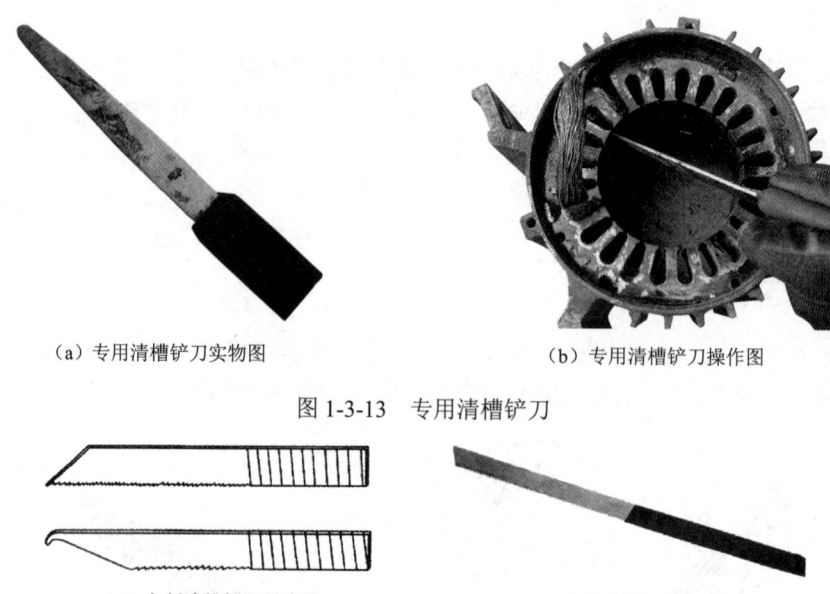

(a)专用清槽铲刀实物图　　　　(b)专用清槽铲刀操作图

图 1-3-13　专用清槽铲刀

(a)自制清槽铲刀示意图　　　　(b)自制清槽铲刀实物图

图 1-3-14　自制清槽铲刀

（1）最简单的绕线模

如图 1-3-15 所示是一种最简单的绕线模。将 6 个螺钉（也可用普通圆钉）分别安装在预绕线圈的 6 个折点上；绕制时，6 个螺钉的头部朝外（背向线圈）；绕够匝数后，先用小绳将线圈绑扎几道，再将相邻的 3 个螺钉转动一定角度，起出线圈。

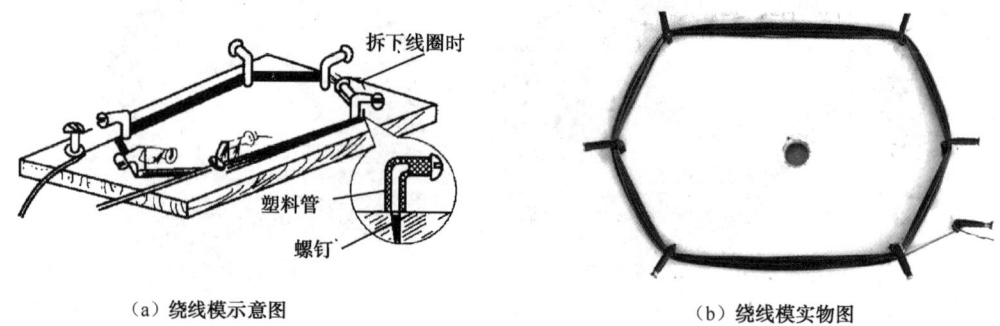

(a)绕线模示意图　　　　(b)绕线模实物图

图 1-3-15　最简单的绕线模

（2）可调式绕线模

如图 1-3-16～图 1-3-18 所示为 3 种可调式绕线模，图 1-3-16 只能调整线圈的长度尺寸，其端部尺寸可采用更换两端模板的方法来调节；图 1-3-17 和图 1-3-18 可以调整所有尺寸，因而被称为万能式绕线模。

（3）永久型固定尺寸绕线模

图 1-3-19（a）为单个绕线模分解图；图 1-3-19（b）为组合绕线模。这类绕线模一般采用木料制成，尺寸固定，使用期限较长。

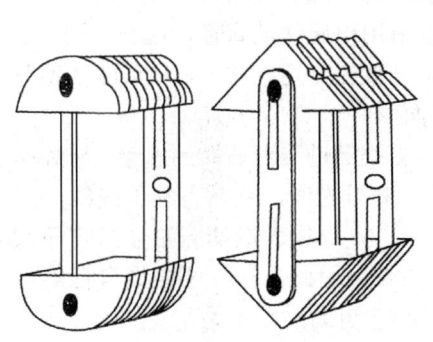

（a）绕线模示意图　　　　　　　　　（b）绕线模实物图

图 1-3-16　可调式绕线模

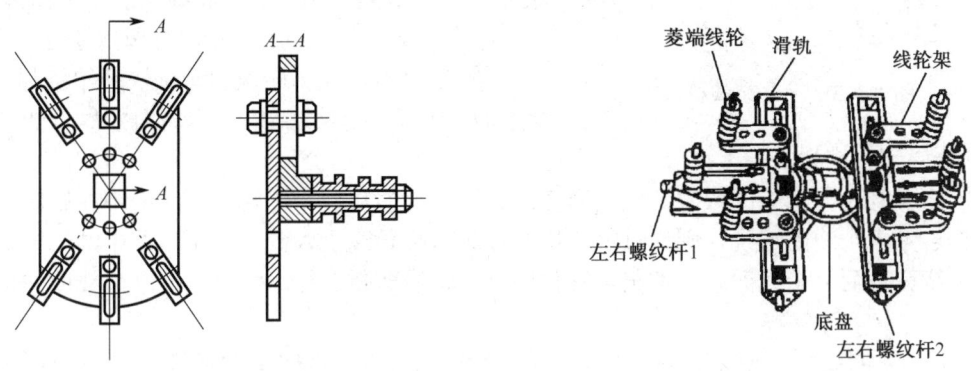

图 1-3-17　底板万能式绕线模　　　　　图 1-3-18　金属骨架万能式绕线模

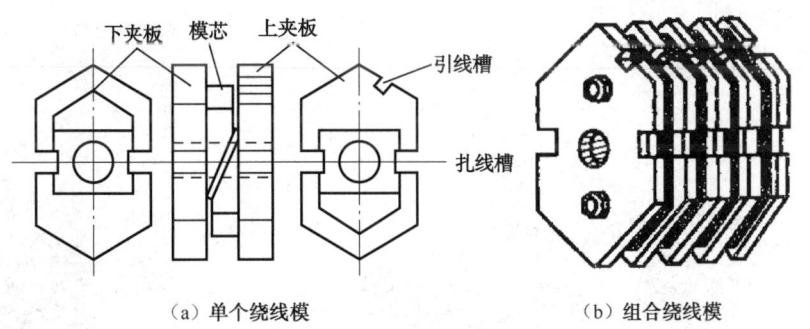

（a）单个绕线模　　　　　　　　　（b）组合绕线模

图 1-3-19　永久型固定尺寸绕线模

10）绕线机

（1）绕线机的结构

绕线机是专门用于绕制线圈的设备。较小的线圈可采用手摇绕线机，如图 1-3-20 所示。操作时，用手摇动手柄，大齿轮转动带动小齿轮转动（转速比为 1∶4 或 1∶8），小齿轮带主轴转动。绕线模是用两端紧固螺母固定的。另有一垂直丝带动计圈器齿轮，使计圈器的指示与齿轮转数相对应，从而记录线圈的匝数。绕线时，导线从放线架抽出，其一端固定在绕线模上，然后便可开始绕线。

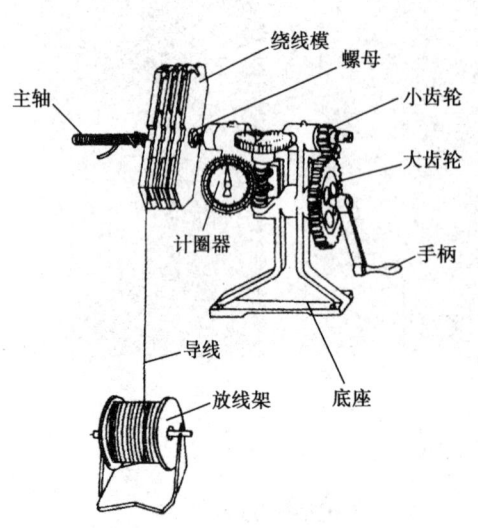

图 1-3-20　手摇绕线机

（2）绕线操作注意事项

① 检查所用电磁线的直径，应符合要求。

② 将线轴放在专用支架上，尽可能使各股线处于一个竖直面内。

③ 将电磁线穿过装着石蜡的木箱（导线通过石蜡后，其表面变得光滑，从而有利于嵌线，但在浸漆时若不预热，则导线表面的石蜡会影响漆的附着力。所以，是否采用此方法，要根据自己的处理工艺情况来决定），再通过一个毛毡夹（用于产生一定的阻力。此夹应可上下活动，所以采用铰链安装方式）后穿过一根塑料管，固定在绕线模固定线端的装置上（一般是一个钉子，将线头绕在上面）。

④ 检查计圈器，不在零位时调到零位。

⑤ 启动绕线机，转速由慢到快开始绕制。两手握住塑料管，对导线施以一定的力并尽可能控制导线使其分层整齐排列。

⑥ 将要到达预定的圈数时，放慢速度。到达预定圈数后，停转。用线绳绑扎线圈。

⑦ 若为多个线圈连绕，则通过绕线模的过线口将导线引入到下一个模芯中继续绕制。

⑧ 绕完最后一个线圈时，留出足够长度后，将线剪断。卸下绕线模，拿出线圈并按顺序放好。

对于较大的线圈，应采用机动或自动绕线机绕制，图 1-3-21 中所用的就是一台由电机拖动、可调速和正反转控制的机动绕线机，线圈绕制现场照片如图 1-3-22 所示。

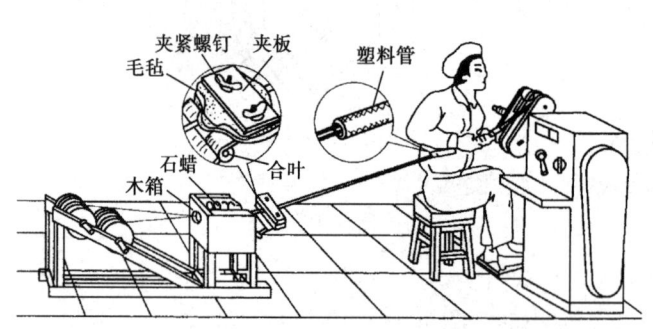

图 1-3-21　机动绕线机线圈绕制操作示意图

图 1-3-22　线圈绕制现场照片

2. 常用的量具

电机维修所用的量具很多，常用的量具主要有钢直尺、钢卷尺、游标卡尺及外径千分尺等。

1）钢直尺

钢直尺是在电机维修中用于测量各种零件尺寸、形状和位置的普通量具，精度为 0.5mm 的钢直尺是用厚 1mm、宽 25 mm 的不锈钢板制成的。尺的一端是直边，称为工作端边，尺的另一端有悬挂用的小孔。钢直尺的长度有 150mm、200mm、300mm、1000mm 和 1500mm 等，其外形如图 1-3-23 所示。

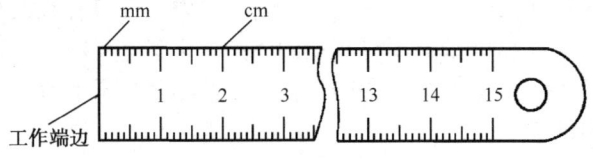

图 1-3-23 钢直尺的外形

使用钢直尺时，可将尺的工作端边靠紧工件的台阶，放正后读数，如图 1-3-24（a）所示。当工件上没有台阶可靠紧时，可用平铁块的平面作为台阶。当工作端边磨损，"0"线读数不准时，可改用"100mm"分度线作为工作端边，如图 1-3-24（b）所示，测量后将测量值减去 100mm 即可。

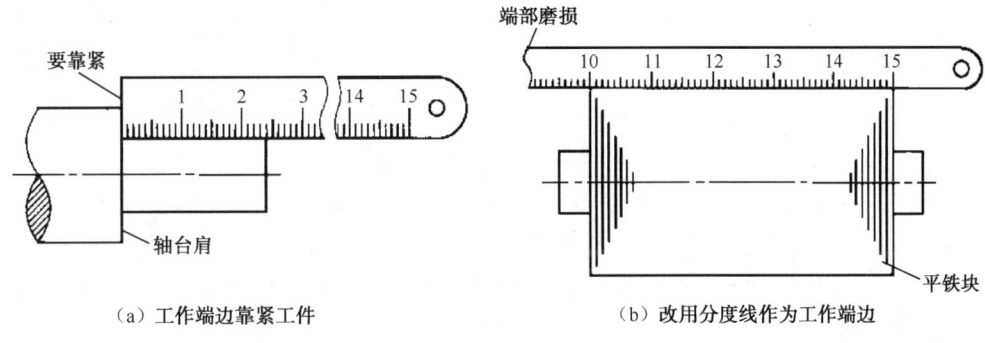

（a）工作端边靠紧工件　　　　　　　　　（b）改用分度线作为工作端边

图 1-3-24 钢直尺使用方法

除了测量长度，利用钢直尺"立面"还可以检查电机绕组是否高出定子内腔，如图 1-3-25 所示。

2）钢卷尺

钢卷尺分为自卷式卷尺（小钢卷尺）、制动式卷尺（小钢卷尺）和摇卷式卷尺（大钢卷尺），其外形如图 1-3-26 所示，其品种规格如表 1-3-1 所示。

图 1-3-25 钢直尺测量绕组端部

图 1-3-26 钢卷尺的外形

表 1-3-1　钢卷尺的品种规格

品　　种	自卷式、制动式	摇卷式
测量上限/m	1，2，3，4，5，6	5，10，15，20，30，50，100

3）游标卡尺

游标卡尺用于测量物体的长、宽、高、深和圆环的内、外直径，其外形如图 1-3-27 所示。游标卡尺的主要部分是尺身和可以沿尺身滑动的游标，其上有两副活动量爪，分别是内测量爪和外测量爪，内测量爪用于测量槽宽和管的内径，外测量爪用于测量零件的厚度和管的外径，深度尺用于测量槽和筒的深度。

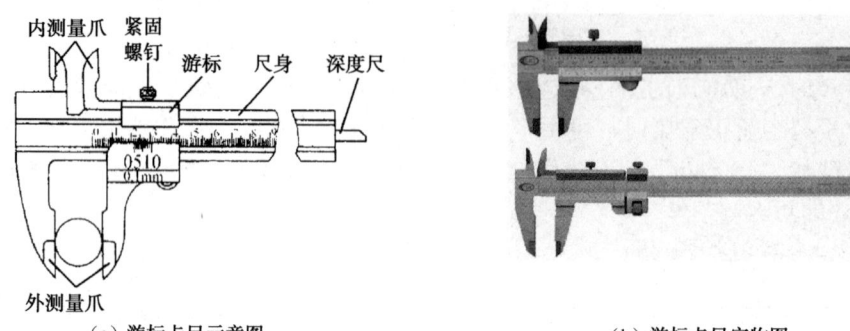

（a）游标卡尺示意图　　　　　　　　（b）游标卡尺实物图

图 1-3-27　游标卡尺

在游标上标有刻度，游标卡尺就是利用游标来提高测量精度的。尽管各种游标卡尺游标的长度不同，分度格数不同，但基本原理和读数方法是一样的。以 10 分度游标为例，尺身的最小分度是 1mm，游标上有 10 个小的等分刻度，从"0"线开始，每向右一格，增加 0.1mm。

（1）操作方法

① 测量准备。先做"0"标志检查，即将测量爪合在一起（即 0 刻度）时，游标的零刻度线与尺身的零刻度线应重合。

② 测量。移动游标，使测量爪卡靠工件，拧紧紧固螺钉。

③ 读测量值。以图 1-3-28 所示为例，游标对在尺身上某一位置，先从尺身上读出 $X≈25$mm，再仔细观察游标上的哪一根分刻线与尺身上分刻度对得最齐。在图 1-3-28 中，第 9 根分刻线对得最齐，所以游标给出 $\Delta X=0.9$mm，则工件总长度为 24mm+0.9mm=24.9mm。

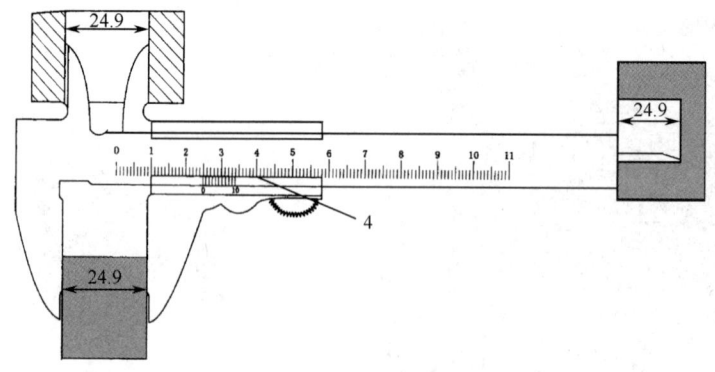

图 1-3-28　读游标卡尺的读数

（2）使用注意事项

① 读数时要正视，不可旁视，以防出现视觉误差。

② 在测量爪卡住被测物体时，松紧要适当，当需要将被测物体取下读数时，要旋紧紧固螺钉。

③ 不可使用游标卡尺测量粗糙的工件表面（如铸铁件等），以防磨损测量爪。

④ 注意保护内、外测量爪。用完后，把游标卡尺放在专用盒内，不可与其他工具叠放在一起。

4）外径千分尺

外径千分尺是一种精度较高的量具，分度值一般为 0.01mm，其外形如图 1-3-29 所示。在测量导线或电磁线的线径时，经常要用到外径千分尺。

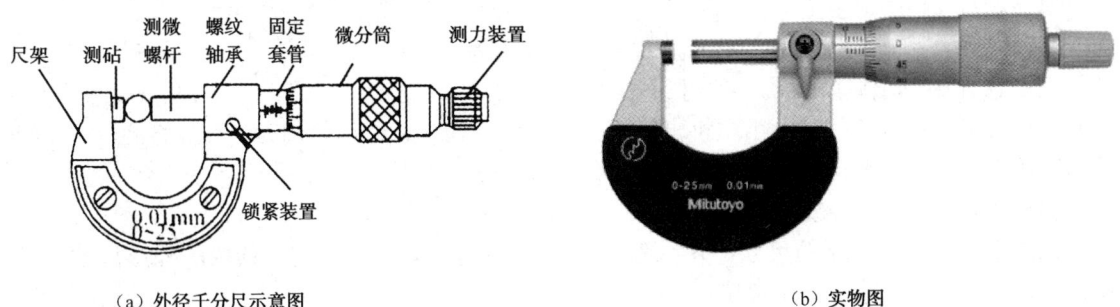

图 1-3-29　外径千分尺

（1）操作方法

① 测量准备。先把外径千分尺的两个测量面擦干净，然后转动棘轮，使两个测量面轻轻地接触，并且没有间隙；检查两个测量面的平行度是否良好，零位是否对准；把被测量件表面擦干净，以免有脏污影响测量的准确度。

② 测量。用左手握住外径千分尺的尺架（平端或垂直），用右手轻轻地旋转微分筒。当两个测量面将要接近被测量件表面时，转动棘轮，以得到固定的测量力。等到转动棘轮而微分筒不再转动并听到棘轮发出"嗒嗒"声时，即可读出测量值。

③ 读测量值。以图 1-3-30 所示为例，先从主尺（固定套管）上读取毫米分度，再以主尺横线为基准线从微分筒上读取余下的部分，最后将两者相加。在图 1-3-30 中，主尺为 11.50mm，微分筒上估读为 8 个格，所以被测长度为 11.50mm+8×0.01mm=11.58mm。

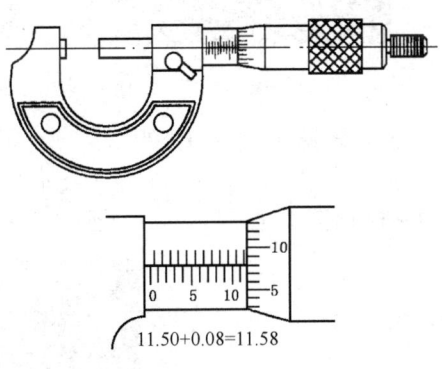

图 1-3-30　外径千分尺的读数

（2）使用注意事项

① 当外径千分尺的两测量面接触时，如果微分筒的零线与主尺的横线不对齐，而是显示某一读数，则这个读数称为零点读数。应当注意零点读数的正、负，以便对测量数据进行修正。

② 不能用外径千分尺测量粗糙表面以防磨损测量面。

③ 使用完应将外径千分尺的测量面擦干净，并加注润滑油用于防锈，放入盒中保存。

【任务实施】

【任务实施器材】

① 划线板、压线板、橡皮锤、铁榔头、刮线刀、清槽铲刀，各一只/人。
② 绕线模、手摇绕线机，一套/组。
③ 钢直尺、钢卷尺、游标卡尺、外径千分尺，一套/组。
④ 毛竹胚、砂纸、电工刀，一套/组。
⑤ 三相异步电动机空壳，型号为 Y90S-4、1.1kW，一台/组。

【任务实施步骤】

1. 手工工具的使用操作

操作题目 1：识别手工工具。
操作要求：观察手工工具的外形，说出它们的用途。
操作题目 2：制作划线板。
操作要求：划线板的尺寸由电机定子槽开口的大小决定，外形如刺刀，头端略尖、一边稍薄，表面光滑，制作划线板的原材料为毛竹胚。制作过程如图 1-3-31 所示。
操作题目 3：制作绕线模。
操作要求：测量定子的尺寸，并参考附录 A 中的有关数据，确定绕线模的外形尺寸。按图 1-3-15 所示，制作绕线模，如图 1-3-32 所示。

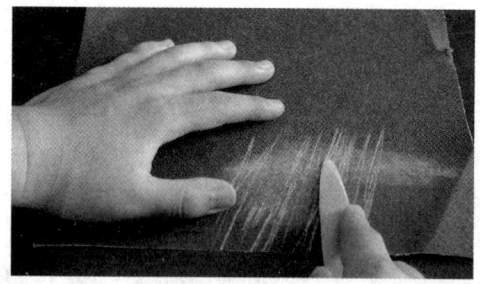

图 1-3-31　制作划线板

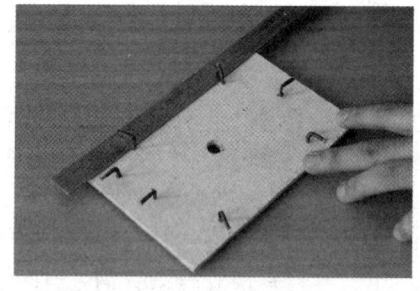

图 1-3-32　制作绕线模

操作题目 4：绕制线圈。
操作要求：注意导线的拉力要适当，不可过大或过小；精力要集中，线圈匝数要准确，线匝要排列整齐，如图 1-3-33 所示。

图 1-3-33　绕制线圈

2．常用量具的使用操作

操作题目 1：用钢卷尺测量电机空壳的外形尺寸。

操作要求：测量过程如图 1-3-34 所示。将测量结果填入表 1-3-2 中，并与附录 B 中的有关数据进行参数对照，确定电机的型号。

（a）测量中心高　　　　　　（b）测量机座长　　　　　　（c）测量机座宽

图 1-3-34　测量电机空壳的外形尺寸

表 1-3-2　电机空壳尺寸测量记录表

中心高/mm	机座长/mm	机座宽/mm	定子铁芯长/mm	定子外径/mm	定子内径/mm

操作题目 2：用游标卡尺测量电机转轴的直径。

操作要求：

第 1 步：如图 1-3-35（a）所示，校准游标卡尺的零位。

第 2 步：如图 1-3-35（b）所示，将测量爪卡住转轴，并使测量面的连线垂直于轴的中心线，拧紧紧固螺钉。

第 3 步：如图 1-3-35（c）所示，读取测量值。

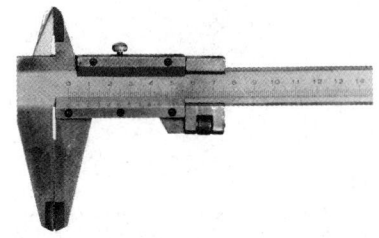 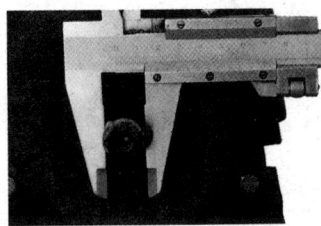 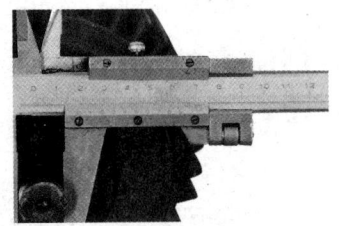

（a）零位校准　　　　　　（b）测量轴径　　　　　　（c）读取测量值

图 1-3-35　测量电机转轴的直径

读整数：游标零线左边尺身上的第一条刻度线是整数的毫米值。

读小数：在游标上找出哪一条分刻线与尺身上的分刻线对齐，在对齐处从游标上读出毫米的小数值。

将上述两值相加，即为电机转轴的直径。

操作题目3：用外径千分尺测量电磁线的线径。

操作要求：

第1步：如图1-3-36（a）所示，校准外径千分尺的零位。

第2步：在测量电磁线的线径前要用火烧掉电磁线外面的绝缘层，用软织物擦去外层灰垢。不可用刀片去刮绝缘层，以免损伤线径，导致测量值不准确。

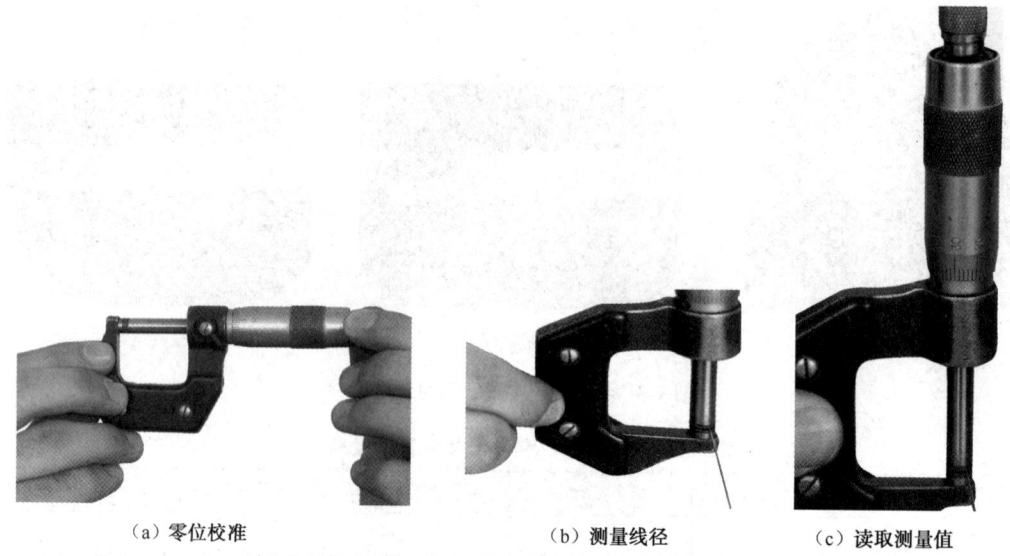

（a）零位校准　　　　　　（b）测量线径　　　　　　（c）读取测量值

图1-3-36　测量电磁线的线径

第3步：如图1-3-36（b）所示，用双手对电磁线进行测量，先转动微分筒，当外径千分尺的测量面刚接触到电磁线时改用棘轮，当听到棘轮发出"嗒嗒"声时，应立即停止转动。

第4步：如图1-3-36（c）所示，读取测量值。

读整数：查看固定套筒上露出的刻度线，读出毫米数和半毫米数。

读小数：查看微分筒的刻度线和固定套筒基准线所对齐的数值（每格为0.01mm）。

将上述两值相加，即为电磁线的线径。

【任务考核与评价】

电机维修专用工具使用的考核见表1-3-3。

表1-3-3　电机维修专用工具使用的考核

项目内容	配　分	评分标准	自　评	互　评	教师评
划线板的制作	15分	① 制作方法是否正确5分； ② 外形尺寸是否正确5分； ③ 表面是否光滑、手感是否舒适5分			
绕线模的制作	10分	① 制作方法是否正确5分； ② 绕线模尺寸是否与线圈一致5分			
线圈的绕制	15分	① 绕制方法是否正确5分； ② 线圈包扎是否良好5分； ③ 线圈是否有损伤5分			

续表

项目内容	配 分	评分标准	自 评	互 评	教 师 评
用钢卷尺测量的操作	10分	① 测量方法是否正确5分； ② 读取测量值是否准确5分			
用游标卡尺测量的操作	20分	① 握尺方法是否正确5分； ② 测量方法是否正确5分； ③ 读取测量值是否准确10分			
用外径千分尺测量的操作	20分	① 握尺方法是否正确5分； ② 测量方法是否正确5分； ③ 读取测量值是否准确10分			
安全、文明操作	10分	违反一次扣5分			
定额时间	60min	每超过5min扣10分			
开始时间		结束时间		总评分	

任务4　电机维修材料的选用

【任务要求】

本任务要求学生认识电机维修材料，掌握常用电机维修材料的用途和选用方法。

知识目标

1．了解电机维修材料的性质及分类；

2．了解绝缘漆、浸渍纤维制品、绝缘层压板、绝缘纸、电工薄膜、云母带等绝缘材料的特性、型号及用途；

3．了解漆包线、绕包线和引接软电缆等导电材料的特性、型号及用途。

技能目标

能识别电机维修材料；能识别电磁线及其线径。

【任务相关知识】

电机维修材料主要有绝缘材料和导电材料。

1．绝缘材料

在电工学中，由电阻率为 $10^9 \sim 10^{22} \Omega \cdot m$ 的物质构成的材料称为绝缘材料。简单地说，绝缘材料就是不导电的材料，主要用于隔离带电或不同电位的导体，常用的绝缘材料及其制品如图1-4-1所示。绝缘材料在长期使用过程中，受温度、湿度、灰尘等因素影响，绝缘性能会逐渐变差，称为绝缘老化。在电机修理中，绝缘材料不仅起绝缘作用，而且还起机械支撑、保护导体及防电晕等作用。

1）绝缘材料的分类

① 按材料的形态划分，绝缘材料可分为气态、液态、固态三大类。其中，固态绝缘材料品种多样，使用最为广泛。

气态绝缘材料主要有空气、氮气、六氟化硫等。

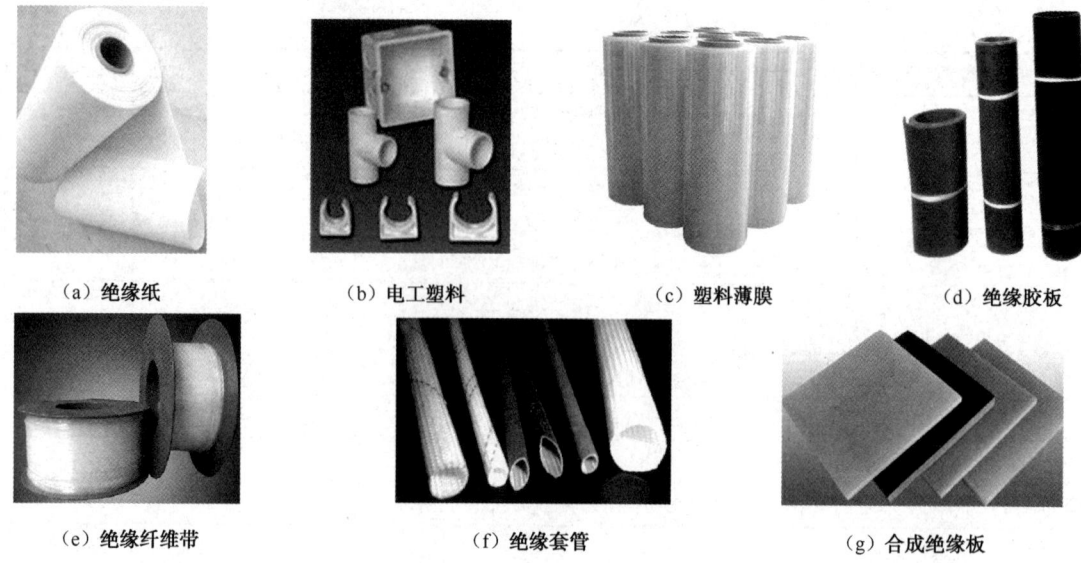

图 1-4-1 绝缘材料及其制品

液态绝缘材料主要有矿物绝缘油、硅油、十二烷基苯、聚异丁烯、异丙基联苯、二芳基乙烷等。

固态绝缘材料主要有云母、玻璃、塑料、橡胶、漆布漆管及绝缘浸渍纤维制品等。

② 按材料的化学成分划分，绝缘材料可分为有机绝缘材料和无机绝缘材料，其中有机绝缘材料使用最为广泛。

有机绝缘材料主要有绝缘漆、绝缘胶、绝缘纸、绝缘纤维制品、塑料、橡胶、漆布漆管及绝缘浸渍纤维制品、电工用薄膜、复合制品和粘带、电工用层压制品等。

无机绝缘材料主要有云母、玻璃、陶瓷及其制品等。

2）绝缘材料的耐热等级

由于温度对绝缘材料的使用寿命和绝缘老化有很大的影响，因此，为确保电工产品能够长期安全运行，对绝缘材料的耐热等级及极限工作温度都做了明确规定。如果电工产品的工作温度超过其使用的绝缘材料的极限温度，就会缩短绝缘材料的使用寿命。一般每超过 6℃，绝缘材料的使用寿命就会缩短 1/2 左右。

按照耐热程度不同，绝缘材料分为 Y、A、E、B、F、H、C 七个耐热等级，常用绝缘材料的耐热等级见表 1-4-1。

表 1-4-1　常用绝缘材料的耐热等级

级　别	绝 缘 材 料	极限工作温度/℃
Y	棉纱、布带、天然丝、麻和纸	90
A	黄（黑）蜡布（绸）、黑胶布	105
E	玻璃布、聚酯薄膜、合成有机瓷漆、青壳纸	120
B	玻璃纤维套管、环氧玻璃布板、黑玻璃漆布	130
F	云母带、玻璃丝、DMD 绝缘纸	155
H	聚酰亚胺漆、硅有机玻璃漆布	180
C	石英、石棉、玻璃和陶瓷	>180

3）常用的绝缘材料

（1）绝缘漆

电机使用绝缘漆的目的主要是提高绕组的防潮性能、介质强度和散热性能，绝缘漆分为浸渍漆和覆盖漆两大类。

浸渍漆主要用于浸渍电机、电器的线圈和绝缘零部件。它又分为有溶剂和无溶剂两种。有溶剂浸渍漆的特点是渗透性好，储存期长，使用方便；但是浸渍和烘干时间长，固化慢，需要使用溶剂。无溶剂浸渍漆的特点是固化快，黏度随温度变化迅速，流动性和渗透性好，绝缘整体性好，固化过程挥发少等。常用浸渍漆型号、性能和用途见表1-4-2。

覆盖漆用于电机、电器的线圈和绝缘零部件表面的涂覆，以形成一层连续而厚度均匀的表面漆膜，作为绝缘保护层，以防止机械损伤及大气油污和化学物质的侵蚀，提高绝缘能力。此外，在电机修理中，覆盖漆还可用于加强绕组局部的绝缘。常用覆盖漆型号、性能和用途见表1-4-3。

表1-4-2 常用浸渍漆型号、性能和用途

名　称	型号	性能	耐热等级	用途
沥青漆	1010	耐潮、耐温度变化，但不耐油	A	适用于纤维物绝缘的绕组作介电绝缘充填及表面涂覆
	1011	耐潮、抗老化性能好		
	1012	耐潮、耐热		
	1210	耐油性能良好		
水乳漆	1013	耐湿性能好、干燥快、无毒		
醇酸清漆	1030	有较好耐油及耐弧性能	B	适用于绕组浸漆及覆盖
环氧聚酯快干无溶剂漆	1034	固化快，挥发物少，但耐霉性较差		适用于绕组滴浸
环氧无溶剂漆	594	黏度低、储存稳定性好		适用于高压电机整体浸渍
无溶剂漆	515-1	耐潮、介电性好，机械强度高		适用于浸渍转子绕组
	515-2	固化快		适用于浸渍转子绕组
三聚氰胺醇酸漆	1032	耐油，漆膜光滑	E	适用于一般电机绕组的浸渍
环氧酯漆	1033	耐潮性能好，黏结力强		
环氧聚酯醛无溶剂漆	5152-2	黏度低，击穿强度高		
聚酯浸渍漆	155	电气性能好、耐热、黏结力强	F	适应于中、小型电机、变压器的浸渍
环氧聚酯无溶剂漆	EIV	黏度低，挥发物少，击穿强度高		
	EIU	黏度低，击穿强度高		
不饱和聚酯无溶剂漆	319-2	黏度低，电气性能好		
酚醛环氧硼胺无溶剂漆	9105	黏度低，电气性能好		
聚酰胺酰亚胺浸渍漆	PAI-2	耐热性及电气性能好，耐辐射性能好	H	适用于高温工作的电机线圈浸渍
聚酯改性有机硅漆	931	黏结力较强，耐湿性和电气性能好		适用于潮湿环境工作的绕组浸渍
有机硅浸渍漆	1050	耐热、耐油、防霉性能好		适用于高温工作的电机、电器线圈浸渍
	1052	耐热、耐油、在常温下迅速干燥		适用于电器线圈局部补修
	1053	耐热良好，但烘干温度较高		适用于高温电机绕组浸渍
低温干燥有机硅漆	9111	耐热性较1053稍差，干燥快		适用于高温电机绕组浸渍

表 1-4-3 常用覆盖漆型号、性能和用途

名 称	型 号	性 能	耐热等级	用 途
黑绝缘漆	1211	耐潮,但耐油性能较差	A	用于一般电机绕组表面修饰
环氧聚酯红瓷漆	162	漆膜光滑,强度高,色泽鲜艳,具有较高的介电性能	B	适用于电机、电器绕组或线圈表面修饰
环氧聚酯灰瓷漆	H31-4			
	H31-2			
环氧酯铁红瓷漆	H13-7	耐潮、耐霉、耐油性好,漆膜硬度高	B	适用于湿热带地区电机、电器线圈表面修饰
环氧聚酯灰瓷漆	8363			
环氧酯瓷漆	C31-3	干燥快、耐潮、耐油、耐气候性好,漆膜附着力好,有弹性	F	适用于电机绕组表面修饰
醇酸漆	C31-1			
醇酸灰瓷漆	C32-9			
	C32-81322			
有机硅红瓷漆	167	漆膜耐热性好,并具有较好的电气性能	F	适用于 H 级电机、电器线圈和绝缘零部件表面修饰
	W32-3		H	

(2) 浸渍纤维制品

浸渍纤维制品是以棉布、棉纤维管、薄绸、玻璃纤维布或玻璃纤维管,以及玻璃纤维与合成纤维交织物为底材浸以绝缘漆制成的。其类型主要有绝缘漆布、绝缘漆管和绑扎带等。

绝缘漆布如图 1-4-2 所示,它主要用作电机线圈的对地绝缘、槽绝缘和衬垫绝缘,常用的绝缘漆布名称、型号、性能和用途见表 1-4-4。

表 1-4-4 常用的绝缘漆布名称、型号、性能和用途

名 称	型 号	耐热等级	性 能	用 途
油性漆布	2010	A	不耐油	适用于一般电机绕组绝缘
	2012	A	耐油性能好	适用于一般电机绕组或衬垫绝缘
沥青漆布	2110	A	介电性能较好	适用于一般低压电机、电器线圈或衬垫绝缘
油性漆绸	2210	A	柔软性及介电性能良好	适用于电机、电器和薄层衬垫或线圈绝缘
油性漆绸	2212	A	耐油性较好	适用于在有矿物油侵蚀环境中工作的电机、电器的薄层衬垫或线圈绝缘
沥青醇酸玻璃漆布	2430	B	耐潮性较好,耐汽油	适用于一般电机、电器的衬垫或线圈绝缘
醇酸玻璃漆布	2432	B	耐油性较好,并有一定的防霉性	适用于在较高温度下使用的电机、电器的衬垫或变压器的线圈绝缘
环氧玻璃漆布	2433	B	电气性能、力学性能、耐湿热性能较高	适用于耐化学腐蚀的电机、电器的槽绝缘衬垫绝缘和线圈绝缘
聚酰亚胺玻璃漆布	2560	C	防潮性、耐辐射性和耐溶剂性良好,且有高耐热性及介电性能	适用于 220℃ 以上温度环境中工作的电机槽绝缘和端部衬垫绝缘

续表

名　称	型　号	耐热等级	性　能	用　途
有机硅玻璃漆布	2450	H	耐热性、耐寒性、耐霉性及耐油性高	适用于 H 级电机、电器的包扎绝缘
硅橡胶玻璃漆布	2550	H	耐热性、耐寒性较高,且有良好的柔软性	适用于特种用途的低压电机导线和端部绝缘
有机硅防电晕玻璃漆布	2650	H	具有稳定的低电阻率	适用于在高压定子绕组槽口处做防电晕材料

绝缘漆管如图 1-4-3 所示,它是用纤维管和底材浸以不同的绝缘漆,经烘干工艺处理而制成的。绝缘漆管可分为棉漆管、涤纶漆管和玻璃丝管等。绝缘漆管主要用作电机绕组连接的保护绝缘,如图 1-4-4 所示。常用的绝缘漆管名称、型号、性能和用途见表 1-4-5 所示。

图 1-4-2　绝缘漆布

图 1-4-3　绝缘漆管

（a）电机绕组连接的保护绝缘

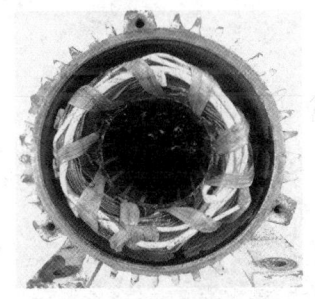

（b）整体照片

图 1-4-4　绝缘漆管的使用

表 1-4-5　常用的绝缘漆管名称、型号、性能和用途

名　称	型　号	耐热等级	性　能	用　途
油性棉漆管	2710	A	电气性能和弹性较好,但耐热性、耐潮性差	适用于电机、仪表等设备引出线和连接线绝缘
醇酸玻璃漆管	2730	B	电气性能、力学性能、耐化学性能均良好,弹性也较好	适用于电机、仪表等设备引出线和连接线绝缘
聚氯烯玻璃漆管	2731	B	耐热性、耐潮性、弹性均较好	适用于电机、电气设备的引出线和连接线的绝缘

续表

名称	型号	耐热等级	性能	用途
油性玻璃漆管	2724	E	电气性能和力学性能良好，且耐热、耐油性好，但弹性差	适用于电机、仪表等设备的引出线和连接线的绝缘
有机玻璃漆管	2750	H	耐热性、耐潮性均良好，且电气性能也较好	适用于 H 级电机、电气设备的引出线和连接线的绝缘
硅橡胶玻璃漆管	2751	H	耐寒性、耐热性及弹性均良好，电气性能和机械性能也良好	适用于在-60℃～180℃温度下工作的电机、电器和仪表的引出线的绝缘

绑扎带又称无纬带，如图 1-4-5 所示。它是由长玻璃纤维经过硅烷处理和整纱后，再浸以热固性树脂制成的 B 级或全固化的带状材料。绑扎带可分为聚酯型无纬带、环氧型无纬带和聚胺型无纬带等。目前应用最广泛的是环氧型无纬带。绑扎带主要用来绑扎电机转子的端部，如图 1-4-6 所示。

图 1-4-5　绑扎带

图 1-4-6　绑扎带的使用

图 1-4-7　绝缘层压板

（3）绝缘层压板

绝缘层压板又称积压板，如图 1-4-7 所示。它是以有机纤维、无机纤维或布作底材，浸涂不同的胶黏剂，经热压而制成的层状结构的绝缘材料。采用不同的底材、胶黏剂和成型工艺，可以制成不同耐热等级、不同性能的制品。常用绝缘层压板的名称、性能和用途见表 1-4-6。

表 1-4-6　常用绝缘层压板的名称、型号、性能和用途

名称	型号	性能	用途
酚醛层压纸板	3020	电气性能高、耐油性能较好	适用于在对电气性能要求较高的电机、电气设备中作绝缘结构，并可在变压器油中使用

续表

名 称	型 号	性 能	用 途
酚醛层压纸板	3021	机械强度较高、耐油性能良好	适用于在对电气性能要求较高的电机、电气设备中作绝缘结构，并可在变压器油中使用
	3022	耐湿性能和机械强度较高	适用于在潮湿条件下工作的电工设备中作绝缘结构
	3023	介质损耗低	适用于在电气设备中作绝缘结构零部件
酚醛层压布板	3025	力学性能较高，耐油性良好	适用于在电机、电气设备中作绝缘结构，并可在变压器油中使用
	3027	电气性能较高，耐油性良好	适用于在电机、电气设备中作绝缘结构，并可在变压器油中使用
酚醛层压玻璃布板	3230	力学性能和耐水、耐热性良好	适用于在电机、电气设备中作绝缘结构，并可在变压器油中使用
苯胺酚醛层压玻璃布板	3231	电气性能、力学性能和耐潮性较好	可代替棉布板，用作电机、电气设备中的绝缘结构零部件，并可在潮湿环境中使用
环氧酚醛层压玻璃布板	3240	电气性能、力学性能和耐热、耐潮性较好	适用于在电机、电气设备中作绝缘结构零部件，并可在潮湿环境下及变压器油中使用

（4）DMD 绝缘纸

DMD 绝缘纸是一种复合绝缘材料制品，如图 1-4-8 所示。DMD 绝缘纸具有良好的机械强度、介电性能和较高的耐热性能（B 级和 F 级），是 Y 系列电机的定型绝缘材料，可用作中小型电机的槽绝缘、匝间和层间绝缘及变压器绝缘材料，如图 1-4-9 所示。

图 1-4-8　DMD 绝缘纸

（5）电工薄膜

电工薄膜如图 1-4-10 所示，常用的有聚酯薄膜、聚酰亚胺薄膜和聚酯薄膜绝缘纸柔软复合箔。

① 聚酯薄膜广泛用于电机槽绝缘、相间绝缘，其型号为 6020 和 6021；耐热等级为 E 级和 B 级；膜厚度为 0.05mm 和 0.10mm。

② 聚酰亚胺薄膜用于条件恶劣的 F 级和 H 级电机的槽绝缘及绕组的包扎绝缘，其型号为

6050；耐热等级为 H 级；膜厚度为 0.025mm、0.05mm 和 0.10mm。

③ 聚酯薄膜绝缘纸柔软复合箔用于电机槽绝缘、相间绝缘，其型号为 6520；耐热等级为 E 级。

（a）DMD绝缘纸用于槽绝缘　　　　　　（b）DMD绝缘纸用于相绝缘

图 1-4-9　DMD 绝缘纸的使用

（6）云母带

云母带如图 1-4-11 所示，它主要用于高压电机线圈绝缘。常用的有环氧玻璃粉云母带和有机硅玻璃云母带。环氧玻璃粉云母带型号为 5438，耐热等级为 B 级；有机硅玻璃云母带型号为 5450，耐热等级为 H 级。

图 1-4-10　电工薄膜　　　　　　图 1-4-11　云母带

课堂讨论

问题：黑胶布与聚氯乙烯胶带的区别是什么？

结论：黑胶布又称黑包布，是用途最广、用量最大的一种绝缘胶带，其外形如图 1-4-12（a）所示。黑胶布是在棉布上刮胶、卷切而制成的，常用于电线、电缆的包扎绝缘，在 -10℃～+40℃ 环境范围内使用。使用时，不必借用工具即可撕断，操作方便。

聚氯乙烯胶带又称塑料绝缘胶带，它是在聚氯乙烯薄膜上涂覆胶浆卷切而成的，其外形如图 1-4-12（b）所示。塑料绝缘胶带绝缘性能、黏着力及防水性均比黑胶布好，并且具有多种颜色，它可代替黑胶布。除了包扎电线、电缆，还可用于密封保护层。使用时，不易用手撕断，需要用电工刀或剪刀切断。

（a）黑胶布　　　　　　　（b）聚氯乙烯胶带

图 1-4-12　绝缘胶带

2. 导电材料

在电工领域，导电材料通常是指电阻率为 $(1.5\sim10)\times10^{-8}\Omega\cdot m$ 的金属，其主要功能是传输电能和电信号。导电材料应具有高电导率，良好的机械性能、加工性能，耐大气腐蚀，化学稳定性高，同时还应该是资源丰富、价格低廉的。

在电机维修中使用的导电材料主要有电磁线和引出线。

1）电磁线

电磁线是一种在金属线材上覆盖绝缘层的导线，广泛用来绕制电机、变压器、电气设备的绕组或线圈。目前多用圆或扁的铜芯线。电磁线的绝缘层除部分采用天然材料外，主要采用有机合成高分子化合物和无机材料。由于采用单一材料的绝缘层在性能上有一定的局限性，因此，有的电磁线采用复合绝缘或组合绝缘，以提高绝缘层的综合性能。

按绝缘层的特点和用途不同，常用的电磁线分为漆包线、绕包线和特种电磁线等。

（1）漆包线

漆包线是在导线外层涂覆一层绝缘漆，经烘干后形成一层漆膜，其特点是漆膜均匀、光滑、薄，这样的特点既有利于线圈的绕制，又可提高铁芯槽的利用率，因而广泛用于中、小型电机及各种电器中，如图 1-4-13 所示。

漆包线的种类很多，常见漆包线的名称、型号和规格见表 1-4-7。

图 1-4-13　漆包线

表 1-4-7　常见漆包线的名称、型号和规格

名　称		型　号	规　格/mm
漆包圆铜线	油性式	Q	线芯直径 0.02～2.5
	聚酯式	QZ-1、QZ-2	线芯直径 0.02～2.5
	聚酰胺酰亚胺式	QXY-1、QXY-2	线芯直径 0.06～2.5
	聚酰亚胺式	QXY-1、QXY-2	线芯直径 0.02～2.5
	环氧式	QH-1、QH-2	线芯直径 0.06～2.5
	缩醛式	QQ-1、Q-2	线芯直径 0.02～2.5

续表

名　称		型　号	规　格/mm
漆包圆铜线	彩色缩醛式	QQS-1、QS-2	线芯直径 0.02～2.5
	聚氨酯式	QA-1	线芯直径 0.015～1.0
	彩色聚氨脂式	QA-2	线芯直径 0.015～1.0
	单玻璃丝包缩醛式	QQSBC	线芯直径 0.53～2.5
漆包圆铝线	聚酯式	QZL-1、ZL-2	线芯直径 0.06～2.5
	缩醛式	QZL-1、ZL-2	线芯直径 0.06～2.5
漆包扁铜线	聚酯式	QZB	线芯窄边 0.8～5.6、线芯宽边 2～18
	聚酰胺酰亚胺式	QXYB	线芯窄边 0.8～5.6、线芯宽边 2～18
	聚酰亚胺式	QYB	线芯窄边 0.8～5.6、线芯宽边 2～18
	缩醛式	QQB	线芯窄边 0.8～5.6、线芯宽边 2～18
	聚酰亚胺式	QZYB	线芯窄边 0.8～5.6、线芯宽边 2～18
	单玻璃丝包聚酯亚胺式	QZYSBFB	线芯直径 0.06～2.5
漆包线铝线	聚酯式	QZLB	线芯窄边 0.8～5.6、线芯宽边 2～18
	缩醛式	QQLB	线芯窄边 0.8～5.6、线芯宽边 2～18

图 1-4-14　绕包线

（2）绕包线

绕包线是用玻璃丝、绝缘纸或合成树脂薄膜等紧密绕包在导线上形成绝缘层，有些是在漆包线上再绕包绝缘层，如图 1-4-14 所示。除了薄膜绝缘层，其他绝缘层均需经胶黏浸渍处理，以提高其绝缘性能，使之能较好地承受过电压和过电流。绕包线一般用在大中型电机、电焊机和变压器等电工产品中。根据绝缘材料的不同，绕包线可分为纸包线、玻璃丝包线及玻璃丝包漆包线。

在电机修理中，最好采用与原来规格型号相同的电磁线，因为不同的电工产品对电磁线有不同的性能要求。如果没有原规格型号的电磁线，可根据原电磁线的性能、耐热等级选择合适的电磁线。

2）引出线

由于电机类型、绝缘等级、电压和电流等的不同，要求电机引出线的电气性能必须与其相适应，且绝缘电阻阻值必须高且稳定。三相异步电动机电源引出线的规格见表 1-4-8。

表 1-4-8　三相异步电动机电源引出线的规格

引出线截面积/mm²	适应电流/A	引出线截面积/mm²	适应电流/A	引出线截面积/mm²	适应电流/A
1	6 以下	1.5	6～10	2.5	11～20
4	21～30	6	31～45	10	46～60
16	61～90	25	91～120	35	121～150
50	151～191	70	191～240	95	241～290

【任务实施】

【任务实施器材】
① 绝缘材料：云母、电工薄膜、绝缘板、漆管、绝缘漆、DMD 绝缘纸，一套/组。
② 导电材料：电磁线、BV 线、BLV 线、电缆头，一套/组。
③ 实训工具：钢丝钳、电工刀、剥线钳、外径千分尺，一套/组。

【任务实施步骤】

1．绝缘材料的识别

操作提示：材料样品要轻拿轻放，保持清洁。

操作题目：识别材料样品。

操作要求：观察材料样品，说明其物理性质，包括颜色、气味、状态、硬度、导电性、导热性、延展性等，将结果填入表 1-4-9 中。

表 1-4-9 材料样品物理性质记录表

名　　称	颜　色	气　味	状　态	硬　度	导电性	导热性	延展性
云　母							
漆　管							
绝缘漆							
DMD 绝缘纸							
绝缘板							
电工薄膜							

2．导线的识别

操作题目 1：识别导线的属性。

操作要求：观察导线，说出导线的类型及名称，将结果填入表 1-4-10 中。

操作题目 2：识别并测量导线的线径。

操作要求：使用外径千分尺测量导线线径，给出导线线径的结论，将结果填入表 1-4-10 中。

表 1-4-10 导线记录表

名　称	类　型	名　称	颜　色	线芯形式	绝缘形式	线　径
1#线						
2#线						
3#线						
4#线						
5#线						

【任务考核与评价】

常用电工材料识别的考核见表 1-4-11。

表 1-4-11　常用电工材料识别的考核

项目内容	配　分	评分标准	自　评	互　评	教师评
绝缘材料的识别	25 分	① 选取操作 5 分； ② 物理性状识别 10 分； ③ 定性结论 10 分			
导线的识别	35 分	① 物理性状识别 10 分； ② 定性结论 25 分			
线径的测量	30 分	① 线径的处理操作 10 分； ② 线径的测量 10 分； ③ 定性结论 10 分			
安全、文明操作	10 分	违反一次扣 5 分			
定额时间	10min	每超过 5min 扣 10 分			
开始时间		结束时间		总评分	

项目 2　变压器的维修与维护

变压器是一种静止的电气设备，它利用电磁感应原理，将某一数值的交变电压变换为同频率的另一数值的交变电压。作为一种电能传输或信号传输装置，变压器在电力系统和自动控制系统中得到了广泛应用。

任务 1　小型变压器的绕制

【任务要求】

本任务通过对小型变压器绕制工艺的学习，使学生具备小型变压器绕制能力，并能使小型变压器安全、可靠地投入运行。

知识目标

1．了解小型变压器的结构；

2．了解小型变压器的绕制工艺。

技能目标

能对小型变压器进行手工绕制。

【任务相关知识】

1．变压器的结构

变压器的外形如图 2-1-1 所示，它由铁芯和绕组两个基本部分组成。

（a）单相变压器　　　　　　　　　　（b）三相变压器

图 2-1-1　变压器的外形

（1）铁芯

铁芯的作用是构成变压器的磁路。为了减少铁芯内的磁滞及涡流损耗，铁芯通常由厚度为 0.35mm 或 0.5mm 的电工硅钢片叠装而成，如图 2-1-2 所示。铁芯被线圈套住的部分称为铁芯柱，其余部分称为磁轭。

（a）单相变压器铁芯

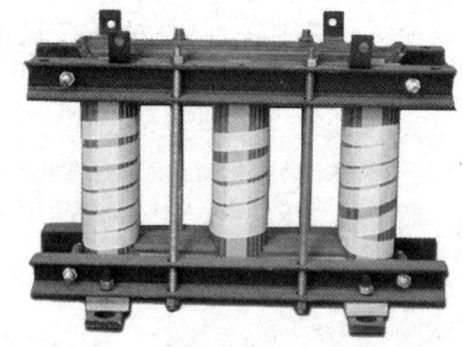
（b）三相变压器铁芯

图 2-1-2　变压器铁芯

根据铁芯形式的不同，变压器可分为芯式和壳式两种类型。芯式变压器如图 2-1-3 所示，它一般作为电力变压器用于高压场合；壳式变压器如图 2-1-4 所示，它一般作为仪用变压器或微型电源变压器用于小电流的民用场合。

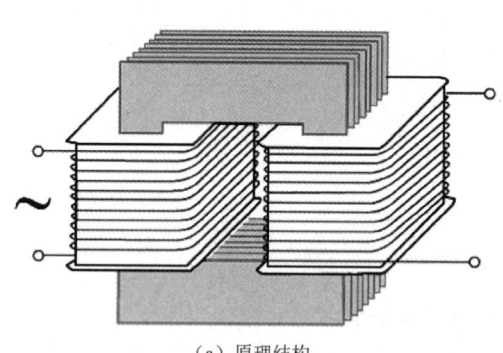
（a）原理结构

（b）外形结构

图 2-1-3　芯式变压器

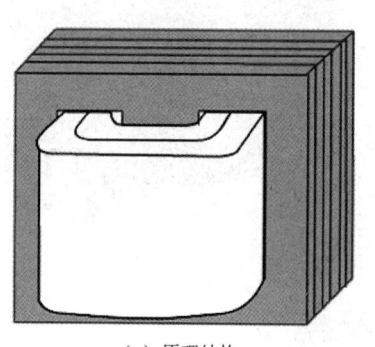
（a）原理结构

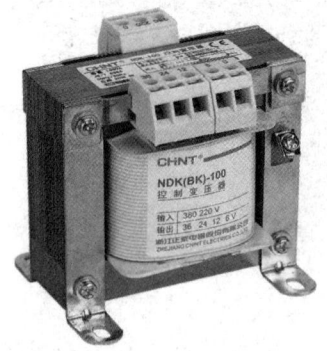
（b）外形结构

图 2-1-4　壳式变压器

(2)绕组

如图 2-1-5 所示,绕组是变压器的电路部分,通常由扁形或圆形绝缘导线绕制而成。与电源相连接的绕组,接收交流电能,通常称为一次绕组(又称初级绕组);与负载相连接的绕组,送出交流电能,通常称为二次绕组(又称次级绕组)。

变压器的一次和二次绕组具有不同的匝数、电压和电流,其中电压较高的绕组称为高压绕组,电压较低的绕组称为低压绕组。根据高、低压绕组的相对位置,变压器绕组可分为同心式和交叠式两种。

同心式绕组的高、低压绕组同心套在铁芯柱上,一般低压绕组在里,高压绕组在外,以利于绝缘,如图 2-1-6 所示。同心式绕组结构简单、制造方便,使用也最为普遍。

交叠式绕组的高、低压绕组是沿轴向交叠放置的,如图 2-1-7 所示。交叠式绕组的引线比较方便,机械强度高,易构成多条并联支路,因此常用于大电流变压器中,如电炉变压器、电焊变压器等。

(a)单相变压器绕组

(b)三相变压器绕组

图 2-1-5 变压器绕组

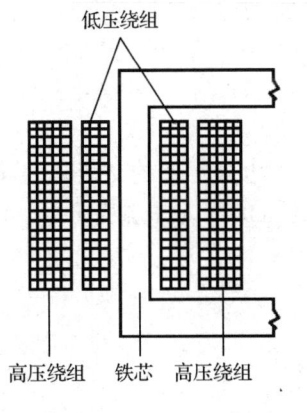

图 2-1-6 同心式绕组

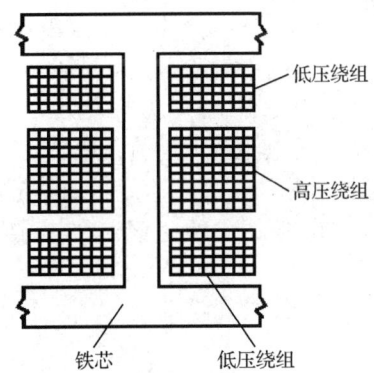

图 2-1-7 交叠式绕组

2. 变压器的工作原理

【现场演示】

演示过程:如图 2-1-8 所示,当变压器一次绕组接通交流电源时,接在二次绕组回路中的灯泡便会发光。于是引出如下问题:为什么彼此相互绝缘的两个绕组当一侧接电源时,另一侧便会随之产生电流呢?

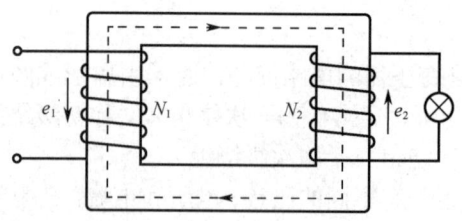

图 2-1-8 电磁感应现象演示

演示结论：根据电磁感应原理可知，处在变化磁场中的导体将产生感应电动势，当外电路通过灯泡闭合时，便有电流通过，使灯泡发光。换而言之，当一次绕组接上交流电源时，在一次绕组中就有电流通过，此电流将在铁芯中产生交变磁通，此磁通在铁芯中同时与一次、二次绕组相交链。于是，在这两个绕组中都会产生感应电动势。显然，对负载来说，二次绕组的电动势相当于电源，在与二次绕组连接的回路中，便有电流通过，使灯泡发光。

下面以单相双绕组变压器为例分析其工作原理。在一个闭合的铁芯上缠绕两个绕组，如图 2-1-9 所示，两个绕组之间只有磁的耦合，而没有电的联系。

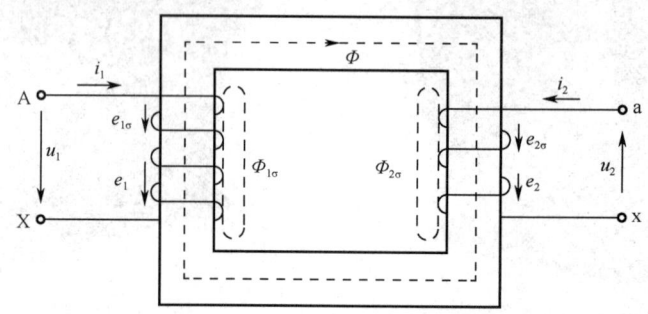

图 2-1-9 变压器工作原理

一次绕组以 A、X 标注其出线端，与一次绕组相关的物理量均以下角标"1"来表示，二次绕组以 a、x 标注其出线端，与二次绕组相关的物理量均以下角标"2"来表示。例如，一次绕组的匝数、电压、电动势、电流分别以 N_1、u_1、e_1、i_1 来表示；二次绕组的匝数、电压、电动势、电流分别以 N_2、u_2、e_2、i_2 来表示。

当一次绕组接通电源时，便会在铁芯中产生与电源电压同频率的交变磁通 Φ。忽略漏磁通 Φ_σ，该磁通同时与一次、二次绕组相交链，这样的变压器称为理想变压器。根据电磁感应定律，在一次、二次绕组中便会感应出电动势，分别为

$$e_1 = -N_1 \frac{d\Phi}{dt} \tag{2-1-1}$$

$$e_2 = -N_2 \frac{d\Phi}{dt} \tag{2-1-2}$$

当二次绕组开路（即空载）时，如忽略绕组压降，则有

$$u_1 = e_1 \tag{2-1-3}$$

$$u_2 = e_2 \tag{2-1-4}$$

于是有：

$$\frac{|u_1|}{|u_2|} = \frac{|e_1|}{|e_2|} = \frac{N_1}{N_2} = K \tag{2-1-5}$$

式中，K 称为变压器的变压比，其大小是由变压器的结构参数 N_1、N_2 所决定的。

由此可见，通过选用不同于一次绕组匝数 N_1 的二次绕组匝数 N_2，便可使二次绕组的电压 u_2 不等于一次绕组的电压 u_1，而获得所需要的电压值。

综上所述，变压器以一次、二次绕组能同时交链铁芯中同一变化磁通的特有结构，利用电磁感应原理，将一次绕组吸收电源的电能传送给二次绕组所连接的负载——实现能量的传送，使匝数不同的一次、二次绕组中感应出大小不等的电动势——实现电压等级变换，这就是变压器的工作原理。

3．变压器运行特性

表征变压器运行特性的主要指标有两个：一是二次侧电压变化率$\Delta U\%$，二是变压器的效率 η。$\Delta U\%$的大小表明变压器运行时二次侧的电压稳定性，η 表明变压器运行时的经济性。

（1）变压器的外特性及电压变化率

当变压器的二次侧带上负载时，二次侧的端电压会随着负载大小的变化而变化，这种变化关系就是变压器的外特性。变压器外特性曲线如图 2-1-10 所示。对于纯电阻负载，端电压下垂较小，见图 2-1-10 中的曲线 1；对于纯电感负载，端电压下垂较大，见图 2-1-10 中的曲线 2；对于纯电容负载，端电压可能上翘，见图 2-1-10 中的曲线 3。

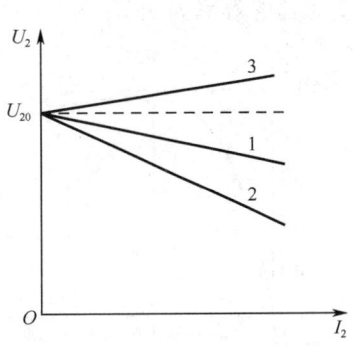

图 2-1-10 变压器外特性曲线

变压器二次侧端电压下垂或上翘的程度，可用电压变化率$\Delta U\%$来表示。计算方法如式（2-1-6）所示，当变压器一次侧接额定电压时，将二次侧空载电压 U_{20}（即二次侧额定电压）与二次侧负载电压 U_2 的算术差（$U_{20}-U_2$），与二次侧额定电压相比，用$\Delta U\%$来表示，即

$$\Delta U\% = \frac{U_{20} - U_2}{U_{20}} \times 100\% \tag{2-1-6}$$

在式（2-1-6）中，U_{20} 指变压器二次侧空载电压；U_2 指变压器二次侧负载电压。

$\Delta U\%$越小越好，因为$\Delta U\%$越小，说明变压器二次绕组输出的电压越稳定。电力变压器从空载到满载，$\Delta U\%$一般约为 3%~5%。

> **课堂讨论**
>
> 题目：为什么给额定电压为 380V 的负载供电时，变压器二次绕组的额定电压不是 380V，而是 400V？
>
> 结论：当变压器带负载运行时，二次电流会在二次绕组中产生内压降，使实际输出的电压比空载时低，再考虑供电线路上产生的压降，所以额定电压为 380V 的负载所接二次绕组的额定电压必须比 380V 略高一点，400V 额定电压是合适的。

（2）变压器的效率及特性

① 变压器的效率

变压器的输出功率 P_2 与输入功率 P_1 之比称为变压器的效率 η，即

$$\eta = \frac{P_2}{P_1} \times 100\% = \frac{P_2}{P_2 + \Delta P} \times 100\% = \frac{P_2}{P_2 + P_{Cu} + P_{Fe}} \times 100\% \tag{2-1-7}$$

式中，ΔP 为变压器的总损耗；

P_{Cu} 为变压器的铜损耗；

P_{Fe} 为变压器的铁损耗。

变压器的损耗包括铁损耗 P_{Fe} 和铜损耗 P_{Cu} 两部分。在铁芯中产生的磁滞损耗和涡流损耗统称铁损耗 P_{Fe}。铁损耗与一次绕组上所加电源的电压大小有关，而与负载电流的大小无关，当电源电压一定时，铁芯中的磁通基本不变，故铁损耗也就基本不变，因此铁损耗又称为不变损耗。在绕组中的直流电阻上产生的热损耗称为铜损耗 P_{Cu}。铜损耗与负载电流的平方成正比，随负载电流的变化而变化，因此铜损耗又称为可变损耗。

变压器效率的高低反映了变压器运行的经济性，是评价变压器运行性能的重要指标。由于变压器是静止的电气设备，在能量转换过程中没有机械损耗，所以它的效率较高，一般中小型变压器的效率为 95%～98%，大型变压器的效率可达 99% 以上。

② 变压器的效率特性

当负载电流 I_2 变化时，变压器的输出功率 P_2 及铜损耗 P_{Cu} 都在变化，因此变压器的效率 η 也随着负载电流 I_2 的变化而变化，其变化规律通常用变压器的效率特性曲线来表示，如图 2-1-11 所示，图中 $\beta = \dfrac{I_2}{I_{2N}}$ 称为负载系数，其中 I_{2N} 为负载额定电流。

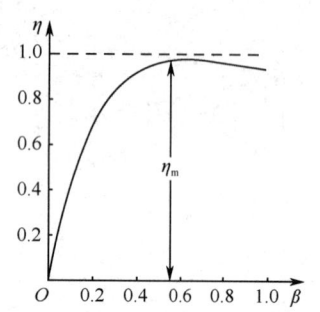

图 2-1-11 变压器的效率特性曲线

通过数学分析可知：当变压器的铁损耗等于铜损耗时，变压器的效率最高，通常变压器的最高效率 η_m 位于 $\beta=0.5\sim 0.6$ 之间。

4．小型变压器绕制工艺

手工绕制小型变压器的流程是：先将绕组骨架套在木芯上，再将木芯固定到绕线机上进行绕线，待变压器线包绕制完毕，从绕线机上连同木芯一起取下线包，随后将木芯从绕组骨架中取出，最后装配铁芯，进行浸漆与烘烤。

1．木芯与骨架

1）木芯

木芯套在绕线机转轴上，用来支撑绕组骨架，以便绕线，其外形如图 2-1-12 所示。木芯的材料通常采用干燥、坚实的木材。

2）骨架

骨架用来支撑绕组，也可使绕组对地绝缘。骨架一般采用积木形式，由绝缘板拼制而成，如图 2-1-13 所示。

2．绕组的绕制

1）绕组的绕制要求

绕组绕制的好坏是决定变压器质量的关键，对绕组的绕制要求有如下几点。

① 绕组要绕得紧，外一层要紧压在内一层上，绕好后线包一般呈方形，如图 2-1-14 所示。

② 绕线要平整、要密绕，一圈紧靠一圈，不可重叠，也不可稀密不均匀，相邻导线之间不应留有空隙，如图 2-1-15 所示。

项目 2　变压器的维修与维护

　　图 2-1-12　木芯　　　　　　图 2-1-13　骨架　　　　　　图 2-1-14　方形线包

③ 绕组内部最好没有接头。

2）绕组的绕制过程

将木芯连同绕组骨架一起装在绕线机的轴上，两端用螺母夹紧，即可进行绕线。

（1）起头及制作引出线

起头时先制作引出线，如图 2-1-16 所示。当绕组导线直径在 0.5mm 以下时，用外接引出线。当绕组导线直径在 0.6mm 以上时，可以用绕组本身的导线作为引出线。注意，引出线必须处于变压器铁芯柱的外表面，决不可设在铁芯柱窗口部分。

 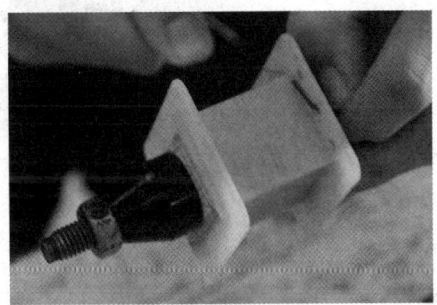

　　　图 2-1-15　绕制要求　　　　　　　　　图 2-1-16　起头及制作引出线

（2）绕线

绕线机要牢固地固定在工作台上，绕线机转轴要平直，木芯与轴同心以保证转轴旋转平稳、无晃动和颤抖。绕线时，导线应向绕成绕组的方向偏转 3°～5°，持线方法如图 2-1-17 所示。

图 2-1-17　持线方法

（3）屏蔽

静电屏蔽层是安放在变压器一、二次绕组之间的一层铜箔。如果没有铜箔，可用细漆包线密绕一层，将漆包线的一个端头开路放置，另一端头作为接地引出线。

（4）绕线收尾

若使用软绝缘线做引出线，在每个绕组绕到最后 20 圈左右时，在绕组的前进方向上应放置一块对拆的绝缘材料条，再继续绕下去，最后切断导线，将线头从绝缘材料的折缝中穿出，拉紧绝缘材料条。如使用焊片做引出线头，则需在每个绕组的最后一层预先把焊片放上，最后切断导线，将导线的尾端焊在焊片上。

（5）绕组表面绝缘处理

变压器绕组绕制结束后，要对绕组表面做绝缘处理，用宽度与绕组高度相同的绝缘纸和黄蜡绸等绝缘材料，在绕组表面缠绕 1～2 周并黏结牢固，如图 2-1-18 所示。

图 2-1-18 绕组表面绝缘处理

（6）绕组的检查

在组装前，要对绕组进行测量检查，只有各项参数正常，才能进行变压器组装。绕组的测量检查主要有直流电阻检查、匝数检查及绝缘电阻检查。

3．铁芯装配

装配铁芯前应首先检查硅钢片的质量，硅钢片应平整、无毛刺；硅钢片表面绝缘层应完好，无锈蚀等不良现象。变压器铁芯装配的要求如下：

① 要装得紧，这样不仅可以防止铁芯从骨架中脱出，还能保证它的有效截面积，并且避免绕组通电后因振动而产生杂音。

② 装配铁芯时不得划破或胀破骨架，误伤导线，造成绕组的断路或短路。

③ 铁芯磁路中不应有气隙，各片开口处要衔接紧密。

④ 要注意装配平整、美观。

4．浸漆与烘烤

变压器装配完毕，经过初步检测后，便可进行浸漆与烘烤。浸漆的主要作用是提高绕组的绝缘性能和机械性能，提高变压器所能承受的工作温度。具体方法是：将线包放在烘箱内加热到 70℃～80℃，预热 3～5h 取出；立即浸入 1260 漆等绝缘清漆中约 0.5h，取出后在通风处滴干；在 80℃烘箱内烘烤 8h 左右。

【任务实施】

【任务实施器材】

① BK-50 型变压器，一个/组。

② 手动绕线机，一个/组。

③ ZC-7 型绝缘电阻表、MF-47 型万用表，各一块/组。

④ 电工工具，一套/组。

【任务实施步骤】

操作提示：木芯和骨架做好后，送教师检验，合格后方可开始绕制绕组。因实训器材需要反复使用，也为保证变压器线圈重绕质量，在绕线时一定要注意，不要损坏电磁漆包线的绝缘。

操作步骤 1：制作木芯。

操作要求：用木块按比铁芯中心柱截面略大一点的尺寸制作木芯，如图 2-1-19 所示。木芯的中心孔径为 10mm，宽度比硅钢片舌略宽 0.2mm，长度比硅钢片窗口高度约长 2~3mm，高度比硅钢片叠厚略大一点。木芯的各边必须互相垂直，用细砂纸磨光表面并略微磨去边角的锐棱。

操作步骤 2：制作骨架。

操作要求：根据木芯外形尺寸，选择绝缘板制作骨架，如图 2-1-20 所示。

图 2-1-19　木芯

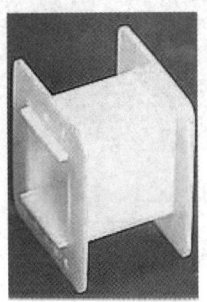
图 2-1-20　骨架

操作步骤 3：绕线。

操作要求：导线要绕得紧密、整齐，不允许有叠线现象。绕线时将导线稍微拉向与绕线前进方向相反的方向（约 5°），拉线的手顺绕线前进方向移动，拉力大小应根据导线粗细而定，以使导线排列整齐，如图 2-1-21 所示。

操作要求：引出线利用原线绞合后引出，如图 2-1-22 所示。一次绕组引出线放在左侧，二次绕组引出线放在右侧。

图 2-1-21　绕线操作

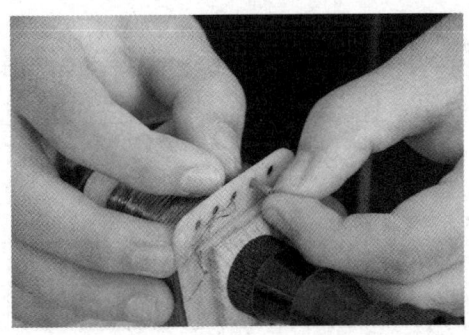
图 2-1-22　制作引出线

操作步骤6：绝缘处理。

因电磁漆包线在实训中需要反复使用，所以本步骤暂不进行。

操作步骤7：铁芯装配。

操作要求：镶片应从线包两边一片一片地交叉对镶，如图 2-1-23 所示，镶到中部时则要两片两片地对镶。镶片时要用旋具撬开夹缝才能插入，插入后，用木槌轻轻敲击至紧固。在插条形片时，不可直向插片，以免擦伤线包。镶片完毕，把变压器放在平板上，用木槌将硅钢片敲打平整，E 型硅钢片接口间不能留有空隙，最后用螺栓或夹板紧固铁芯。

操作步骤8：测试。

操作要求：如图 2-1-24 所示，用兆欧表测量各绕组间和它们对铁芯的绝缘电阻，绝缘电阻值应不低于 90MΩ。当一次侧电压加到额定值时，二次侧各绕组的空载电压允许误差为±5%，中心抽头电压误差为±2%。当一次侧输入额定电压时，其空载电流约为 5%~8% 的额定电流值。

图 2-1-23　交叉镶片

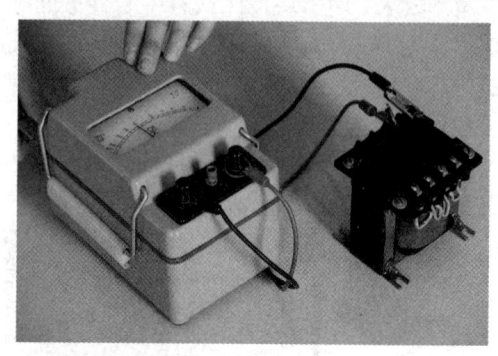

图 2-1-24　变压器测试

【任务考核与评价】

小型变压器绕制的考核见表 2-1-1。

表 2-1-1　小型变压器绕制的考核

项目内容	配　分	评分标准	自　评	互　评	教师评
绕组质量	50 分	① 二次侧电压误差±5%，每超过 1%，扣 10 分； ② 中心抽头电压误差±2%，每超过 0.5%，扣 10 分； ③ 绕组间短路，扣 30 分； ④ 绕组接地（碰铁芯），扣 30 分			
绕线工艺	30 分	① 线包不紧实，扣 10 分； ② 镶片不整齐、有空隙，扣 5~20 分； ③ 引出线端未做电压值标记，扣 20 分； ④ 焊片与青壳纸铆接不牢，每处扣 5 分			
引出线	10 分	① 有虚假焊，每处扣 5 分； ② 引出线未套绝缘套管，扣 5 分			
文明生产	10 分	违反一次扣 5 分			
定额时间	120min	每超过 10min 扣 5 分			
开始时间		结束时间		总评分	

任务 2　变压器同极性端的判别

【任务要求】

本任务通过对变压器同极性端的学习，使学生学会正确判别变压器的同极性端，并能根据判别结果进行绕组间的连接。

知识目标

1．了解变压器同极性端的概念；
2．了解变压器同极性端的意义；
3．掌握变压器同极性端的判别方法。

技能目标

能对变压器绕组进行同极性端的判别。

【任务相关知识】

1．同极性端的概念

变压器一次侧、二次侧绕组中产生的感应交变电动势是没有固定极性的。这里所说的变压器线圈的极性是指一次侧、二次侧两线圈的相对极性，即当一次侧线圈的某一端在某个瞬间电位为正时，二次侧线圈也一定在同一瞬间有一个电位为正的对应端，这两个对应端称为变压器的同极性端，或者称为变压器的同名端，通常用"*"来表示。

2．同极性端的意义

当变压器只有一个一次绕组和一个二次绕组时，它的极性对于变压器的运行没有任何影响。但当变压器有两个或两个以上的一次绕组和几个二次绕组时，使用中就必须注意它们的正确连接，不然轻则不能正常使用，重则烧毁变压器或用电设备。

如图 2-2-1 所示，变压器一次侧有两个相同的绕组，两个绕组的额定电压都是 110V。若把变压器接到交流电压为 220V 的电源上使用，必须把两个绕组串联，串联方法有两种，一种是将接线端 2 和 3 连起来，接线端 1 和 4 之间接 220V 交流电压，如图 2-2-2 所示，此时两绕组中的感应电动势方向相同，合成电动势增大，由于感应电动势与电源电压反相，绕组的电流很小，此种连接为正向串联，是正确的。另一种串联方法如图 2-2-3 所示，把接线端 2 和 4 连接在一起，接线端 1 和 3 之间接 220V 交流电压，此时两绕组中的感应电动势方向相反，相互抵消，铁芯中无磁通产生，绕组中的合成感应电动势为零，220V 电源电压全部加在只有很小直流电阻的一次绕组上，绕组中通过的电流很大，将会烧毁绕组，这种串联称为反向串联，是应该避免的。从上面的分析可以看出，判断绕组端头的电压极性，正确连接绕组是很重要的。

若电源电压为 110V，则两个一次绕组应并联，并联时只能将对应的同极性端连在一起，如图 2-2-4 所示，否则将会有烧毁绕组的危险。当需要将两个绕组串联时，应把两绕组的异极性端连在一起，剩下的两个接线端接电源。

同理，二次绕组进行串联或并联时，也必须根据同极性端进行正确连接。若串联时接错，将使输出电压为 0；若并联时接错，将导致绕组烧坏。

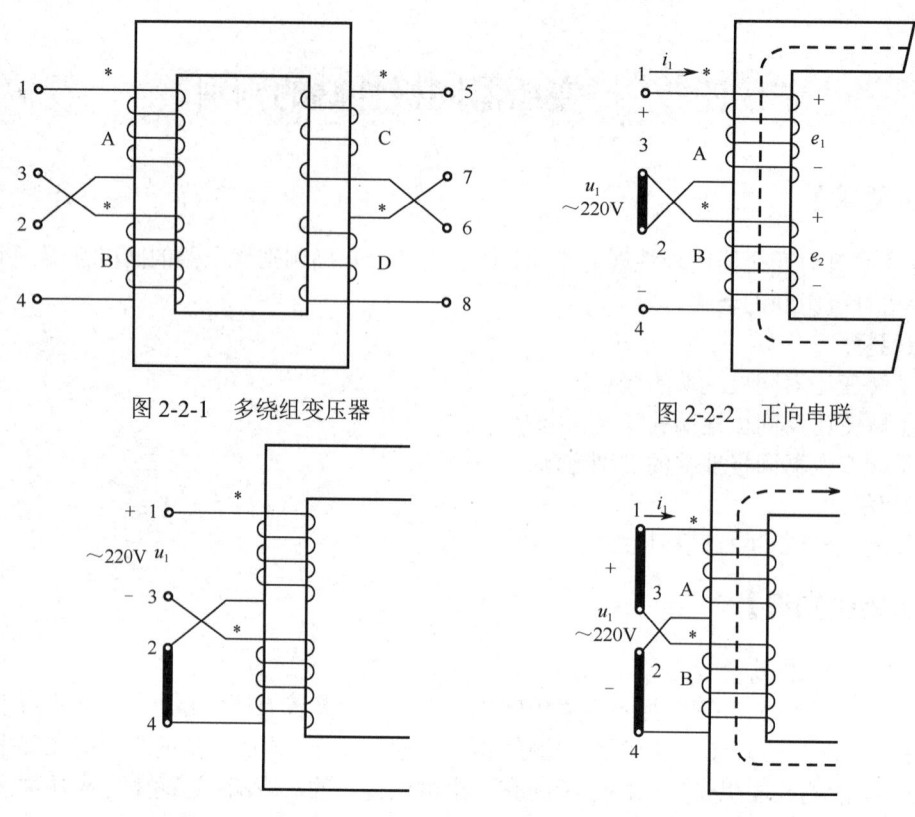

图 2-2-1　多绕组变压器　　　　图 2-2-2　正向串联

图 2-2-3　反向串联　　　　　　图 2-2-4　绕组的并联

3．变压器同极性端的判别方法

不管绕组是串联的还是并联的，都必须分清绕组的同极性端。变压器同极性端的判别方法有观察法、直流法、交流法三种。

1）观察法

在可以分清绕组绕向时，可以采用观察法判别。观察变压器一次侧、二次侧绕组的实际绕向，利用楞次定律、安培定则来判别。例如，变压器一次侧、二次侧绕组的实际绕向如图 2-2-5 所示。在合上电源开关的一瞬间，一次侧绕组电流 I_1 产生主磁通 Φ_1，在一次侧绕组中产生自感电动势 E_1，在二次侧绕组中产生互感电动势 E_2 和感应电流 I_2，用楞次定律可以确定 E_1、E_2 和 I_1 的实际方向，同时可以确定 U_1、U_2 的实际方向。这样可以判别出一次侧绕组 A 端与二次侧绕组 a 端电位都为正，即 A、a 是同极性端；一次侧绕组 X 端与二次侧绕组 x 端电位为负，即 X、x 是同极性端。

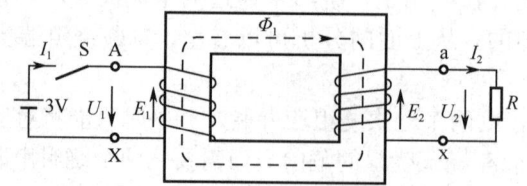

图 2-2-5　用观察法判别变压器同极性端

2）直流法

在无法辨清绕组绕向时，可以用直流法来判别变压器同极性端。用 1.5V 或 3V 的直流电源,按图 2-2-6 所示连接电路,直流电源接入高压绕组,直流毫伏表接入低压绕组。在合上开关的一瞬间,如果毫伏表指针向正方向摆动,则接直流电源正极的端子与接直流毫伏表正极的端子是同极性端。

3)交流法

用导线将高压绕组一端与低压绕组一端相连接,同时将高压绕组和低压绕组的另一端接交流电压表,如图 2-2-7 所示。在高压绕组两端接入低压交流电,测量 U_1 和 U_2 的值,若 $U_1>U_2$,则 A、a 为同极性端;若 $U_1<U_2$,则 A、a 为异极性端。

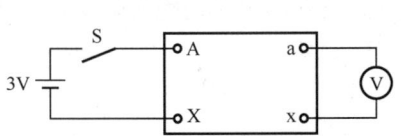 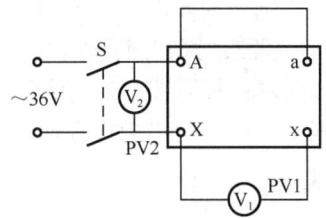

图 2-2-6 用直流法判别变压器同极性端　　　图 2-2-7 用交流法判别变压器同极性端

【任务实施】

【任务实施器材】

① JB-1 型单相教学变压器,如图 2-2-8 所示,一台/组。
② 直流稳压电源,一台/组。
③ MF-47 型万用表,一块/组。
④ 直流毫伏表,一块/组。

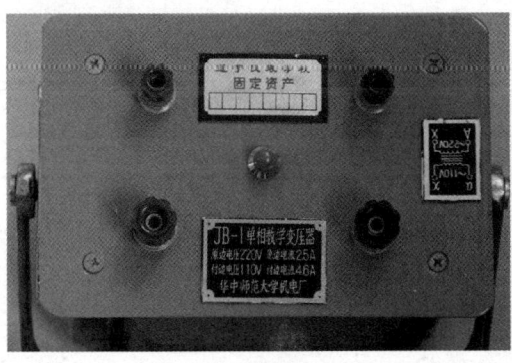 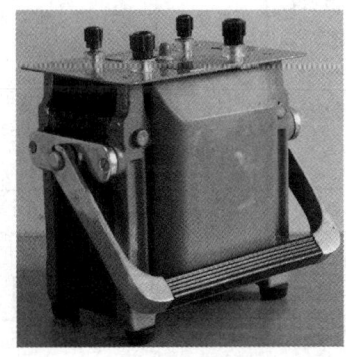

(a)接线桩　　　　　　　　　　　　　(b)外形

图 2-2-8 JB-1 型单相教学变压器

【任务实施步骤】

操作提示:电源应接在变压器的高压侧,通电时要注意安全,操作时应有监护人在场。

(1)直流法判定

操作步骤 1:测量变压器绕组直流电阻。

操作要求:用万用表的 $R\times1$ 挡,分别测量高压绕组 A—X 和低压绕组 a—x 之间的直流电阻;判定绕组通断情况,给出变压器各绕组通断结论。

操作步骤2：测量变压器绕组的绝缘电阻。

操作要求：用兆欧表测量高、低压绕组之间，以及两绕组对壳体的绝缘电阻。测量时保持兆欧表手柄以120r/min匀速转动，待指针稳定后读取测量值；依据测量值判定绕组绝缘情况。

操作步骤3：判别同极性端。

操作要求：按照图2-2-6所示电路接线；瞬间接通电源，观察毫伏表指针摆动的方向，依据现象给出同极性端结论。

（2）交流法判定

交流法判定的操作步骤1和步骤2与直流法判定步骤相同。

操作步骤3：判别同极性端。

操作要求：按照图2-2-7所示电路接线；接通电源，读取两电压表的实际测量值并进行比较，依据比较结果给出同极性端结论。

【任务考核与评价】

变压器同极性端判别的考核见表2-2-1。

表2-2-1 变压器同极性端判别的考核

项目内容	配 分	评分标准	自 评	互 评	教 师 评
测量变压器绕组的直流电阻	10分	① 记录变压器绕组直流电阻的测量值4分； ② 判定变压器绕组通断情况6分			
测量变压器绕组的绝缘电阻	10分	① 记录变压器绕组绝缘电阻的测量值5分； ② 判定变压器绕组绝缘情况5分			
直流法判定同极性端	35分	① 测量时，电路接线是否正确10分； ② 能否准确描述测量中出现的现象15分； ③ 能否给出正确的判定结论10分			
交流法判定同极性端	35分	① 测量时，电路接线是否正确10分； ② 能否准确描述测量中出现的现象15分； ③ 能否给出正确的判定结论10分			
文明生产	10分	违反一次扣5分			
定额时间	20min	每超过5min扣5分			
开始时间		结束时间		总评分	

任务3 电力变压器的维护

【任务要求】

本任务通过对电力变压器日常检查及故障现象分析的学习，使学生全面了解电力变压器，掌握电力变压器的巡检内容及故障处理方法。

知识目标

1. 了解电力变压器在投入运行前和运行中的检查内容；
2. 了解电力变压器的故障分析及处理方法；

3．了解电力变压器的定期检查项目。

技能目标

能对电力变压器进行日常巡检，检查其运行状况。

【任务相关知识】

1．电力变压器的铭牌

为了让用户对电力变压器的性能有所了解，变压器生产厂家为每一台电力变压器都安装了一块铭牌，上面标明了电力变压器的型号及各种额定数据，如图 2-3-1 所示。只有理解铭牌上各种数据的含义，才能正确地使用和维护电力变压器。

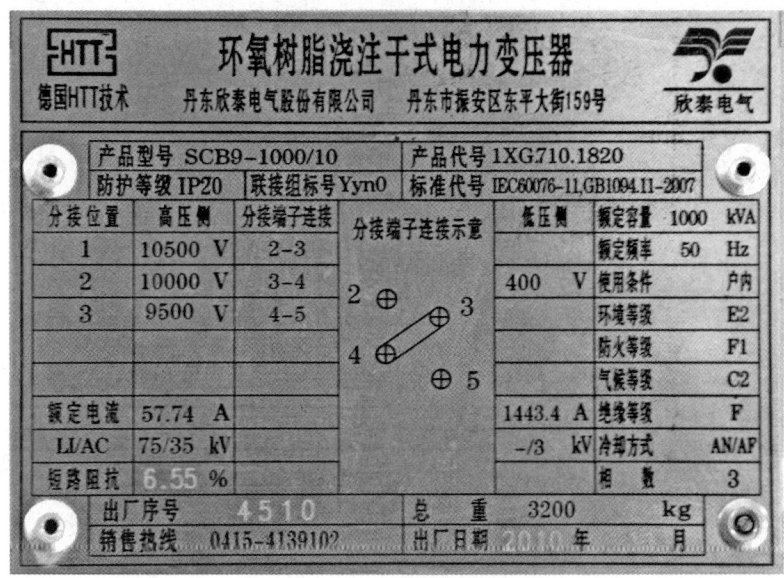

图 2-3-1　电力变压器铭牌

（1）型号

电力变压器的型号由 6 部分组成，如图 2-3-2 所示。

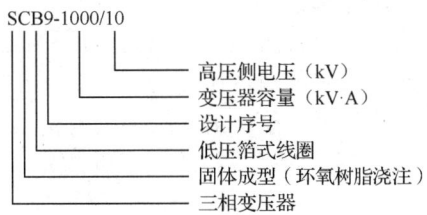

图 2-3-2　电力变压器型号含义

（2）额定电压（用字母 U_{1N}/U_{2N} 表示）

一次绕组（高压侧）额定电压 U_{1N} 是指加在一次绕组上正常工作的线电压值，单位为 V 或 kV。

二次绕组（低压侧）额定电压 U_{2N} 是指变压器在空载时，高压侧加上额定电压后，二次绕组两端的线电压值，单位为 V 或 kV。

（3）额定电流（用字母 I_{1N}/I_{2N} 表示）

额定电流是指根据变压器允许发热的条件而规定的满载线电流值，单位为 A。

（4）额定容量（用字母 S_N 表示）

额定容量是指变压器在额定工作状态下，二次绕组的视在功率，其单位为 V·A 或 kV·A。

（5）额定频率（用字母 f_N 表示）

我国规定，标准工业用变压器频率为 50Hz。

电力变压器对电能的经济传输、分配和安全使用具有重要意义。为保证电力变压器能够长期、安全、可靠地运行，必须重视变压器的日常巡检和维护工作。

2．电力变压器投入运行前的检查

无论是新出厂的变压器还是检修后的变压器，在投入运行前都必须进行仔细检查。

（1）检查型号和规格

检查电力变压器的型号和规格是否符合要求。

（2）检查各种保护装置

检查熔断器的规格和型号是否符合要求；报警系统、继电保护系统是否完好，工作是否可靠；避雷装置是否完好；气体继电器是否完好，内部有无气体存在，如有气体存在应打开气阀盖，放掉气体。

（3）检查监视装置

检查各检测仪表的规格是否符合要求，是否完好；油温指示器、油位显示器是否完好，油位是否在与环境温度相对应的油位线上。

（4）外观检查

检查箱体各个部分有无渗油现象；防爆膜是否完好；箱体是否可靠接地，各电压级的出线套管是否有裂缝、损伤，安装是否牢靠；导电排及电缆连接处是否牢固可靠。

（5）消防设备的检查

消防设备的数量和种类是否符合要求。

（6）测量各电压级绕组对地的绝缘电阻

20～30kV 的变压器其绝缘电阻值应不低于 300MΩ；3～6kV 的变压器其绝缘电阻值应不低于 200MΩ；0.4kV 以下的变压器其绝缘电阻值应不低于 90MΩ。

3．电力变压器投入运行中的检查

当变配电所有人值班时，应每班巡视检查一次电力变压器；当变配电所无人值班时，可每周巡视检查一次电力变压器；对于采用强迫油循环的变压器，要求每小时巡视检查一次；对于室外柱上配电变压器，应每月巡视检查一次；当变压器负载剧烈变化、天气恶劣、变压器运行异常、线路故障时，应增加特殊巡视，特巡周期不做具体规定。

1）日常巡视检查

① 温度检查。油浸式电力变压器运行中的允许温升应按上层油温来检查，用温度计测量，上层油温升的最高允许值为 55K，为了防止变压器油劣化变质，上层油温升不宜长时间超过 45K。对于采用强迫循环水冷和风冷的变压器，正常运行时，上层油温升不宜超过 35K。

巡视时应注意温度计是否完好，用温度计测得的变压器上层油温是否正常或是否超过最高允许值。当指示温度的玻璃温度计与压力式温度计相互间有显著差异时，应检查仪表是否不准或油温是否异常。

② 油位检查。主要检查变压器储油柜上的油位是否正常，是否为假油位，有无渗油现象，

充油的高压套管油位、油色是否正常，套管有无漏油现象。当油位指示不正常时必须查明原因。必须注意油位表出入口处有无沉淀物堆积阻碍油路。

③ 检查变压器的声响，确认变压器的电磁声与以往相比有无异常。异常噪声发生的原因通常有因电源频率波动大，造成外壳及散热器振动；铁芯夹紧不良，紧固部分发生松动；因铁芯或铁芯夹紧螺杆、紧固螺栓等结构上的缺陷，发生铁芯短路；绕组或引线对铁芯及外壳有放电现象；由于接地不良或某些金属部分未接地产生静电放电。

④ 漏油检查。漏油会使变压器油位降低、外壳散热器产生油污等。应重点检查各阀门的垫圈。

⑤ 检查引出导电排的螺栓接头有无过热现象。可查看示温蜡片和变色漆的变化情况。

⑥ 检查绝缘件、出线套管、引出导电排的支持绝缘子等表面是否清洁，有无裂纹、破损及闪络放电痕迹。

⑦ 检查各阀门是否正常，通向气体继电器的阀门和散热器的阀门是否处于打开状态。

⑧ 检查防爆管有无破裂、损伤及喷油痕迹，防爆膜是否完好。

⑨ 检查冷却系统运转是否正常，对于油浸风冷式电力变压器，风扇有无个别停转，风扇电动机有无过热现象，振动是否增大；对于强迫油循环水冷却式变压器，油泵运转是否正常，油压是否正常，冷却水压力是否低于油压力，冷却水进口温度是否过高，冷油器有无渗油或渗漏水的现象，阀门位置是否正确；对于室内安装的变压器，要查看周围环境通风是否良好，是否要开启排风扇等。

⑩ 检查吸湿器。检查吸湿器的吸附剂是否达到饱和状态。

⑪ 检查外壳接地。外壳接地线应完好。

⑫ 检查周围场地和设施。对于室外变压器，重点检查基础是否良好，有无基础下沉；对于变台杆，检查电杆是否牢固，木杆的杆根有无腐烂现象；对于室内变压器，重点检查门窗是否完好，百叶窗的铁丝纱是否完整。

2）特殊巡视检查

① 过负载巡视时，应监视负载电流、变压器上层油温和油位的变化；检查示温蜡片有无熔化现象；导电排螺栓连接是否良好；冷却系统工作是否正常，应保证变压器油有较好的冷却状况，温度不超过额定值。

② 大风天气巡视时，重点检查变压器的引线摆动情况，以及周围环境是否合乎规定、有无搭挂杂物情况。

③ 雷雨天气巡视时，重点检查变压器的瓷瓦绝缘有无闪络放电现象、避雷器是否完好无损、动作指示器是否工作正常。若出现高压、低压阀式避雷器放电破裂或短路接地，应及时停电并仔细检查避雷器及其引线。

④ 大雾天气巡视时，重点检查高、低压侧各瓷套管有无闪络放电现象，尤其是高压侧各相瓷套管有无拉弧与裂纹。

⑤ 大雪天气巡视时，重点检查变压器积雪情况及引线和接头等部位，对有可能危及安全运行的结冰要及时处理。

⑥ 冰雹后、冰冻及气候急剧变化情况下进行巡视时，重点检查各瓷套管有无因被砸而出现破损或裂纹；防爆膜、吸湿器和油位表等部件的玻璃壳是否完好；各侧母线上的电磁元件是否完好无损且无松动。

4．电力变压器的定期检查

① 检查瓷套管表面是否清洁，有无破损、裂纹及放电痕迹，螺栓有无损坏及其他异常情况，如发现上述缺陷，应尽快停电检修。

② 检查箱壳有无渗油和漏油现象，严重时要及时处理；检查散热管温度是否均匀。

③ 检查储油柜的油位高度是否正常，若发现油面过低应加油；检查油色是否正常，必要时进行油样化验。

④ 检查油面温度计的温度和室温之差（温升）是否符合规定，对照负载情况，检查是否有因变压器内部故障而引起的过热。

⑤ 观察防爆管上的防爆膜是否完好，有无冒烟现象。

⑥ 观察导电排及电缆接头处有无发热变色现象，如贴有示温蜡片，应检查蜡片是否熔化，如熔化，应停电检查，找出原因并进行修复。

⑦ 注意变压器有无异常声响，或响声是否比以前增大。

⑧ 注意箱体接地是否良好。

⑨ 变压器室内消防设备干燥剂是否吸潮变色，必要时进行烘干处理或调换。

⑩ 定期进行油样化验。

此外，进出变压器室时，应及时关门上锁，以防小动物窜入而引起重大事故。

【任务实施】

【任务实施地点】

学院变电所。

【任务实施步骤】

操作提示：在进入变压器室时，应穿着绝缘胶鞋，不要随意走动，禁止触摸任何金属体，必须与变压器保持一定的安全距离。

操作步骤1：记录铭牌。

操作要求：电力变压器铭牌如图2-3-1所示，认真观察铭牌信息，填写表2-3-1。

表2-3-1　电力变压器铭牌记录表

型　号	额定容量	额定电压	额定电流	短路阻抗	额定频率	使用条件
连接组标号	绝缘等级	防护等级	冷却方式	生产厂名	出厂编号	重　量

操作步骤2：电力变压器的巡检。

操作要求：在教师或值班人员指导下检查运行中的变压器。抄录电压表、电流表、功率表的读数；记录油面温度和室内温度；检查各密封处有无漏油现象；检查高、低压侧各瓷套管是否清洁，有无破裂及放电痕迹；检查各密封处有无漏油现象；检查导电排、电缆接头有无变色现象，有示温蜡片的，检查蜡片是否熔化；检查防爆膜是否完好；检查硅胶是否变色；检查有无异常声响；检查油箱接地是否完好；检查消防设备是否完整，性能是否良好。将抄录的有关数据填入表2-3-2中。

表 2-3-2　检查记录表

铭牌数据	型号			容量			
	电压			电流			
	接法			额定温升			
检查记录	高压侧	电压		输入功率			
		电流					
	低压侧	电压		电流			
		功率表读数		功率因数			
	油面温度		室温		实际温升		
	绝缘瓷管	清洁		无裂痕		有放电痕迹	
		不清洁		有破痕		无放电痕迹	
	防爆膜	完好		导电排和电缆接头		有变色现象	
		不完整				无变色现象	
	硅胶	变色		有无异常声响		有无漏油	
		未变色					
	接地线	可靠		消防设备品种数量			
		不可靠					

【任务考核与评价】

电力变压器巡检的考核见表 2-3-3。

表 2-3-3　电力变压器巡检的考核

项目内容	配　分	评　分　标　准	自　评	互　评	教　师　评
巡检内容	45 分	① 不会识别铭牌信息扣 5 分； ② 不会识别变压器部件扣 5 分； ③ 不会读取变压器运行数据扣 5 分			
巡检记录	45 分	① 记录信息不详细扣 5 分； ② 记录错误扣 10 分			
安全、文明操作	10 分	触摸或拨动室内电气设备，每违反一次扣 5 分			
定额时间	25min	每超过 5min 扣 5 分			
开始时间		结束时间		总评分	

项目3　三相异步电动机的维修与维护

三相异步电动机具有构造简单、坚固耐用、维修方便、运行可靠、价格低廉等特点，因而在各种动力拖动装置中得到广泛应用。为保证三相异步电动机能长期、安全、经济、可靠地工作，对三相异步电动机进行正确安装、运行监视和定期检修维护是非常必要的，这些对预防事故的发生具有非常重要的意义。

任务1　三相异步电动机铭牌的认识

【任务要求】

本任务要求学生认识三相异步电动机的铭牌，全面了解三相异步电动机的型号及主要技术数据，掌握定子绕组接法、温升、防护形式及工作制要求。

知识目标
1. 了解三相异步电动机铭牌的作用；
2. 熟悉三相异步电动机的型号及主要技术数据；
3. 熟悉三相异步电动机定子绕组接法、温升、防护形式及工作制要求。

技能目标
能读懂三相异步电动机的铭牌。

【任务相关知识】

铭牌是三相异步电动机的重要标识，是安装、运行和维修电动机的重要依据，如图 3-1-1 所示。

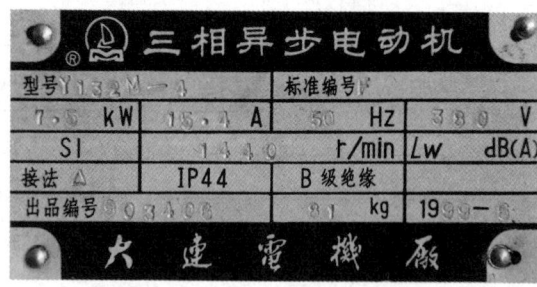 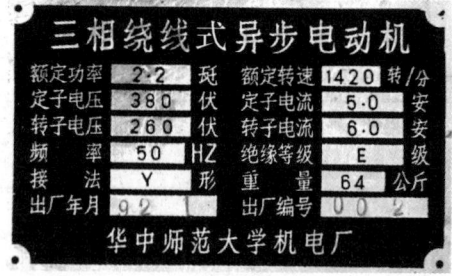

图 3-1-1　三相异步电动机铭牌

1. 型号

电动机的型号能反映电动机的类型、结构特点、主要部件尺寸及极数等信息。型号由汉语拼音字母和数字组成。国家标准 GB 4831—84《电机产品型号编制方法》中规定：中小型交流异步电动机的型号一般应由 6 部分组成，下面以型号为 YD2-160M2-2/4 WF 的电动机为例，介绍这 6 部分的具体规定。

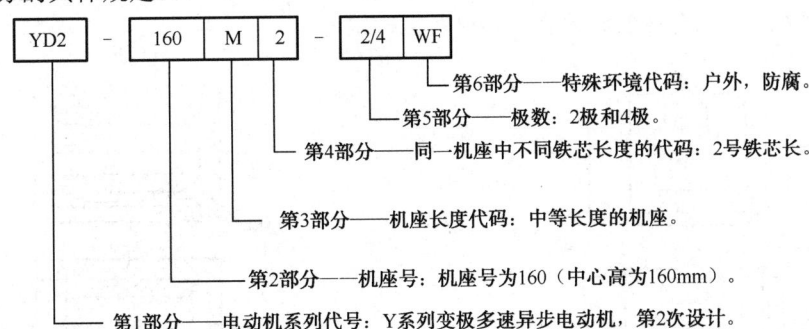

第 1 部分为电动机系列代号，第一个字母一般为"Y"，普通单速电动机只用这一个字母，其他系列的电动机则在 Y 的后面加上表示其特征的 1～3 个字母。例如，本例的"YD"中的"D"表示多速电动机。若这些字母后面紧跟一个阿拉伯数字，则该数字为本系列电动机的设计序号，因第 1 次设计的 1 不必出现，所以此数字最小为 2，本例为第 2 次设计，或者说第 2 代。

第 2 部分为机座号，以中心高表示，单位为毫米，如图 3-1-2 所示，本例电动机的中心高为 160mm。中心高越高，电动机容量越大，因此，三相异步电动机按容量分类与中心高有关。按机座号的大小分大、中、小、微型共 4 个等级，具体见表 3-1-1。在同样的中心高数值下，机座长则铁芯长，相应地，电动机的容量更大。对无底脚的电动机，以同一内外径向尺寸的有底脚的电动机的中心高确定此参数。

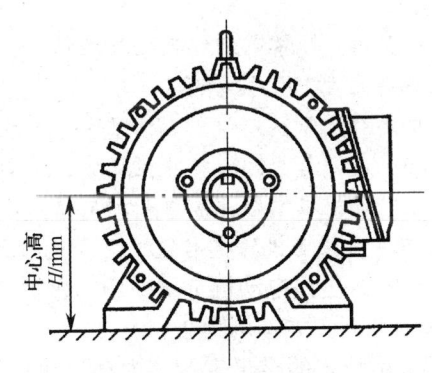

图 3-1-2　电动机的中心高

表 3-1-1　按机座号划分电动机的等级

等　级	微型/mm	小型/mm	中型/mm	大型/mm
机座号	<63	≥63～315	≥315～630	>630

第 3 部分为机座长度代码，一般分 3 个档次，即长、中、短，分别用 L、M、S 表示，如表 3-1-2 和图 3-1-3 所示。本例为 M，即中等长度的机座。

表 3-1-2　三相异步电动机机座长度代码

分　级	长	中	短
代　码	L	M	S
英文单词	Long	Middle	Short

第 4 部分为同一机座中不同铁芯长度的代码，用数字 1、2、3、…表示，机座号越大，铁芯越长，功率越大，如图 3-1-4 所示。本例为 2 号。

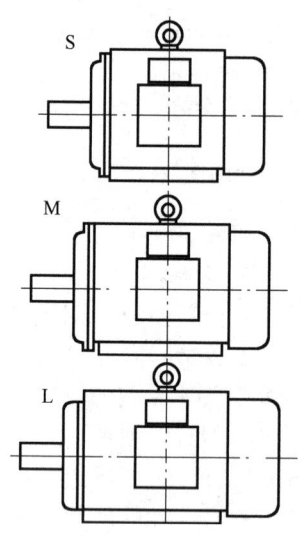

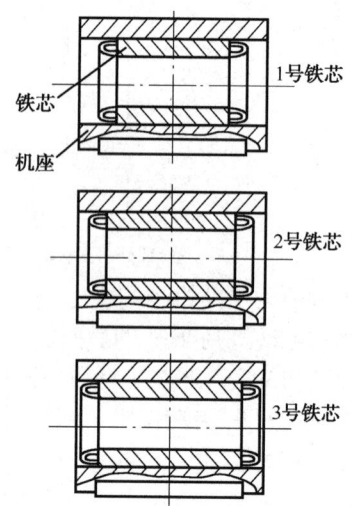

图 3-1-3　三种不同长度的机座示意图　　　　图 3-1-4　三种不同长度的铁芯示意图

 **工程经验**

> 问题：在维修三相异步电动机时，经常遇到铭牌丢失的情况，特别是一些老旧电动机，有铭牌的很少，那么怎样确定无铭牌电动机的型号呢？
> 答案：我国生产的电动机都是经国家统一设计、标准化、成系列的产品，对于无铭牌的电动机可根据其中心高、定子铁芯长度、定子铁芯内外径尺寸、底脚尺寸这几个重要数据，对照电工手册中的《中小型三相异步电动机技术数据》查表，即可初步确定电动机的型号。为方便读者查询，本书给出了常用三相异步电动机的技术数据，详见附录 B。

第 5 部分为极数，用数字形式给出该电动机定子磁场的极数，如 2 极、4 极等。当电动机为多速电动机时，用"/"将极数分开，如本例为 2/4。

第 6 部分为特殊环境代码，用特定的字母表示该电动机可适用的特殊工作环境，具体见表 3-1-3。本例为 WF，即为户外防腐型。一般电动机无此部分。

表 3-1-3　三相异步电动机适用特殊环境代码

适用特殊环境	高原	船（海）	户外	化工防腐	热带	湿热带	干热带
代码	G	H	W	F	T	TH	TA

2. 额定功率 P_N

电动机额定运行时轴上输出的机械功率，一般用千瓦（kW）作单位，不足 1kW 的有时用瓦（W）作单位。

注意：额定功率 P_N 是机械功率，不是电动机从电源侧获得的电功率。

我国标准中规定的中小型电动机功率选取档次推荐值为（单位为 kW）：0.18；0.25；0.37；0.55；0.75；1.1；1.5；2.2；3；4；5.5；7.5；11；15；18.5；22；30；37；45；55；75；90；110；132；160；185；200；220；250；280；315；335 等。

3. 额定电压 U_N

额定电压是保证电动机正常工作的电压，一般指加在定子绕组上的线电压，单位为 V 或 kV。一般说来，低压电动机的额定电压一般为 380V，实际所用电源电压应在额定值的 95%～105%之间，有要求时可放宽到 90%～110%。当可采用两种电压时，用"/"线隔开，如 220/380V。

注意：额定电压是指定子绕组上的线电压，而不是相电压，千万注意区分。

4. 额定电流 I_N

电动机在额定电压和额定频率下输出额定功率时，定子绕组中的线电流，单位为 A 或 kA。

🔧 工程经验

问题：如何通过电动机的额定功率来简单地估算出其额定电流？

答案：在实际工程中，要想精确地计算出电动机的额定电流往往是不可能的，因为这需要知道多个参数才能计算出来，但在已知电压和功率的情况下，可以简单地进行估算，具体如下。

对于额定电压为 380V 左右的电动机，额定电流约等于额定功率千瓦数的 2 倍。例如，额定功率为 15kW，则额定电流为 2×15=30A。这种关系适用于 10～30kW 的电动机，较小功率的电动机要适当增大一些，如 2.1 倍，较大功率的电动机要适当减小一些，如 1.9 倍。

5. 额定频率 f_N

额定频率是保证定子同步转速为额定值的电源频率，单位为 Hz。对普通交流电动机，我国使用的电源频率是 50Hz。

6. 额定转速 n_N

电动机在额定电压、额定频率和额定功率下的转速，单位为 r/min。

🔧 工程经验

问题：有一台电动机没有铭牌，现场没有转速表，在不拆开电动机的情况下，怎样用万用表确定电动机的转速？

答案：只要知道电动机的极数，就可知道电动机的大概转速。

判断方法如下：

① 先将电动机的 6 个头都拆开，利用万用表的欧姆挡找出任意一组绕组。

② 再将万用表拨到毫安挡最小的一挡，将两个表针分别接在这个绕组的两端，如图 3-1-5 所示。

③ 将电动机的转子慢慢地匀速转动一圈。观察万用表指针左右摆动的次数，摆动一次是指表针从 0 到正，再从正回到 0，再从 0 到负，再从负回到 0。如果摆动一次，则说明电流正负变化一个周期，就是二极电动机。同理，如果摆动两次，就是四极电动机；如果摆动三次，就是六极电动机。以此类推，就可以利用万用表指针摆动次数判断出电动机具有几个磁极，从而确定电动机的大概转速，这个转速略低于同步转速。

当电源频率为 50Hz 时，电动机的同步转速与磁极数的关系为：二极电动机的同步转速为 3000r/min；四极电动机的同步转速为 1500r/min；六极电动机的同步转速为 1000r/min。

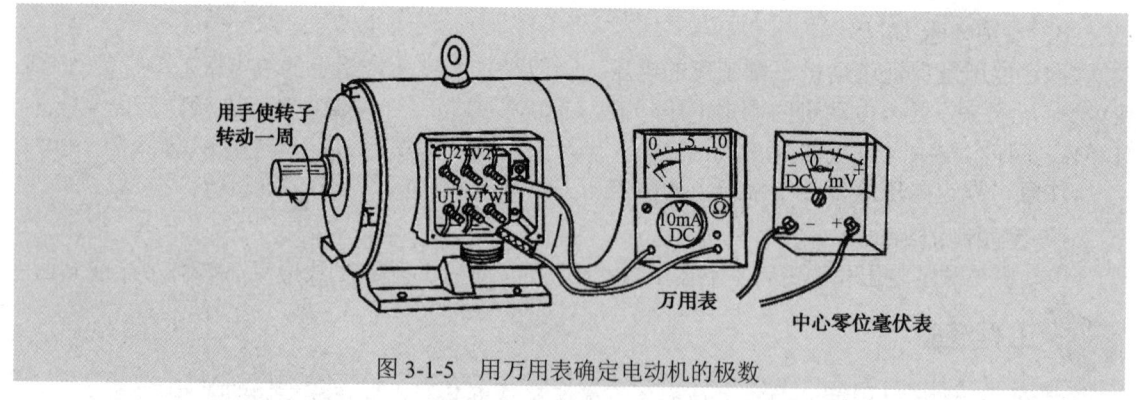

图 3-1-5 用万用表确定电动机的极数

7. 接线方式

电动机的接线方式有星形连接和三角形连接,如图 3-1-6 所示;电动机接线盒内实际标识的接线方式如图 3-1-7 所示。在 Y 系列(含 Y2、Y3 等)三相异步电动机的技术条件中规定:功率为 3kW 及以下的电动机采用星形接法;其他功率的电动机均采用三角形接法。

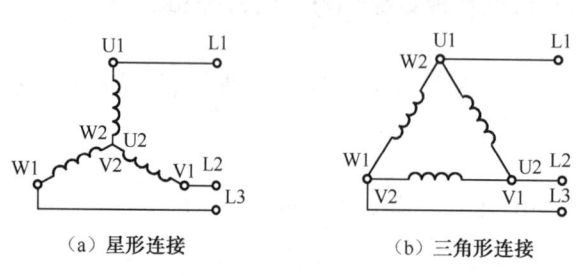

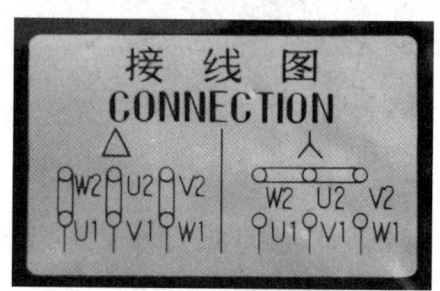

(a) 星形连接　　(b) 三角形连接

图 3-1-6 接线方式　　　　　　　　　图 3-1-7 接线标识

课堂讨论

问题1:对于标明△接、380V 的电动机,接成 Y 接后还能在 380V 供电电压下正常运行吗?

答案:不能正常运行,此时电动机将不能输出额定功率。从理论上讲,此时的输出功率是△接时的 1/3(实际上大于 1/3),也就是说"出力"将严重不足。这是由于 Y 接时每一相绕组所得到的电压只有正常值的 $1/\sqrt{3}$(即 220V),而电流只有正常值的 1/3(实际上小于 1/3)。

问题2:标明 Y 接、380V 的电动机,允许接成△接后还用 380V 电压供电运行吗?

答案:绝对不允许。在 380V 的电源线电压下,Y 接时,每一相绕组两端所加的电压(相电压)是线电压 380V 的 $1/\sqrt{3}$ 倍,即 220V。而△接时,相电压将等于线电压,即 380V,这时通过每一相绕组的电流(相电流)将是 Y 接时的 $\sqrt{3}$ 倍(理论上是 $\sqrt{3}$ 倍的关系,由于磁路过度饱和的原因,实际值更大,一般在 2 倍以上,甚至接近 3 倍)。此时,若电动机设置了合适的过电流保护,将导致合不上闸或者烧断熔丝;如果电动机没有设置合适的保护措施,绕组会因电流过大而很快烧毁。

8. 绝缘等级

绝缘等级是指电动机绕组所用的绝缘材料的绝缘等级,它决定了电动机的允许温升。按耐热程度不同,可将电动机的绝缘等级分为 A、E、B、F、H、C 共 6 个等级,不同绝缘等级对应的绝缘材料的允许温度和电动机的允许温升见表 3-1-4。普通电动机常采用 B 和 F 两个绝缘等级,个别要求较高的电动机使用 H 级。

表 3-1-4 三相异步电动机绝缘等级与对应温度

绝缘等级	A	E	B	F	H	C
绝缘材料的允许温度/℃	105	120	130	155	180	>180
电动机的允许温升/℃	60	75	80	100	125	>125

 课堂讨论

问题:对于常用的电动机,是否绝缘等级越高其耐电压值就越高?

答案:对于常用的电动机,它们的绝缘水平大体是相同的,如都可承受 5kV 的耐压实验,所以不能简单地说绝缘等级越高,其耐电压值就越高。不同绝缘等级电动机的区别主要在于它们的耐热水平,按 A、E、B、F、H、C 顺序排列,越靠后的耐热水平越高。所以,严格地讲,绝缘等级应称为绝缘耐热等级。

9. 工作制

工作制是指电动机在工作时承受负载的情况,包括启动、加载运行、制动、空转或停转等时间安排。国家标准中规定了十种工作制,分别用 S1~S10 表示,其中 S1 为长期工作制,S2 为短时工作制,S3 为断续工作制。

10. 温升

电动机的温升是指电动机按其工作制的要求满载运行或加规定的负载运行到热稳定状态时,其绕组的温度与环境温度的差值。

电动机各部分的最高允许温度和最高允许温升见表 3-1-5。表 3-1-5 中所列数值是指环境温度为 40℃ 时的最高允许值。若环境温度低于 40℃,则保持表内数值不变;若环境温度高于 40℃,则应以最高允许温度为准,即此时的最高允许温升为最高允许温度减去环境温度。例如,若环境温度为 42℃,则 E 级绝缘的定子绕组的最高允许温升为 105℃-42℃=63℃(温度计法)。

表 3-1-5 电动机各部分的最高允许温度和最高允许温升

电动机部件	A 级绝缘				E 级绝缘				B 级绝缘			
	最高允许温度/℃		最高允许温升/℃		最高允许温度/℃		最高允许温升/℃		最高允许温度/℃		最高允许温升/℃	
	温度计法	电阻法	温度计法	电阻法	温度计法	电阻法	温度计法	电阻法	温度计法	电阻法	温度计法	电阻法
定子绕组	90	100	50	60	105	115	65	75	110	120	70	80
定子铁芯	100		60		115		75		120		80	
滑动轴承	80		40		80		40		80		40	
滚动轴承	95		55		95		55		95		55	

 工程经验

问题:怎样判定电动机温升稳定和热稳定状态?电动机达到热稳定状态需要多长时间?

答案：温升稳定和热稳定状态实际是一回事。对于电动机来说，当其按规定的条件运行一定时间后，若在前后 1h 内温度的变化不超过 2℃，则可判定电动机温升已经稳定，此时电动机的发热状态就称为热稳定状态。对于连续工作制和周期工作制的电动机，运行时间一般为 3～4h，对于极数较多的电动机，其运行时间会更长一些。

11．防护等级

防护等级是指电动机外壳（含接线盒等）防护电动机电路部分及旋转部件（光滑的轴除外）的能力。在铭牌中以 IPxy 的方式给出，其中 IP 是防护等级代码，x 代表防固体的能力，y 代表防液体的能力。表 3-1-6 和表 3-1-7 分别给出了目前国家标准规定的防固体和防液体能力等级。

表 3-1-6 外壳防固体进入内部防护等级

防护级别	防护标准	防护级别	防护标准
0	无防护	4	防护大于 1mm 的固体 能防止直径大于 1mm 的固体异物进入壳内 能防止直径或厚度大于 1mm 的导线或片状物触及壳内带电或运转部分
1	防护大于 50mm 的固体 能防止直径大于 50mm 的固体异物进入壳内 能防止人体的某一部分（如手）偶然或意外地触及壳内带电或运动部分，但不能防止有意识地接近这些部分	5	防尘 能在一定程度上防止灰尘进入，但进入量不能达到影响设备正常运行的程度 完全防止人体的某一部分、工具、金属线等触及壳内带电或运动部分
2	防护大于 12mm 的固体 能防止直径大于 12mm 的固体异物进入壳内 能防止手指触及壳内带电或运动部分	6	尘密 能完全防止灰尘进入壳内 完全防止人体的某一部分、工具、金属线等触及壳内带电或运动部分
3	防护大于 2.5mm 的固体 能防止直径大于 2.5mm 的固体异物进入壳内 能防止厚度或直径大于 2.5mm 的工具、金属线等触及壳内带电或运动部分		

表 3-1-7 外壳防水防护等级

防护级别	防护标准	防护级别	防护标准
0	无防护	5	防喷水，任何方向的喷水对电动机应无有害影响
1	防滴，垂直的滴水应不能直接进入电动机内部	6	防海浪或强加喷水，猛烈的海浪或强力的喷水对电动机应无有害影响
2	15°防滴（与铅垂线成 15°范围内）	7	浸水，电动机在规定的压力和时间下浸在水中，其进水量应无有害影响
3	防淋水，与铅垂线成 60°范围内的淋水，应不能直接进入电动机内部	8	潜水，电动机在规定的压力下长时间浸在水中，其进水量应无有害影响
4	防溅，任何方向的溅水对电动机应无有害影响		

工程经验

问题：怎样选用三相异步电动机？

答案：选用三相异步电动机时应考虑以下问题。

① J、JO2、JO3 等旧系列电动机均属淘汰产品，已停止生产，不宜再选用（原来已有者除外），而应选用 Y 系列电动机及其派生产品。

② 要从供电电网的质量、启动和制动特性、调速性能和控制特性等方面综合考虑，选择适当类型的电动机及其控制设备。

③ 电动机的额定功率应能够满足负载的需要，但功率不宜过大，否则电动机未得到充分利用，既增加投资，也造成电能浪费。因此，电动机与所拖动机械在功率上应匹配。三相异步电动机的标准功率等级见表 3-1-8。当电动机与所拖动机械在功率上不配套时，可选相邻功率等级的电动机。

表 3-1-8 三相异步电动机的标准功率等级　　　　　　　　　　单位：kW

Y系列	0.55；0.75；1.1；1.5；2.2；3；4；5.5；7.5；11；15；18.5；22；30；37；45；55；75；99

④ 电动机应有一定的过载能力，以保证在发生短时过载时仍能正常运行。过载能力用最大转矩与额定转矩之比表示，其比值通常为 1.8~3.0。

⑤ 电动机应具有生产机械所需要的启动转矩。异步电动机的启动转矩一般为额定转矩的 0.95~2 倍。

⑥ 由于大功率电动机的效率和功率因数均高于小功率电动机，因此，在负载变动不大的场合，宜选用少数大功率电动机取代多台小功率电动机。但是，在负载变动较大的场合，轻载时往往需要停用几台小功率电动机，这种场合就不宜选用大功率电动机。

⑦ 在电动机连续运行、负载率高且不经常启动或制动的场合，应优先选用高效率电动机。

⑧ 在容量、转速和结构形式都相同的情况下，笼型异步电动机的效率和功率因数均高于绕线式异步电动机，因此，应优先选用笼型异步电动机。

⑨ 如果需要使用多速异步电动机，由于单绕组多速异步电动机的效率高于双绕组多速异步电动机的效率，并且价格也较低，所以应优先选用单绕组多速异步电动机。

⑩ 根据现场条件和所拖动机械的要求，选择合理的安装方式和与拖动机械的连接方式，并根据拖动机械有无振动或冲击来确定电动机安装基础的牢固程度等。

⑪ 根据生产要求和环境条件，选择合适的结构形式、防护等级和通风方式。当环境条件允许时，应优先选用开启式电动机，因为这种电动机的价格低于封闭式电动机，并且各种参数更为合理。

【任务实施】

【任务实施器材】

① 三相异步电动机，型号为 Y90S-4、1.1kW，一台/组。

② 钢板直尺，一把/组。

③ 钳形电流表，一块/组。

④ 转速表，一块/组。

【任务实施步骤】

操作步骤1：记录铭牌。

操作要求：实训用电动机的铭牌如图3-1-8所示，认真观察铭牌，将铭牌信息填入表3-1-9中。

操作步骤2：测量中心高及底座尺寸。

操作要求：用直尺测量电动机转轴的中心端至底脚平面的高度，测量电动机底座的长、宽尺寸，核对测量值是否与铭牌信息一致，填写表3-1-10。

操作步骤3：测量电动机工作转速。

操作要求：启动三相异步电动机，待电动机转速稳定后，用手持式转速表测量电动机的实际工作转速，并核对转速测量值是否与铭牌信息一致，填写表3-1-10。

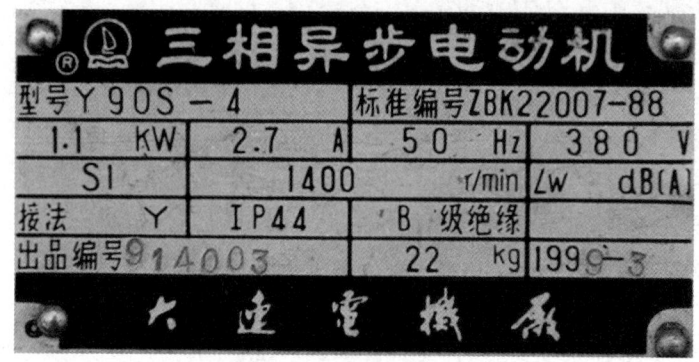

图3-1-8　实训用电动机的铭牌

表3-1-9　三相异步电动机铭牌信息

型　号	额定功率	额定电压	额定电流	额定转速	额定频率	标准编号	噪声级
接　法	绝缘等级	防护等级	工作制	生产厂名	出厂编号	生产日期	重　量

操作步骤4：测量电动机工作电流。

操作要求：启动三相异步电动机，待电动机转速稳定后，用钳形电流表测量电动机的实际工作电流，并核对电流测量值是否与铭牌信息一致，填写表3-1-10。

表3-1-10　三相异步电动机测量数据表

轴中心高/mm	底座长度/mm	底座宽度/mm	实际转速/r·min^{-1}	实际电流/A

【任务考核与评价】

三相异步电动机铭牌认识的考核见表3-1-11。

表 3-1-11　三相异步电动机铭牌认识的考核

项目内容	配　分	评 分 标 准	自　评	互　评	教 师 评
记录铭牌信息	10 分	① 能识别铭牌信息 5 分； ② 能准确记录铭牌信息 5 分			
测量中心高及底座尺寸	20 分	① 测量中心高方法正确、测量值准确 5 分； ② 测量底座尺寸方法正确、测量值准确 5 分； ③ 会进行数据比较和验证 10 分			
测量电动机工作转速	30 分	① 测量转速方法正确、测量值准确 20 分； ② 会进行数据比较和验证 10 分			
测量电动机工作电流	30 分	① 测量电流方法正确、测量值准确 20 分； ② 会进行数据比较和验证 10 分			
安全、文明操作	10 分	违反一次扣 5 分			
定额时间	20min	每超过 5min 扣 5 分			
开始时间		结束时间		总评分	

任务 2　三相异步电动机的拆装

【任务要求】

本任务使学生全面认识三相异步电动机的结构，掌握三相异步电动机拆装方法。

知识目标

1．了解三相异步电动机的结构，掌握其基本组成及各部分的作用；
2．熟悉三相异步电动机的防护，能正确选择电动机的防护形式；
3．熟悉三相异步电动机的分类，能正确选择电动机的型号。

技能目标

能熟练地对小型三相异步电动机进行拆装。

【任务相关知识】

在对三相异步电动机进行检修和保养时，经常需要拆装电动机，如果拆装操作不当，就会损坏零部件，因此，只有掌握正确的拆装技术，才能保证电动机的正常运行和检修质量。

1．三相异步电动机的结构

三相异步电动机的外部结构通常如图 3-2-1 所示，它主要由定子和转子两个基本部分组成。

1）定子

三相异步电动机的定子主要由定子铁芯、定子绕组、机座、端盖和轴承构成。

（1）定子铁芯

作为主磁路的一部分，定子铁芯固定在机座的内腔里，一般由 0.35～0.5mm 厚表面具有绝缘层的硅钢片冲制叠压而成，如图 3-2-2 所示。

图 3-2-1　三相异步电动机的外部结构　　　　图 3-2-2　定子铁芯

 **课堂讨论**

问题：三相异步电动机的定子铁芯为什么采用硅钢片叠压结构？

答案：因为三相异步电动机定子铁芯的外表面呈圆柱面，当有交变的磁通穿过定子铁芯圆柱面时，会在圆柱面上产生感生电流（涡流），进而产生涡流损耗，使电动机发热、效率降低。由于硅钢片表面涂有绝缘漆，各片之间相互绝缘，硅钢片叠压后形成的圆柱面可以有效切断和限制涡流路径，减少涡流损耗，所以三相异步电动机的定子铁芯采用硅钢片叠压结构。

 趣味问题

问题1：铁芯冲片的冲压现场如图 3-2-3 所示，你能根据图片说明钢片是怎样冲裁的吗？

答案：为了节省材料，提高生产效率，定子、转子铁芯冲片是一次性在同一块原料上同时套裁出来的，图 3-2-3 所示的铁芯冲片仅是一个半成品，还需要再冲压一次，将定子冲片和转子冲片冲剪下来。

问题2：铁芯冲片叠加后经压力机压接而成定子铁芯，那么铁芯冲片的片数是怎样确定的呢？

答案：在电机生产厂，同一型号的三相异步电动机是批量生产的，为了提高生产效率，每台电动机所需的铁芯冲片数不是靠人工数出来的，而是通过称重和量尺的方法确定的。

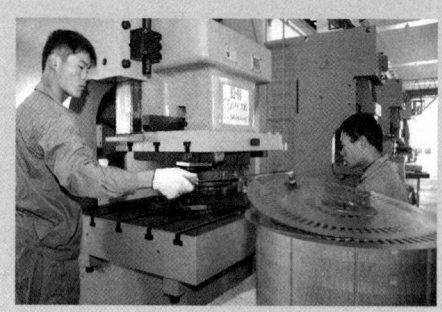

图 3-2-3　铁芯冲片冲压现场

（2）定子绕组

作为主要电路部分，定子绕组由许多线圈连接而成，每个线圈有两个有效边，分别放于两个槽内，各线圈按照一定的规律连接成绕组，如图 3-2-4 所示。

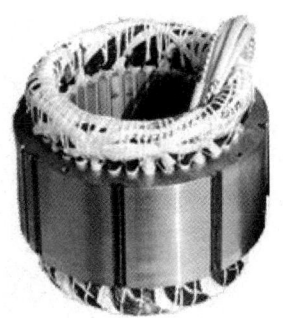

图 3-2-4　定子绕组

（3）机座

如图 3-2-5 所示，机座用于固定和支撑定子铁芯，并通过两侧的端盖和轴承来支撑电动机的转子。此外，机座还可以保护整台电动机的电磁部分，发散电动机在运行过程中产生的热量。

(a)　　　　　　　　　　　　(b)

图 3-2-5　机座

（4）端盖

三相异步电动机的端盖如图 3-2-6 所示，通过置于端盖内的滚动轴承可以将电动机转子和机座连成一个整体。

图 3-2-6　端盖

2）转子

三相异步电动机的转子由转子铁芯、转子绕组、转轴等构成，如图 3-2-7 所示。

（1）转子铁芯

作为主磁路的一部分，转子铁芯一般用 0.35～0.5mm 厚的硅钢片冲制叠压而成，如图 3-2-8 所示。

图 3-2-7　转子结构　　　　　　　　　　图 3-2-8　转子铁芯

（2）转子绕组

三相异步电动机转子绕组分为笼型转子绕组和绕线式转子绕组两种。

① 笼型转子绕组。笼型转子绕组是在转子铁芯的每个槽内放入一根导条，在伸出铁芯的两端分别用两个导电端环把所有的导条连接起来，形成一个自行闭合的短路绕组。为了改善笼型异步电动机的电磁性能，笼型转子铁芯槽和导条都是斜的，如图 3-2-9 所示。

图 3-2-9　笼型转子绕组

课堂讨论

问题：三相异步电动机笼型转子绕组的端环如图 3-2-10 所示，通过观察发现在左右两个端环上都有若干个凸起，这些凸起有什么作用呢？

图 3-2-10　端环

答案：三相笼型异步电动机的转子在高速旋转时，必须保持转子的重心稳定，否则电动机将产生强烈的振动和噪声。所以，电动机的转子都要进行动平衡校验，如果转子达不到动平衡，就通过调整端环凸起部分的配重使转子最终达到动平衡，这与在汽车轮毂上打配重钉道理一样。

② 绕线式转子绕组。绕线式转子绕组与定子绕组相似，也是一个对称的三相绕组，一般接成星形，三个出线头接到转轴的三个集电环上，再通过电刷与外电路连接，如图 3-2-11 所示。

图 3-2-11　绕线式转子绕组

（3）转轴

转轴是支撑转子铁芯和输出转矩的部件，一般用中碳钢车削加工而成，轴伸端铣有键槽，用来固定传送带轮或联轴器。

问题：三相异步电动机的转轴是怎样放入转子铁芯中的？
答案：将转子铁芯放在烘箱内加热到 500℃ 左右（机座号 160 及以下为 450℃～500℃，机座号 180 及以上为 500℃～550℃），保持 1～1.5h，此时转子铁芯内膛受热膨胀。然后将轴套入，平稳放置，使其自然冷却，转子铁芯遇冷收缩后将转轴紧紧地箍住。

2. 三相异步电动机的分类

三相异步电动机的主要分类见表 3-2-1。

表 3-2-1　三相异步电动机的主要分类

分类方式	类　　别		
按转子绕组形式	笼型、绕线式		
按电动机尺寸 中心高 H/mm 定子铁芯外径 D/mm	大型 >630 >1000	中型 355～630 500～1000	小型 80～315 120～500
防护形式	开启式（IP11） 防护式（IP22、IP23） 封闭式（IP44） 防爆式		
按通风冷却方式	自冷式、自扇冷式、他扇冷式、管道通风式		
按安装结构形式	卧式、立式 带底脚、带凸缘		
按绝缘等级	E 级、B 级、F 级、H 级		
按工作定额	连续、断续、间歇		

（1）按三相异步电动机的转子绕组形式分类

三相异步电动机可分为笼型电动机和绕线式电动机，如图 3-2-12 所示。

（2）按三相异步电动机的防护形式分类

三相异步电动机可分为开启式、防护式、封闭式、防爆式等形式，如图 3-2-13 所示。

(a) 笼型　　　　　　　　　　(b) 绕线式

图 3-2-12　笼型和绕线式三相异步电动机

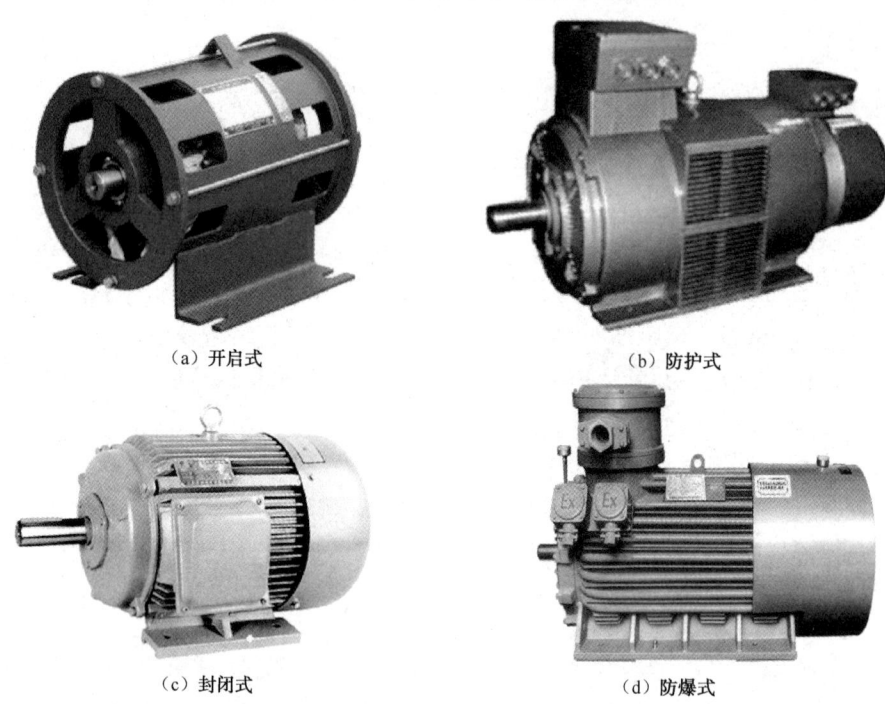

(a) 开启式　　　　　　　　　(b) 防护式

(c) 封闭式　　　　　　　　　(d) 防爆式

图 3-2-13　三相异步电动机的防护形式

（3）按三相异步电动机的安装结构形式分类

三相异步电动机可分为卧式三相异步电动机和立式三相异步电动机，如图 3-2-14 所示。

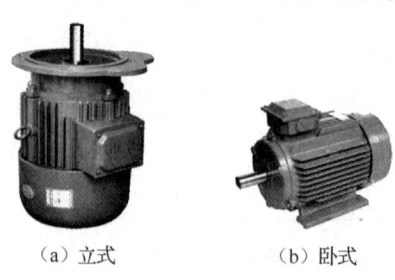

（a）立式　　　　（b）卧式

图 3-2-14　卧式、立式三相异步电动机

（4）按三相异步电动机的绝缘等级分类

三相异步电动机可分为 E 级三相异步电动机、B 级三相异步电动机、F 级三相异步电动机和 H 级三相异步电动机。

（5）按工作定额分类

三相异步电动机可分为连续运行三相异步电动机、断续运行三相异步电动机和间歇运行三相异步电动机。

【任务实施】

【任务实施器材】

① 三相异步电动机，型号为 Y90S-4、1.1kW，一台/组。
② 套筒式扳手或活扳手，一套/组。
③ 木榔头、铁榔头、木棒，各一把/组。
④ 十字螺钉旋具、一字螺钉旋具和改锥，各一把/组。

【任务实施步骤】

操作提示：在搬动电动机时，应注意安全，不要碰伤手脚；在抽出转子的过程中，注意不要碰伤定子绕组；拆卸下来的所有零件都应放在合适的地方，以免丢失。

（1）三相异步电动机的拆卸

操作步骤 1：拆卸风罩。

操作动作：松脱风罩螺钉，取下风罩，如图 3-2-15 所示。

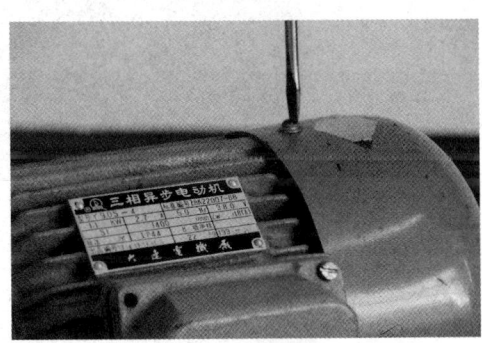 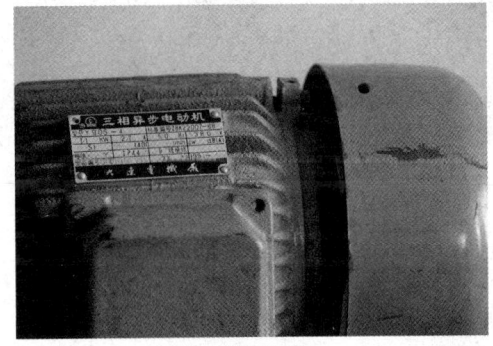

(a) 松脱风罩螺钉　　　　　　　　　(b) 取下风罩

图 3-2-15　拆卸风罩

操作步骤 2：拆卸风叶。

操作动作：用尖嘴钳把转轴尾部风叶上的定位卡圈取下，如图 3-2-16（a）所示。用长杆螺丝刀插入风扇与后端盖的气隙中（要卡到轴面上），向后端盖方向用力，将风叶撬下，如图 3-2-16（b）所示。

操作步骤 3：拆卸前端盖。

操作动作：拆下前端盖的安装螺栓，如图 3-2-17（a）所示。用扁铲沿止口（机座端面的边缘）四周轻轻撬动，如图 3-2-17（b）所示，再用铁榔头轻轻敲打端盖和机座的接缝处，拆下前端盖。

注意事项：拆卸端盖前，为便于装配时复位，应在端盖与机座接缝处的任意位置做好标记。通常端盖拆卸的顺序是先拆除负荷侧的端盖，即先拆除前端盖。

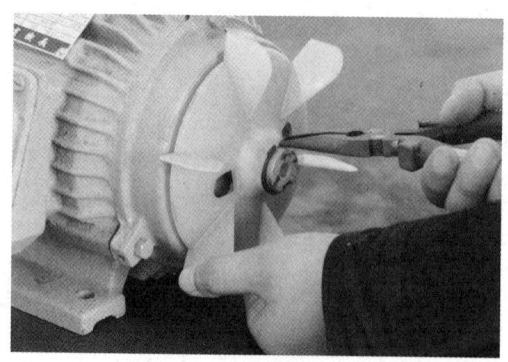
(a) 取下定位卡圈

(b) 取下风扇

图 3-2-16　拆卸风叶

(a) 拆下前端盖的安装螺栓

(b) 撬动前端盖

图 3-2-17　拆卸前端盖

操作步骤4：拉出转子。

操作动作：拆下后端盖的安装螺栓，一名操作者握住轴伸出端，另一名操作者用手托住后端盖和转子铁芯，如图 3-2-18（a）所示，将转子从定子中缓慢拉出，如图 3-2-18（b）所示。

(a) 两名操作者配合

(b) 缓慢拉出

图 3-2-18　拉出转子

注意事项：拆除后端盖前，应先在转子与定子气隙间塞入薄纸垫，避免卸下端盖拉出转子时擦伤硅钢片和绕组。

操作步骤5：拆卸后端盖。

操作动作：把木楞垫放在后端盖的内侧边缘上，用锤子击打木楞，同时木楞沿后端盖四周移动，卸下后端盖，如图3-2-19所示。

（a）击打木楞　　　　　　　　　　　（b）移动木楞

图 3-2-19　拆卸后端盖

型号为Y90S-4、1.1kW的三相异步电动机拆解后，其主要部分如图3-2-20所示。

图 3-2-20　Y90S-4 三相异步电动机的拆解图

（2）电动机的装配

操作要求：记录电动机装配的顺序。三相异步电动机的装配顺序与拆卸的顺序恰好相反，即先拆卸的部分后安装，后拆卸的部分先安装，具体装配过程如下。

操作步骤1：安装后端盖。

操作动作：将轴伸出端朝下垂直放置，在其端面上垫上木楞，用铁榔头敲打端盖靠近轴承的部位，敲击点应沿圆周均匀分布，以保证轴承与轴承室的同轴度，用力应适当，如图3-2-21所示。

（a）垫上木楔　　　　　　　　　　　　（b）均匀敲打

图 3-2-21　安装后端盖

操作步骤 2：穿入转子。

操作动作：把转子对准定子内膛中心，小心地往里放，后端盖要对准与机座的标记，旋上后端盖螺栓，但不要拧紧，如图 3-2-22 所示。

（a）对准定子内膛中心　　　　　　　　（b）小心往里放

图 3-2-22　穿入转子

操作步骤 3：安装前端盖。

操作动作：将前端盖放正后，先用木榔头轻轻敲击，使其与轴承产生一定的配合；再用铁榔头沿圆周方向对角一上、一下或一左、一右地敲击端盖，使其进入，如图 3-2-23 所示。沿对角线轮流将所有安装螺栓旋紧。注意观察端盖与机座端面的配合是否紧密，如有缝隙，应调整安装螺栓。

操作步骤 4：安装风叶。

操作动作：用橡皮锤敲打外风扇，将其装在电动机风扇轴伸上，如图 3-2-24（a）所示。用外卡圈将外风扇卡住，如图 3-2-24（b）所示。用手拨动扇叶或盘动轴伸，观察风扇是否有轴向摆动或磨蹭端盖现象。

(a) 将前端盖放正

(b) 用铁榔头敲击端盖

图 3-2-23 安装前端盖

(a) 装入风叶

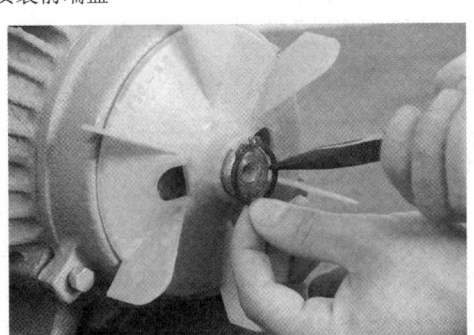
(b) 嵌入外卡圈

图 3-2-24 安装风叶

操作步骤 5：安装风罩。

安装风罩，旋紧螺钉，注意各螺钉应受力均匀，如图 3-2-25 所示。盘动轴伸，观察是否有扇叶磨蹭风罩现象。

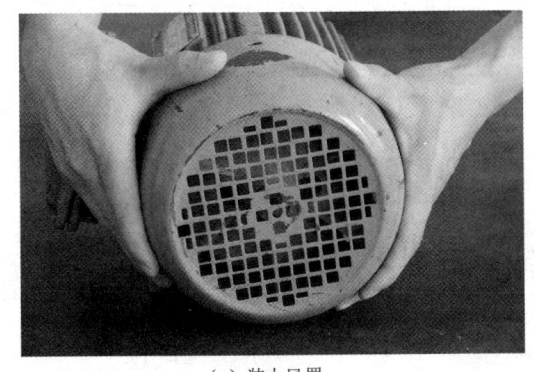
(a) 装上风罩

(b) 旋紧螺钉

图 3-2-25 安装风罩

(3) 装配质量检查

用手盘动转轴，如图 3-2-26（a）所示，使转子转动，应无滞停感（俗称"死点"），转动应灵活，无蹭、扫膛和其他异常声音，可以按如图 3-2-26（b）所示测听声音。

(a) 盘动转轴　　　　　　　　　　　　(b) 测听声音

图 3-2-26　装配质量检查

> **装配工艺提示**
>
> 电动机装配不当对运行影响很大。电动机拆解后，由于装配不当，可能产生定转子气隙不均匀、定转子铁芯轴向不对中心、轴承松动等问题，这些都会影响电动机的正常运行，需重新装配电动机。
>
> ① 定转子气隙不均匀。这是由装配时端盖平面与轴不垂直造成的（往往由拧紧螺钉顺序不当所致），它会引起磁场不均匀，使电动机在运行时产生振动，空载电流增大，温度升高，声音变得不正常，易造成扫膛，使定子内膛产生局部高温，电动机槽表面绝缘材料由于高温而老化变脆。如果长期轻微扫膛，转子外壁与定子内壁会失圆，引起磁场不均匀，进而影响电动机正常运行。
>
> ② 定转子铁芯轴向不对中心。这是由定转子压装定位不当造成的。电动机因偏向拉力而产生振动，出力降低，常伴有电流不均匀、电动机发热等现象。严重时产生扫膛，后果同前。电动机轴承寿命将会缩短。
>
> ③ 轴承松动。这是由轴承外圈与端盖内圆装配不紧造成的，此时电动机轴承会发热并发出"吱哇吱哇"的怪声，严重时会造成电动机扫膛，甚至使电动机无法运行。一般电动机的轴承不允许松动。

【任务考核与评价】

三相异步电动机拆装的考核见表 3-2-2。

表 3-2-2　三相异步电动机拆装的考核

项目内容	配分	评分标准	自评	互评	教师评
记录铭牌 测量中心高	10分	① 铭牌信息记录准确、全面 6 分； ② 测量方法适当、测量值准确 2 分； ③ 会进行数据比较和验证 2 分			
电动机的拆解	40分	① 拆解工序合理 5 分； ② 拆解工艺合理 30 分； ③ 会进行数据比较和验证 5 分			
电动机的装配	40分	① 装配工序合理 5 分； ② 装配工艺合理 25 分； ③ 装配质量合格 10 分			

续表

项目内容	配 分	评分标准	自 评	互 评	教师评
安全、文明操作	10 分	违反一次扣 5 分			
定额时间	45min	每超过 5min 扣 5 分			
开始时间		结束时间		总评分	

任务 3　三相异步电动机的安装

【任务要求】

本任务主要学习三相异步电动机的安装工艺，使学生具备三相异步电动机的现场安装能力，并能使其安全、可靠地投入运行。

知识目标

1. 了解三相异步电动机的结构，能正确地选择电动机的防护形式；
2. 熟悉三相异步电动机的接线盒，掌握接线板的接线要求及接线形式；
3. 熟悉三相异步电动机的铭牌，掌握电动机的型号及主要技术数据。

技能目标

能熟练地对小型三相异步电动机进行拆装。

【任务相关知识】

三相异步电动机是工农业生产中的重要设备，其安装质量关系到电动机能否正常、可靠地运行，关系到生产机械的运转情况。

1. 三相异步电动机的运行条件

（1）电源条件

电源的相数、电压和频率应与电动机铭牌数据相符。供电电压应为对称的三相正弦波交流电压，并且在频率为额定值时电压与其额定值的偏差不超过±5%；在电压为额定值时频率与其额定值的偏差不超过±1%。

（2）环境条件

电动机所处的环境温度和海拔高度必须符合技术条件的规定，其防护能力应与其工作地点的周围环境相适应。

（3）负载条件

电动机的性能应与启动、运行、制动、不同定额的负载，以及变速或调速等负载条件相适应，在运行时应保持其负载不超过电动机的规定能力。

2. 安装三相异步电动机的一般要求

① 电动机的性能应符合周围工作环境的要求。

② 基础、风道及地脚螺栓孔内的杂物应清除干净。

③ 地脚螺栓孔应垂直，沿其全长的允许偏差不超过地脚螺栓孔直径或短边长的 1/10；螺栓孔与纵横中心线的允许偏差不超过地脚螺栓孔直径或短边长的 1/10。

④ 电动机外壳油漆应完好，并应标有旋转方向及编号。

⑤ 电动机的外壳应有良好的接地，如机座与基础框架能保证可靠的接触，则可将基础框架接地。基础框架的接地线应明显，便于检查。

⑥ 电动机在安装前应妥善保管，轴颈等易锈蚀部分应涂油处理。

3．电动机本体的检查与清理

三相异步电动机在安装使用前，应进行一些必要的检查和清理，以保证能顺利地启动和运行，具体项目如下。

（1）核对铭牌数据

查看铭牌上所标注的主要内容，如型号、额定功率、额定电压、额定电流、额定转速、工作制等是否与实际要求相符合。

（2）清理电动机外壳

清除积尘、脏污，并用小于两个大气压的压缩空气吹净附着在电动机内外各部位的灰尘。

（3）检查外观、各安装螺钉及接线的紧固情况

检查外观，包括电动机装配是否良好，转动是否灵活，紧固件有无松动，整体有无破损，端盖、底脚有无裂纹。

（4）检查主要安装尺寸是否符合实际要求

检查中心高、轴伸直径、长度、键槽宽度及底脚孔径等是否符合实际要求。

（5）检查电动机绕组的绝缘情况

用兆欧表测量电动机绕组的绝缘电阻，对于新低压电动机，其绝缘电阻应不低于 5MΩ；对于长期不用的旧低压电动机，其绝缘电阻应不低于 0.5MΩ。如果测量值低于允许值，则必须经干燥处理后方能安装。

4．安装前的准备

（1）制作电动机的底座和座墩

电动机的底座主要有两种形式：一种是直接安装座墩，另一种是槽轨安装座墩。座墩高度一般应高出地面150mm，长与宽约等于电动机机座尺寸加 150mm 左右的裕度，如图 3-3-1 所示。

（2）制作地脚螺栓

地脚螺栓为六角螺栓，首先用钢锯在六角螺栓上锯一条宽度为 25～40mm 的缝，再用錾子把它分成人字形，依据电动机机座尺寸，将其埋入水泥座墩里面，如图 3-3-1 所示。

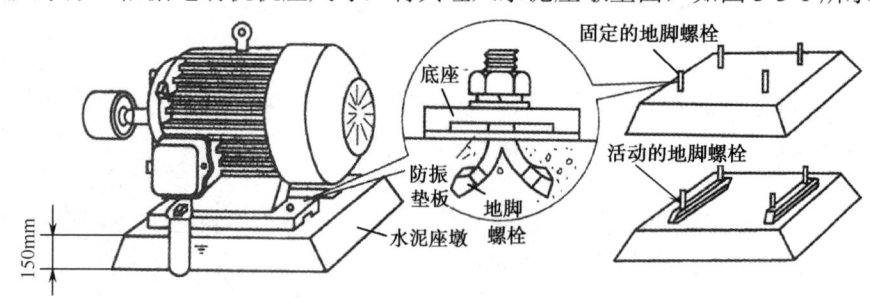

图 3-3-1 底座和座墩

5．安装电动机

① 将电动机搬运至现场，小型电动机可用人力搬运，大中型电动机必须用起重机械搬运。

② 在电动机与座墩之间衬垫一层质地坚韧的硬橡胶垫，作为防振垫板。

③ 在四个紧固螺栓上套上弹簧垫圈，按照对角线交错依次拧紧螺母。

6. 校正电动机

用水平仪检测电动机纵向和横向的水平度，并用 0.5～5mm 厚的钢板垫块调整电动机的水平度。各垫块要垫实、垫稳，并要求二次灌浆层与底板底面接触严密。

校正电动机水平度时，不能用木板或竹片来垫，以免拧紧地脚螺栓或电动机运行时将其压裂变形，影响安装的准确性。

7. 安装电动机的传动装置

电动机与负载的连接主要有两种形式：一种是采用联轴器，另一种是采用传动带。

（1）采用联轴器连接

联轴器俗称靠背轮。图 3-3-2 为最常用的两种小型联轴器。其中图 3-3-2（a）称为弹性柱销式联轴器，其弹性橡胶圈是标准件；图 3-3-2（b）称为弹性齿对接式联轴器，其弹性齿形橡胶垫也是标准件。使用日久，弹性橡胶圈或橡胶垫可以购入成品更换。两轮所带"顶丝"是用于固定键的，安装时务必要拧紧，在日常检查时，注意查看其是否松动。

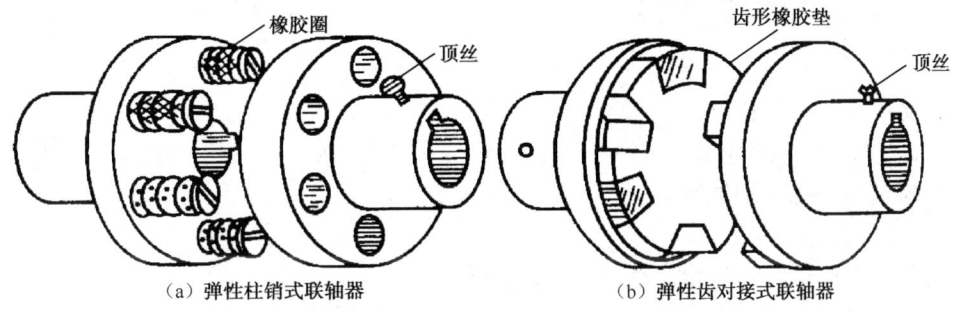

图 3-3-2 两种常用的小型联轴器

当三相异步电动机与负载设备对装时，应使两个半节达到较高的同轴度，即轴向一致。另外，为防止因不同轴而造成振动，应使两个半节对接平面保持 2～3mm 的间隙，如图 3-3-3 所示。联轴器的校正如图 3-3-4 所示，先使初步安装在电动机上的联轴器与被传动机械的联轴器两端面大致平行，联轴器外圆表面大致等高。这时将钢直尺搁在两联轴器的外圆表面上，如图 3-3-5 所示。如果钢直尺能紧密贴靠在两联轴器外圆表面上，则表明高度一致。为了观测准确，可将电筒（或局部安全照明灯）放在钢直尺的背面，如两联轴器高度一致，则光亮的缝隙极小；如某一边光亮缝隙很大，则表明此联轴器比另一联轴器低。然后在不转动机械联轴器的情况下，对电动机转轴（即联轴器）每转过 90°观测 1 次（共 4 次）。如果每次都是良好的，则表明联轴器安装良好。

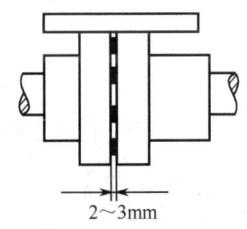

图 3-3-3 联轴器两端面间隙

如果在测量过程中发现如图 3-3-6 所示的情形，则表明两联轴器的轴中心线不在一条直线上。通常不调整机械传动端，而仅调整电动机的位置。出现这种情况，明显是电动机的后底座太高，因而要抽出适当厚度的垫片，最终使两联轴器在 4 个 90°位置上外圆表面等高。

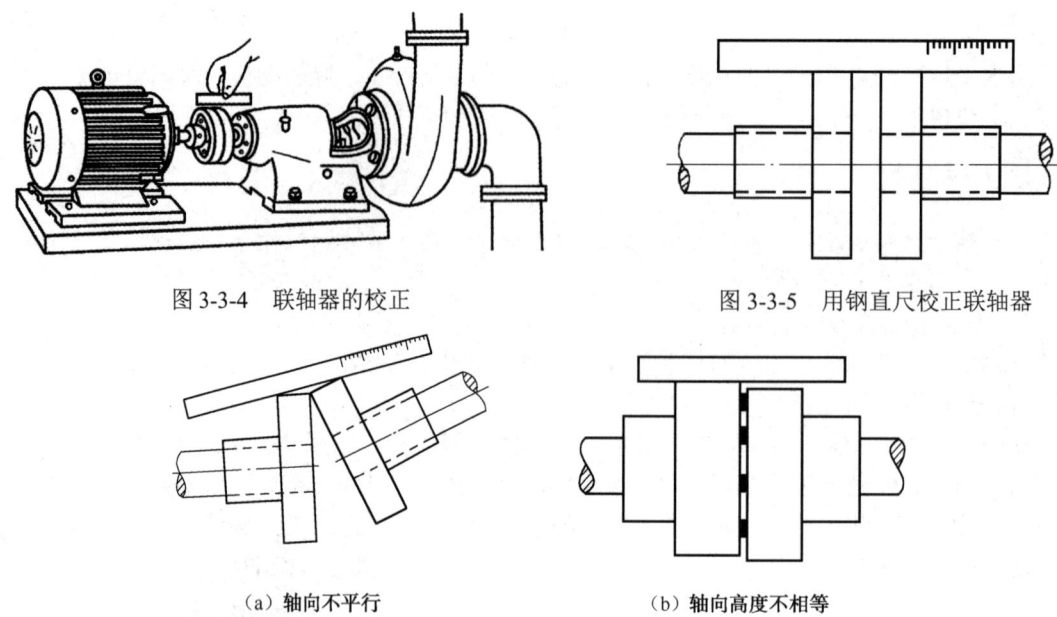

图 3-3-4 联轴器的校正

图 3-3-5 用钢直尺校正联轴器

（a）轴向不平行

（b）轴向高度不相等

图 3-3-6 联轴器对装问题

（2）采用传动带连接

采用传动带时，三相异步电动机的轴中心线应与其连接机器的轴中心线平行，且要求传动带中心线与轴中心线相互垂直。

8．启动试运行及验收

三相异步电动机的第一次启动应为空载启动，运行时间一般为 2h。启动前，应对电动机本体及其附属设备进行检查，确认它们符合条件后，方可试运行。在试运行过程中，应检查以下项目：

① 检查三相异步电动机的旋转方向是否与要求的旋转方向一致；
② 检查三相异步电动机运行中有无杂声，振动是否强烈；
③ 记录三相异步电动机的启动时间和空载电流；
④ 检查电动机的运行温度。

【任务实施】

【任务实施器材】

① 三相绕线式异步电动机—直流发电机机组，一套/组。
② 套筒式扳手或活扳手，一套/组。
③ 钳形电流表、转速表、水平仪，各一只/组。
④ 电工工具，一套/组。

【任务实施步骤】

操作提示：在搬动电动机时，应注意安全，不要碰伤手脚。

操作步骤 1：安装联轴器。

操作要求：将联轴器的两个联轴节分别安装在电动机的轴和发电机的轴上，如图 3-3-7 所示。

（a）电动机侧　　　　　　　　　　　　（b）发电机侧

图 3-3-7　安装联轴器

操作步骤 2：安装电动机机座。

操作要求：如图 3-3-8 所示，将三相绕线式异步电动机平正地置于机械底座上；在机械底座上调整电动机的机座位置，使电动机机座的安装孔和机械底座的安装孔对正；用扳手沿对角线交错紧固套有弹簧垫圈的螺栓，每个螺栓要拧得同样紧。

（a）将电动机置于机械底座上　　　　　　　　（b）对正安装孔

图 3-3-8　安装电动机机座

操作步骤 3：校正电动机机座。

操作要求：如图 3-3-9 所示，将水平仪分别放置在电动机的轴上和机座底端，进行纵向和横向水平测量，注意观察水平仪的浮标（气泡）位置是否处于中心线位置。若有偏离，则用 0.5～5mm 厚的金属片垫在机座下面，直到符合要求。

图 3-3-9　校正机座

操作步骤 4：安装发电机的机座及联轴器。

操作要求：将发电机平正地置于机械底座上；慢慢移动发电机的位置，使两个联轴节紧密地靠在一起，在移近过程中尽量使两轴处于一条直线上；初步拧紧发电机机座的地脚螺栓，但不能拧得过紧，如图 3-3-10 所示。

图 3-3-10　安装发电机机座及联轴器

操作步骤 5：校正发电机机座与调整联轴器。

操作要求：如图 3-3-11 所示，用力转动发电机转轴，每旋转 90°，查看两联轴节是否在同一高度上，若不在同一高度上，可增减电动机机座下面垫片的厚薄，直至高低一致，这时两机已处于同轴心状态，便可将联轴器和发电机分别固定后，拧紧安装螺栓。

 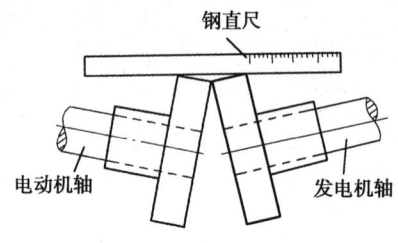

（a）校正测量现场图　　　　　　　　（b）校正测量示意图

图 3-3-11　用钢直尺校正联轴器轴线

操作步骤 6：启动试运行及验收。

操作要求：在确认电气线路连接无误后，启动电动机。测量电动机的启动时间，观察电动机启动过程是否平稳，振动是否比较小；测量电动机的空载电流，并将测量值与额定电流的三分之一值相比较；用旋具接触电动机的壳体，监听电动机的运行声音。综合以上观察现象和测量结果，给出电动机安装质量的结论。

【任务考核与评价】

三相异步电动机安装与调试的考核见表 3-3-1。

表 3-3-1 三相异步电动机安装与调试的考核

项目内容	配 分	评分标准	自 评	互 评	教 师 评
机座的安装	10 分	① 机座的定位 6 分； ② 机座的紧固 4 分			
机座的校正调整	30 分	① 水平仪的使用 5 分； ② 机座的水平测量 10 分； ③ 机座的水平调整 15 分			
联轴器的安装与调整	20 分	① 安装工序合理 5 分； ② 两轴处于一条直线上 15 分			
启动试运行及验收	30 分	① 观察电动机的启动过程和旋转方向 10 分； ② 测量电动机的空载电流 10 分； ③ 监听电动机的运行声音 10 分			
文明生产	10 分	违反一次扣 5 分			
定额时间	25min	每超过 5min 扣 5 分			
开始时间		结束时间		总评分	

任务 4　三相定子绕组的重绕

【任务要求】

本任务通过学习三相异步电动机定子绕组重绕工艺，使学生能正确使用电动机绕组修理工具，并能根据接线圆图进行绕组的嵌线和接线。

知识目标
1．了解旋转磁场和三相异步电动机工作原理；
2．了解三相异步电动机的运行特性；
3．了解三相异步电动机绕组的结构形式；
4．掌握三相异步电动机定子绕组的平面展开图及接线圆图；
5．掌握三相异步电动机定子绕组的重绕工艺。

技能目标
能对小型三相异步电动机定子绕组进行重绕。

【任务相关知识】

1．旋转磁场
【现场演示】
演示过程：如图 3-4-1 所示，先将三相异步电动机的转子从定子内膛中抽出，再将一个 $\Phi 10$

左右的轴承钢珠置于定子内腔中。向定子绕组中通入电压值为其额定值 1/6 左右的三相交流电，用工具拨动钢珠，会发现钢珠沿定子内腔旋转；改变通入定子绕组的三相交流电的相序，此时钢珠沿定子内腔向相反方向旋转。

演示结论：当向三相异步电动机的定子绕组中通入对称的三相交流电时，会产生一个旋转的磁场，正是这个旋转的磁场吸引钢珠做圆周运动的。

图 3-4-1　旋转磁场演示

（1）旋转磁场的产生

三相异步电动机定子绕组结构示意图如图 3-4-2 所示，三相定子绕组 U1U2、V1V2、W1W2 在空间上按互差 120°的规律对称排列，三相绕组接成星形连接。现向三相定子绕组中分别通入三相交流电 i_U、i_V、i_W，各相电流将在定子绕组中分别产生相应的磁场。

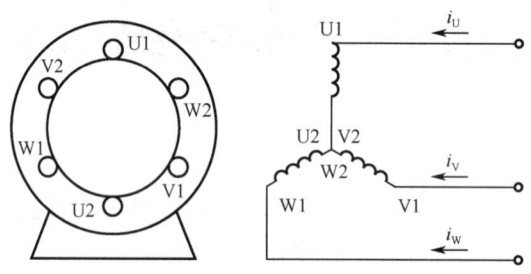

图 3-4-2　三相异步电动机定子绕组结构示意图

① 在 $\omega t=0$ 的瞬时：$i_U=0$，U1U2 绕组中无电流；$i_V<0$，V1V2 绕组中的电流从 V2 端流入、V1 端流出；$i_W>0$，W1W2 绕组中的电流从 W1 端流入、W2 端流出。由右手螺旋定则可得合成磁场的方向，如图 3-4-3（a）所示。

② 在 $\omega t=\pi/2$ 的瞬时：$i_U>0$，U1U2 绕组中的电流从 U1 端流入、U2 端流出；$i_V<0$，V1V2 绕组中的电流从 V2 端流入、V1 端流出；$i_W<0$，W1W2 绕组中的电流从 W2 端流入、W1 端流出。由右手螺旋定则可得合成磁场的方向，如图 3-4-3（b）所示，可见合成磁场沿顺时针方向旋转了 90°。

③ 在 $\omega t=\pi$、$3\pi/2$、2π 的不同瞬时：三相交流电在三相定子绕组中产生的合成磁场按如图 3-4-3（c）、3-4-3（d）、3-4-3（e）所示的规律变化，观察这些图中合成磁场的分布规律可知，合成磁场按顺时针方向旋转，并转了一周。

由此可得出如下结论：当在三相异步电动机定子铁芯中布置结构相同、在空间上互差 120°电角度的三相定子绕组时，分别向三相定子绕组中通入对称的三相交流电，此时在定子、转子与空气隙中将产生一个沿定子内圆旋转的磁场,该磁场称为旋转磁场。

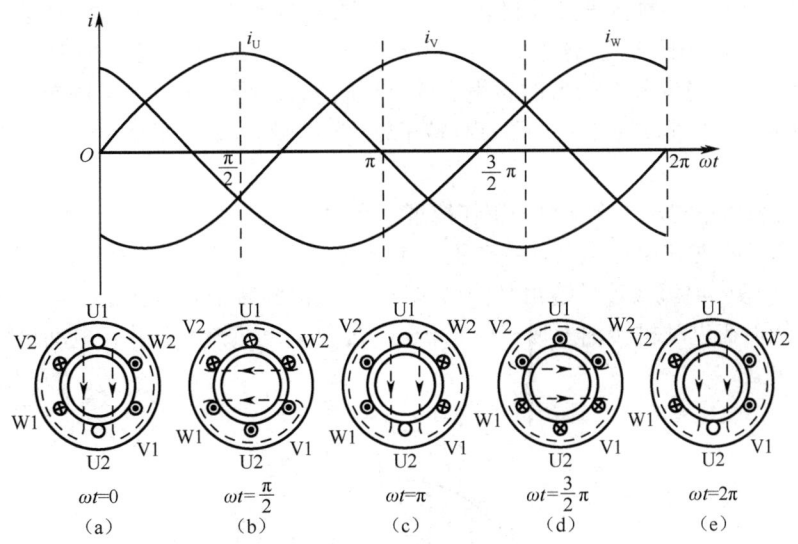

图 3-4-3 两极定子绕组的旋转磁场

(2) 旋转磁场的方向

改变通入定子绕组中的电流相序,可得如图 3-4-4 所示的合成磁场。由图 3-4-4 可知,此时合成磁场的旋转方向已变为逆时针方向。

由此可得出如下结论:旋转磁场的方向取决于通入定子绕组中的三相电源的相序,只要任意调换电动机两相绕组所接交流电源的相序,旋转磁场即反转。

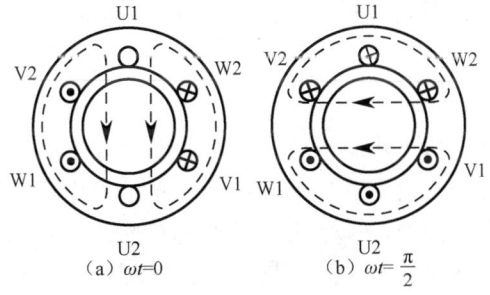

图 3-4-4 旋转磁场方向的改变

(3) 三相异步电动机的极数与转速

三相异步电动机旋转磁场的转速 n_0 称为同步转速。同步转速与电动机的磁极对数 p 有关,它们的关系为

$$n_0 = \frac{60 f_1}{p} \tag{3-4-1}$$

式中,f_1 为交流电频率,Hz;

p 为电动机的磁极对数;

n_0 为同步转速,r/min。

2. 三相异步电动机工作原理

如图 3-4-5 所示,当向三相定子绕组中通入对称的三相交流电时,就产生了一个以同步转

速 n_0 沿定子和转子内圆空间做顺时针方向旋转的旋转磁场。由于旋转磁场以 n_0 转速旋转，转子导体开始时是静止的，故转子导体将切割定子旋转磁场而产生感应电动势（感应电动势的方向用右手定则判定）。由于转子导体两端被短路环短接，在感应电动势的作用下，转子导体中将产生与感应电动势方向基本一致的感生电流。转子的载流导体在定子磁场中受到电磁力的作用（力的方向用左手定则判定），电磁力对转子轴产生电磁转矩，驱动转子沿着旋转磁场方向旋转。

通过上述分析可以总结出电动机的工作原理：当向电动机的三相定子绕组（各相互差 120°电角度）中通入三相对称交流电时，将产生一个旋转磁场，该旋转磁场切割转子绕组，从而在转子绕组中产生感应电流（转子绕组是闭合通路），载流的转子导体在定子旋转磁场作用下将产生电磁力，从而在电动机转轴上形成电磁转矩，驱动电动机旋转，并且电动机旋转方向与旋转磁场方向相同。

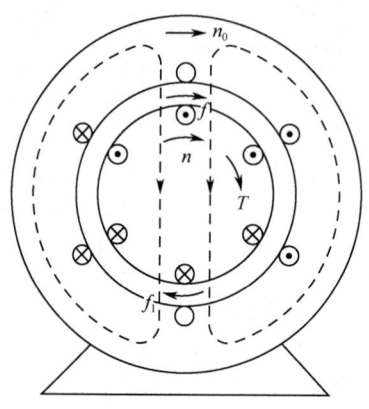

图 3-4-5 三相异步电动机工作原理

问题：三相异步电动机的转子转速为什么不会加速到同步转速？

答案：如果三相异步电动机的转子转速加速到同步转速，即转子转速与旋转磁场的转速同步，则转子绕组与旋转磁场之间没有相对运动，不会产生感应电动势和感应电流，也就不会产生电磁转矩使转子继续转动。因此，转子的转速 n 总要略低于同步转速，这也是异步电动机名称的由来。由于产生电磁转矩的转子电流是靠电磁感应产生的，因此异步电动机也称感应电动机。

定子同步转速 n_0 与转子转速 n 之差称为转差，用 Δn 表示。转差 Δn 是异步电动机运行的必要条件，转差 (n_0-n) 与同步转速 n_0 的比值称为转差率，用符号 s 表示，即

$$s = \frac{n_0 - n}{n_0} \times 100\% \tag{3-4-2}$$

转差率是三相异步电动机的一个重要物理量。对于普通异步电动机而言，为了提高运行效率，通常把它的额定转速设计成与同步转速接近，在额定工作状态下转差率约为 0.015～0.06。

3．三相异步电动机的运行特性

（1）机械特性

机械特性是指电动机的转速与负载转矩之间的关系。三相异步电动机的机械特性曲线如图 3-4-6 所示。依据机械特性曲线可知，电动机的转速随负载转矩的变化而变化。

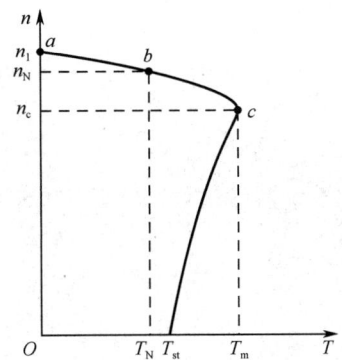

图 3-4-6 三相异步电动机的机械特性曲线

（2）效率特性

电动机的效率为

$$\eta = \frac{P_2}{P_1} = 1 - \frac{\sum p}{P_2 + \sum p} \qquad (3\text{-}4\text{-}3)$$

式中，P_1 为三相异步电动机的输入功率；

P_2 为三相异步电动机的输出功率；

$\sum p$ 为三相异步电动机的空载损耗。

对于中小型三相异步电动机，当 $P_2 = (0.75\sim1)P_N$ 时，效率最高。如果负载继续增大，效率反而降低。由此可见，选用电动机容量时，应注意使其与负载相匹配。如果电动机容量选得过小，则电动机长期过载运行会影响寿命；如果电动机容量选得过大，则电动机的功率因数和效率都很低，浪费能源。

4．定子绕组

定子绕组是三相异步电动机最重要的部分，又是最容易发生故障的部分，而异步电动机修理的大部分工作是针对绕组的修理。在实际工程中，三相异步电动机绕组有链式绕组、同心式绕组和交叉链式绕组等形式。

1．链式绕组

链式绕组由相同节距的线圈组成，其结构特点是构成绕组的线圈一环套一环，形如长链。链式绕组的一组线圈示意图如图 3-4-7 所示，链式绕组实物图如图 3-4-8 所示。

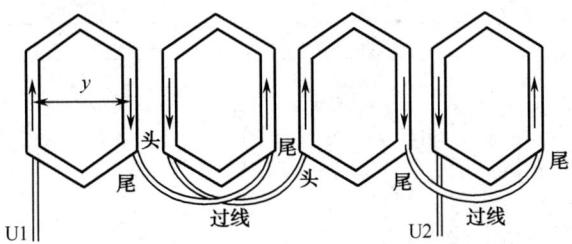

图 3-4-7 链式绕组示意图

适用于链式绕组的三相异步电动机机型主要有 Y-801-4 型、Y-802-4 型、Y-90S-4 型、Y-90L-4 型、Y-90S-6 型、Y-90L-6 型、Y-100L-6 型、Y-112L-6 型、Y-132S-6 型、Y-132M1-6 型、Y-132M2-6 型、Y-132M2-6 型、Y-160M-6 型、Y-160L-6 型、Y-132S-8 型、Y-132M-8 型、Y-160M1-8 型、

Y-160M2-8 型、Y-160L-8 型等。

（a）链式绕组端部图

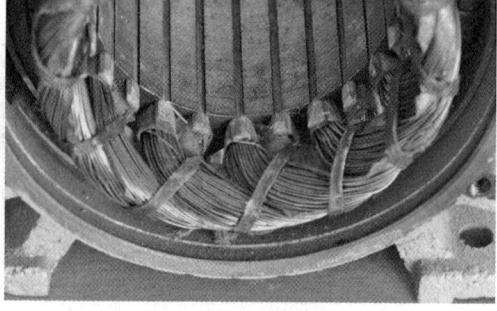
（b）链式绕组局部图

图 3-4-8　链式绕组实物图

工程经验

图 3-4-9 为 Y-90L-4 型 24 槽 4 极三相异步电动机 U 相链式绕组展开图。从图 3-4-9 中可以看出，U 相绕组是把该相的极相组反接串联成一路的，这种方式通常称为"单进火"连接。对于电流较大的电动机有时为了分担电流，可以采用"双进火"、"多进火"连接。若改成"双进火"，则绕组展开图如图 3-4-10 所示；若改成"四进火"，则绕组展开图如图 3-4-11 所示。

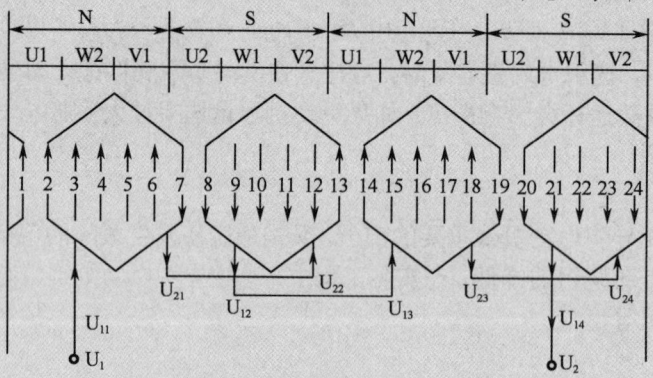

图 3-4-9　"单进火"绕组展开图

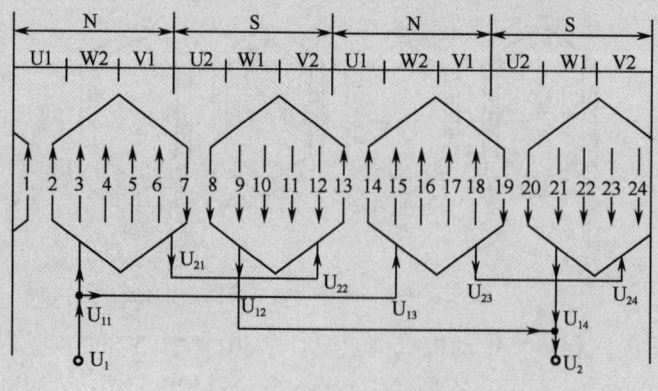

图 3-4-10　"双进火"绕组展开图

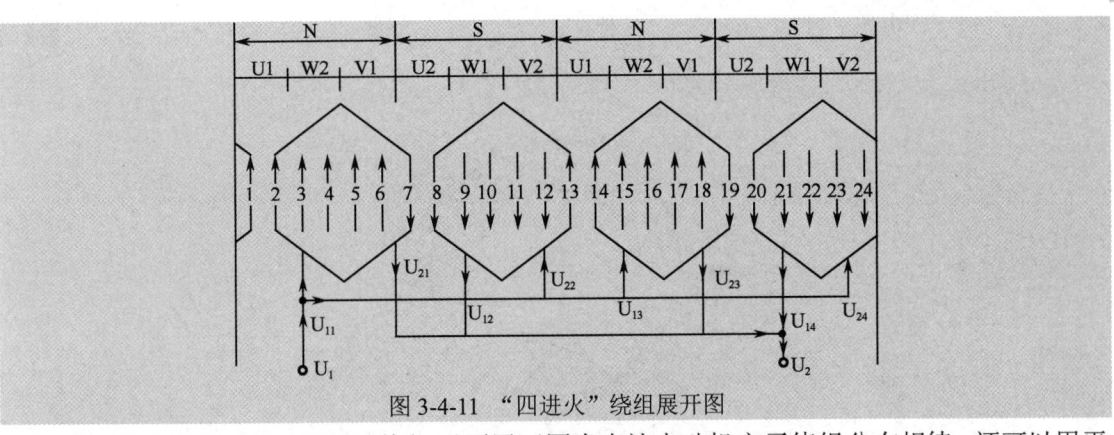

图 3-4-11 "四进火"绕组展开图

在工程实践中，不仅可以用绕组平面展开图来表达电动机定子绕组分布规律，还可以用平面接线圆图来直观地表达绕组分布及接线规律。如果图 3-4-9 采用接线圆图的方式表达，则如图 3-4-12 所示。图 3-4-12 上小圆及数字代表定子铁芯的槽及其槽序，空心小圆代表一个或一组线圈的首端；实心小圆代表一个或一组线圈的末端。

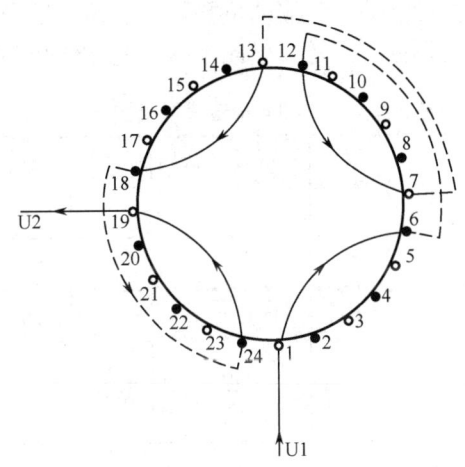

图 3-4-12　U 相绕组接线圆图

24 槽 4 极单层链式绕组展开图如图 3-4-13 所示，对应的接线圆图如图 3-4-14 所示。

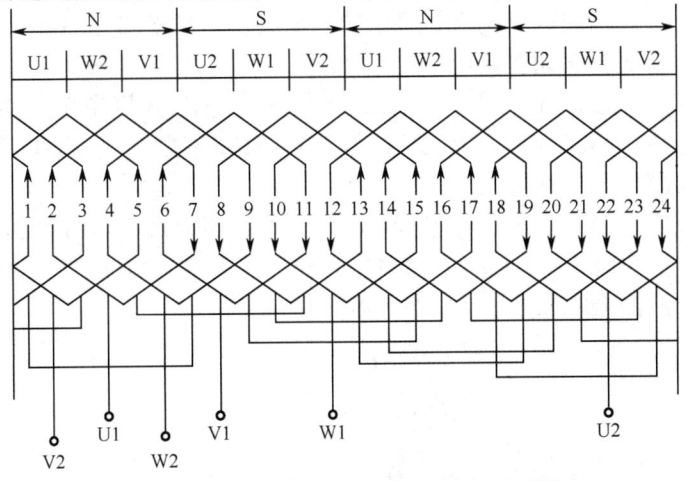

图 3-4-13　24 槽 4 极单层链式绕组展开图

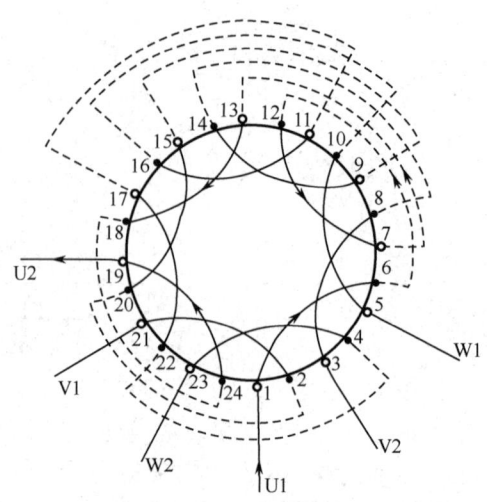

图 3-4-14 24 槽 4 极单层链式绕组接线圆图

绕组嵌线顺序：嵌线有先后之分，先嵌的位置称为外挡，后嵌覆盖上去的位置称为里挡。每嵌好一槽，向后退空一槽，再嵌下一槽，以此类推，线圈嵌线顺序具体见表 3-4-1。

表 3-4-1 24 槽 4 极链式绕组嵌线顺序

次	序	1	2	3	4	5	6	7	8	9	10	11	12
槽别	外挡	1	23	21		19		17		15		13	
	里挡				2		24		22		20		18
次	序	13	14	15	16	17	18	19	20	21	22	23	24
槽别	外挡	11		9		7		5		3			
	里挡		16		14		12		10		8	6	4

2. 同心式绕组

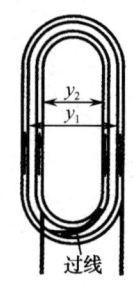

图 3-4-15 同心式绕组一组线圈示意图

同心式绕组是由几个几何尺寸和节距不等的线圈连成同心形状的线圈组构成的。同心式绕组的一组线圈示意图如图 3-4-15 所示，同心式绕组实物图如图 3-4-16 所示。

适用于同心式绕组的三相异步电动机机型主要有 Y-100L-2 型、Y-112M-2 型、Y-132S-2 型、Y-132M-2 型、Y-160M1-2 型、Y-160M2-2 型、Y-160L-2 型等。

24 槽 4 极三相异步电动机同心式绕组接线圆图如图 3-4-17 所示。

绕组嵌线顺序：每嵌好两槽，向后退空两槽，再嵌两槽，以此类推。线圈嵌线顺序具体见表 3-4-2。

（a）同心式绕组端部图

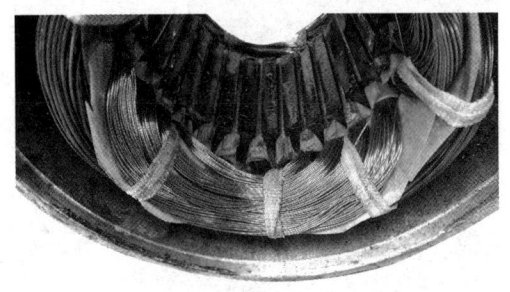
（b）同心式绕组局部图

图 3-4-16　同心式绕组实物图

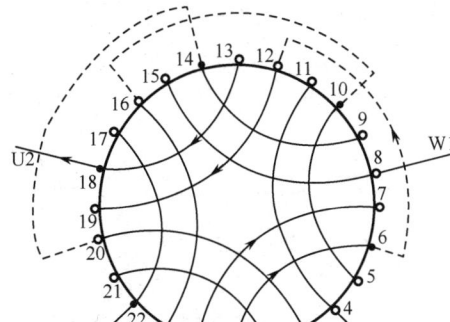

图 3-4-17　24 槽 4 极三相异步电动机同心式绕组接线圆图

表 3-4-2　24 槽 4 极同心式绕组嵌线顺序

次	序	1	2	3	4	5	6	7	8	9	10	11	12
槽别	外挡	1	24	21		20		17		16		13	
	里挡				2		3		22		23		18
次	序	13	14	15	16	17	18	19	20	21	22	23	24
槽别	外挡	12		9		8		5		4			
	里挡		19		14		15		10		11	6	7

3．交叉链式绕组

交叉链式绕组实质上是同心式绕组和链式绕组的一个综合，交叉链式绕组的一组线圈示意图如图 3-4-18 所示，交叉链式绕组实物图如图 3-4-19 所示。

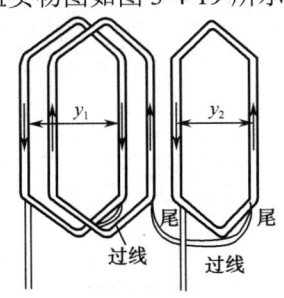

图 3-4-18　交叉链式绕组一组线圈示意图

(a) 交叉链式绕组端部图

(b) 交叉链式绕组局部图

图 3-4-19　交叉链式绕组实物图

适用于交叉链式绕组的三相异步电动机机型主要有 Y-801-2 型、Y-802-2 型、Y-90S-2 型、Y-90L-2 型、Y-100L1-4 型、Y-100L2-4 型、Y-112M-4 型、Y-132S-4 型、Y-132M-4 型、Y-160M-4 型、Y-160L-4 型等。

36 槽 4 极三相异步电动机交叉链式绕组接线圆图如图 3-4-20 所示。

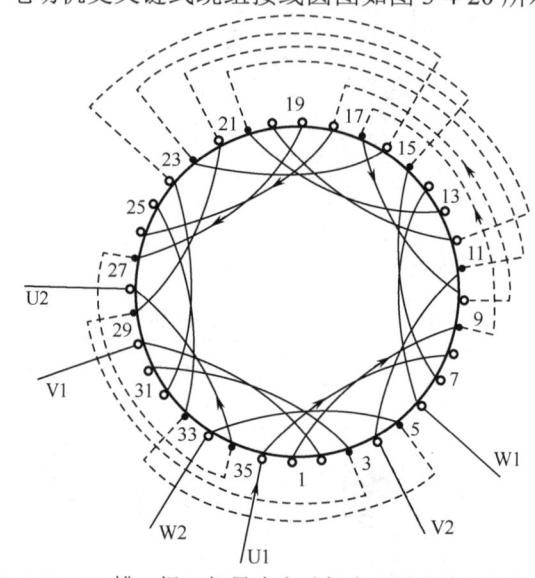

图 3-4-20　36 槽 4 极三相异步电动机交叉链式绕组接线圆图

绕组嵌线顺序：嵌好双圈的两槽后，向后退空一槽嵌单圈，嵌好单圈的一槽后，向后退空二槽嵌双圈，以此类推。线圈嵌线顺序具体见表 3-4-3。

表 3-4-3　36 槽 4 极交叉链式绕组嵌线顺序

次	序	1	2	3	4	5	6	7	8	9	10	11	12	13	14	15	16	17	18
槽别	外挡	1	36	34	31		30		28		25		24		22		19		18
	里挡				3		2		35		33		32		29		27		
次	序	19	20	21	22	23	24	25	26	27	28	29	30	31	32	33	34	35	36
槽别	外挡		16		13		12		10		7		6		4				
	里挡	26		23		21		20		17		15		14		11	9	8	5

【任务实施】

【任务实施器材】

① 三相异步电动机，型号为 Y90S-4、1.1kW，一台/组。
② 电工工具、套筒式扳手或活扳手，一套/组。
③ 兆欧表、钳形电流表、万用表及转速表等，一套/组。
④ 自制工具、嵌线工具、手摇绕线机，一套/组。
⑤ $\varPhi 0.71 \ mm^2$ 高强聚酯漆包线若干、绝缘材料若干。
⑥ 带综合保护功能的交流电源实训台，一台/组。

【任务实施步骤】

操作提示：在嵌线时，线圈要轻拿轻放，不要接触尖锐的硬物，以免损伤线圈的绝缘。

1）准备工作

操作步骤1：识别嵌线工具。

操作要求：常用的嵌线工具如图3-4-21所示，它们的实物如图3-4-22所示。清点操作台上摆放的工具，对照工具实物识别每一种工具。

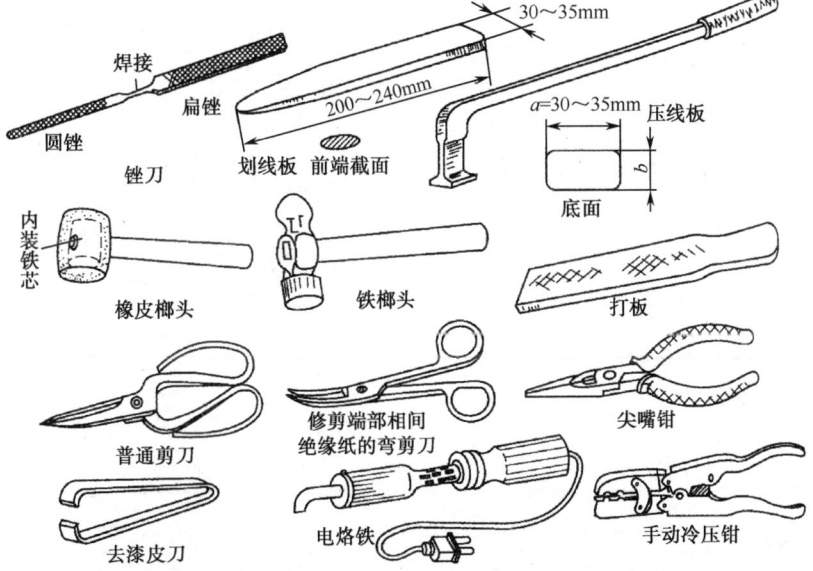

图3-4-21 常用的嵌线工具

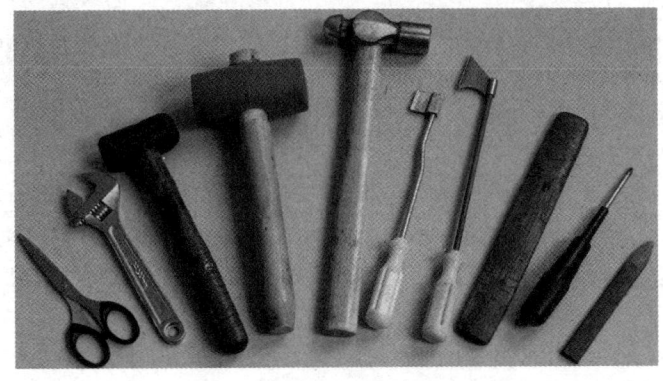

图3-4-22 常用嵌线工具实物

操作步骤2：记录原始数据。

操作要求：记录铭牌上的有关信息；记录各引出线的引出位置，在槽口处标上记号后，按顺时针方向编出各槽顺序号，然后将各引出线所在槽画在一张纸上；记录绕组的形式、节距、线圈尺寸、各连接线对应的槽。填写三相异步电动机检修重绕记录卡，见表3-4-4。

表3-4-4　三相异步电动机检修重绕记录卡

1. 铭牌数据
    编号____形式____功率____转速____
    电压____电流____频率____接法____
    转子电压____转子电流____功率因数____绝缘等级____
2. 试验数据
    空载：平均电压____平均电流____输入功率____
    负载：平均电压____平均电流____输入功率____
    定子每相电阻____转子每相电阻____室温____
3. 铁芯数据
    定子外径____定子内径____定子有效长度____
    转子外径____空气隙____定转子槽数____
    通风槽数____通风槽宽____定子轭高____
4. 定子绕组
    导线规格____每槽线数____线圈匝数____并绕根数____
    每极相槽数____节距____绕组形式____并联支路数____
5. 转子绕组
    导线规格____每槽线数____线圈匝数____并绕根数____
    每极相槽数____节距____绕组形式____并联支路数____
6. 绝缘材料
    槽绝缘____绕组绝缘____外覆绝缘____
7. 槽形和线圈尺寸（绘图标明尺寸）
8. 修理重绕摘要
    修理者：　　　　　　　　　　　　　　　　　　　　　　修理日期：

工程经验

电动机的原始数据内容随机种不同而有所差别，凡重要项目的数据均应逐一查明记录，否则拆除旧绕组后就无法查测。记录各项数据时，必须特别注意电动机的极数、绕组形式、绕组并绕根数、绕组并联支路数、绕组节距、导线直径、线圈周长，以及绕组线圈的连接方式，这些数据必须在拆线前或拆线时查明。

操作步骤3：拆除旧线圈。

操作要求：利用图3-4-23（a）所示的自制工具将要拆除的绕组所在槽的槽楔去除，如图3-4-23（b）和图3-4-23（c）所示；用钢铲切下要拆除绕组的一端，如图3-4-23（d）所示；用钳子夹住导线并将其拉出，如图3-4-23（e）所示。测量线径、数清各线圈匝数，绘制线圈外形图，并标注尺寸。填写表3-4-4。

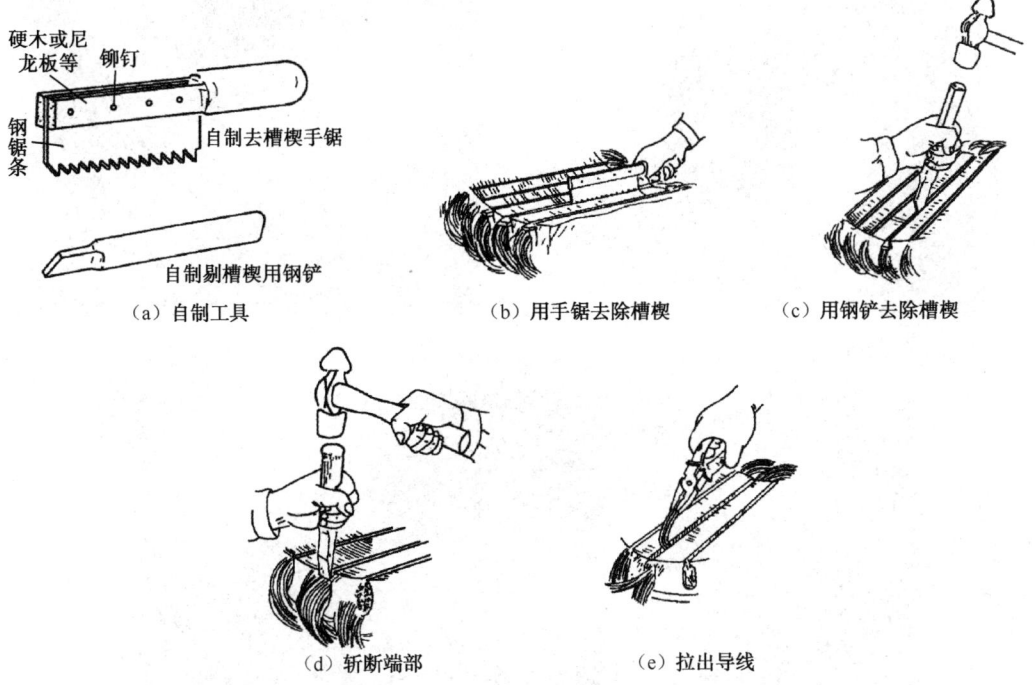

图 3-4-23 绕组的拆除

注意：在拆除绕组时，应留下一个完整的线圈，以便量取各部分尺寸，如图 3-4-24 所示。

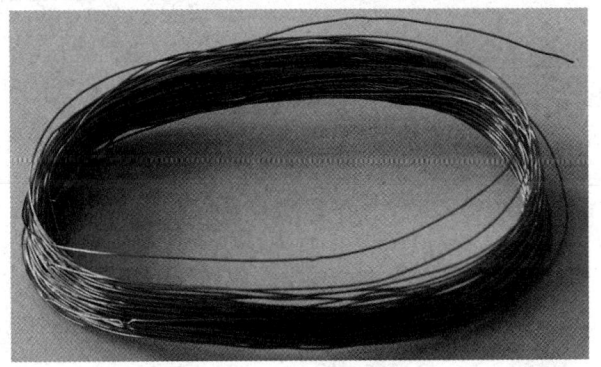

图 3-4-24 拆除后的旧线圈

操作步骤 4：清理定子槽和修整槽形。

相关要求：在清理过程中不准用锯条、凿子在槽内乱拉乱划，以免槽内出现毛刺，影响嵌线质量；要用专用工具轻轻剥去绝缘物，再用皮老虎或压缩空气吹去槽内部灰尘杂质，直到定子槽内部全部干净为止。用小锤轻轻敲击定子槽的止口，把变形的部位修整为原样，如图 3-4-25 所示。

操作步骤 5：制作绕线模。

相关要求：从绕组拆除后预留的完整旧线圈中找出周长最短的三匝单元线圈，并将其剪断，测量线圈的周长，取其平均值作为绕线模芯周长尺寸，如图 3-4-26 所示。除了上述方法，绕线模芯周长尺寸还可以通过查《电工手册》来确定。常用的电机绕线模尺寸详见附录 A。制作好的绕线模实物如图 3-4-27 所示。

图 3-4-25　修整槽形　　　　　　　图 3-4-26　测量线圈周长

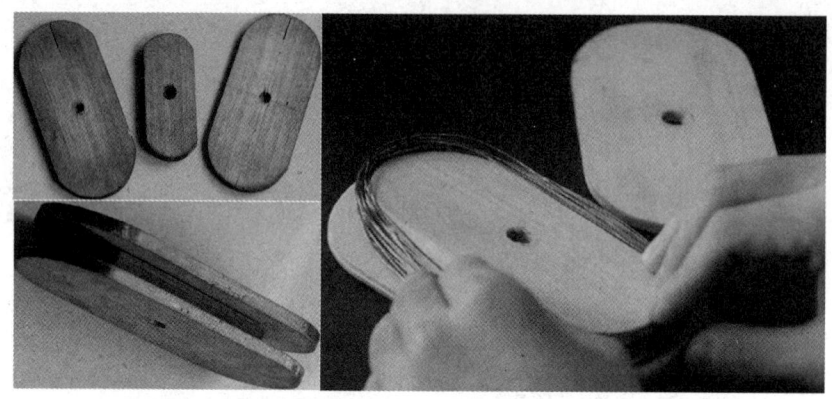

图 3-4-27　绕线模实物

操作步骤 6：测量线圈的匝数及线径。

相关要求：用人工方式数线圈的匝数。烧去线圈电磁线的漆皮，用棉纱擦干净，应多量几根导线，对于同一根导线也应在不同的位置量取三次，取其平均值，如图 3-4-28 所示。将有关数据填入三相异步电动机检修记录卡中。常见的圆漆包线规格数据详见附录 C。

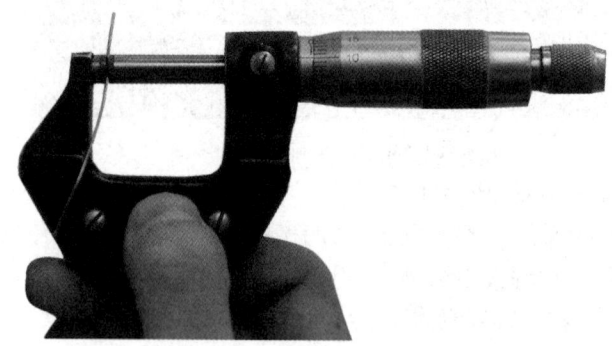

图 3-4-28　测量线径

操作步骤 7：绕制线圈。

相关要求：小型三相异步电动机采用的散线式线圈都是在绕线机上利用绕线模绕制而成的，如图 3-4-29 所示。导线在绕线模槽里尽量紧密排列，不要交叉相叠，匝数必须准确，线径必须符合要求，绕制好的线圈要用匝线匝好，以防散开，如图 3-4-30 所示。绕制过程中要随时注意导线质量，如有绝缘层破损或硬伤、断线，必须进行修复、焊接。

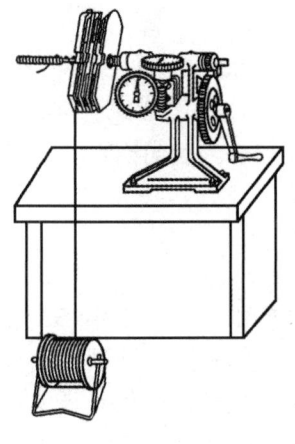
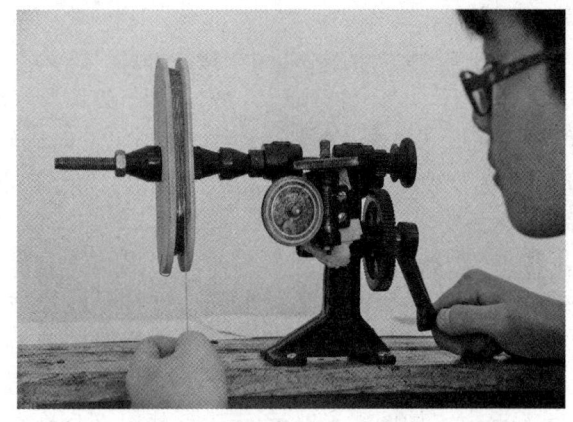

（a）线圈绕制示意图　　　　　　　　　（b）线圈绕制实操图

图 3-4-29　绕制线圈

图 3-4-30　用匝线匝好绕制完成的线圈

操作步骤 8：放置槽绝缘纸。

相关要求：绝缘纸两端各伸出铁芯槽 5～10mm，如图 3-4-31 所示。在止口附近，沿止口边缘衬垫一层绝缘胶带，以增加槽绝缘纸的韧性，防止槽绝缘纸在止口处破损，影响对地绝缘。槽绝缘的宽度以放到槽口下转角为宜，如图 3-4-32 所示。

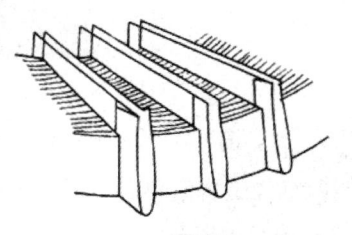

（a）嵌线前　　　　（b）嵌线后

图 3-4-31　绝缘纸伸出槽外部分　　　　图 3-4-32　槽绝缘示意图

2）绕组嵌线

嵌线前，最好先画出绕组展开图和接线圆图，作为参考。嵌线工序是比较细致的工作，一定要按工艺要求进行，稍不注意就会擦伤线圈、破坏导线绝缘与槽绝缘，造成匝间短路与接地故障，同时要讲究工艺技术。在整个嵌线过程中，应时时注意保护线圈的绝缘，严禁乱打猛敲，应采用嵌线工具，如压线板和划线板等，以防损伤线圈绝缘。

（1）嵌线工艺要求

操作步骤1：理线、嵌线。

相关要求：先将导线的一边疏散开，再将导线捻成一个扁片，如图3-4-33所示。将导线从定子槽的左端轻轻地顺入槽绝缘纸中，再顺势将导线轻轻地从槽口左端拉入槽内，如图3-4-34所示。若一次拉入有困难，可将余在槽外的导线理好放平，再用划线板把导线一根一根地划入槽内，如图3-4-35所示。划线时，划线板应从槽的一端连续划到另一端，注意用力适当，不要损伤导线的绝缘，导线在槽内必须平行整齐，不得交叉。

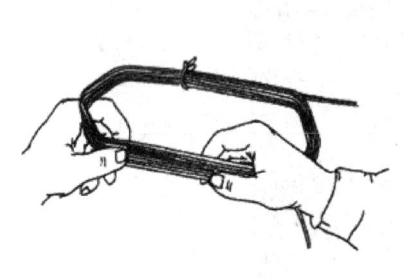 

（a）操作示意图　　　　　　　　　　（b）操作现场图

图3-4-33　理线

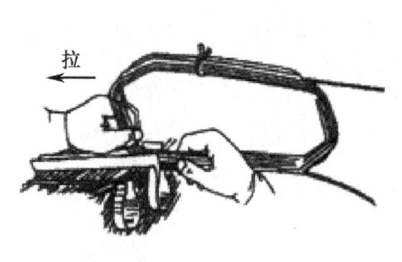 

（a）操作示意图　　　　　　　　　　（b）操作现场图

图3-4-34　拉线、压线入槽

注意：嵌线时要注意槽内绝缘是否偏移到一侧，防止露出的铁芯与导线相碰，造成绕组接地事故。所有线圈和绝缘材料都必须放在干净的工作台上，以免损伤导线的绝缘。

（a）操作示意图　　　　　　　　（b）操作现场图

图 3-4-35　划线入槽

操作步骤 2：压线封槽口。

相关要求：用剪刀剪去高于槽口部分的多余绝缘纸，如图 3-4-36 所示，再用划线板将槽口部位的绝缘纸向槽口内侧折合封好，使其能够盖住露在槽口部位的导线，如图 3-4-37 所示。嵌完线圈，如槽内导线太满，可用压线板顺着定子槽来回地压几次，将导线压紧，以便能将槽楔顺利地打入槽口。将槽楔轻轻推进槽内，以便封住槽口，防止导线露出，如图 3-4-38 所示。在推进槽楔时，不得损伤导线及槽绝缘，槽楔也不能高于铁芯表面，槽楔伸出铁芯的长度两端应一致。

图 3-4-36　剪去多余绝缘纸　　　　图 3-4-37　用划线板折纸封槽

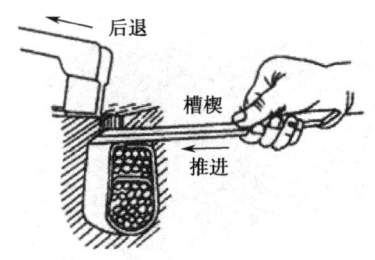 

（a）操作示意图　　　　　　　　（b）操作现场图

图 3-4-38　用槽楔封槽口

24 个槽全部嵌完线圈后的效果如图 3-4-39 所示。

(a) 端部正面图　　　　　　　　　　　(b) 端部反面图

图 3-4-39　嵌线完成效果

操作步骤 3：相间绝缘处理、端部整形。

相关要求：在线圈端部，每个极相组端部之间必须加垫绝缘纸，使相邻的两相绕组完全隔开，如图 3-4-40 所示；用剪刀修剪露在绕组端部外面的绝缘纸，使其仅高出线圈 3～4mm，如图 3-4-41 所示。为了不影响通风和使转子容易装入定子内膛，用垫打法对绕组端部进行整形，使其形成外大里小的喇叭口形状，其过程如图 3-4-42 所示。

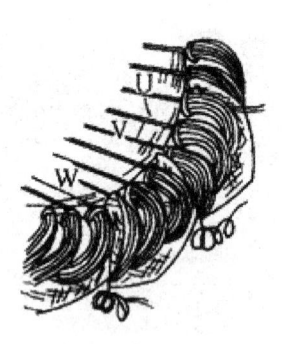

(a) 操作示意图　　　　　　　　　　　(b) 操作现场图

图 3-4-40　插入绝缘纸

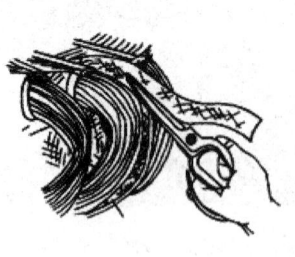

(a) 操作示意图　　　　　　　　　　　(b) 操作现场图

图 3-4-41　修剪绝缘纸

项目 3　三相异步电动机的维修与维护

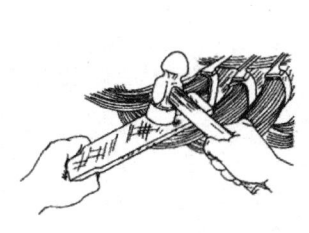 

（a）操作示意图　　　　　　　　　　（b）操作现场图

图 3-4-42　用垫打法对绕组端部进行整形

操作步骤 4：绕组接线。

相关要求：全部线圈嵌好后，根据图 3-4-14 进行绕组接线，接线过程如图 3-4-43 所示。

 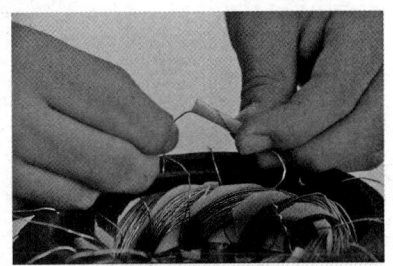

（a）绕组接线　　　　　　　　　　　（b）套绝缘套管

图 3-4-43　绕组接线过程

注意：接线时，由于线圈起始端头比较多，如图 3-4-44 所示，所以一定要注意区分哪端是线圈首端，哪端是线圈尾端；哪把是起把，哪把是落把。绕组的接头应焊接良好，不应因焊接不良而引起过热或产生脱焊、断裂等现象。为防止绕组损伤，在焊接时一般用湿的石棉纸、绝缘纸或干净抹布盖住绝缘，但浸水不宜过多，以免水滴滴落在线圈上，使绕组绝缘受潮。

图 3-4-44　待接线绕组

工程经验

问题：怎样用假转子法检查三相绕组相序和接线的正确性？

答案：如图 3-4-45 所示，将一个微型轴承装在一根木棒或塑料棒上，微型轴承即为一个"假转子"。

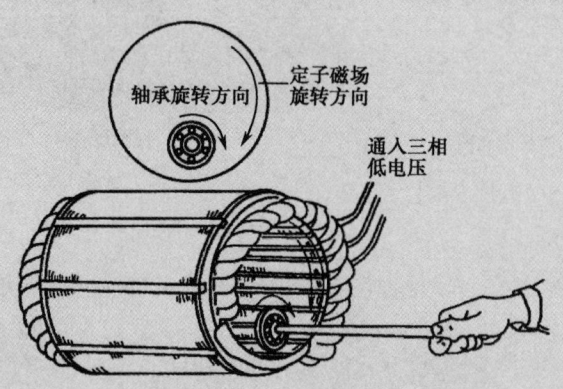

图 3-4-45　用微型轴承假转子检查接线的正确性

将已知相序的三相交流电源与被试定子绕组相连接，所加电压在额定值的 1/8 左右（对 380V 的电动机，所加电压在 50V 左右，以电流不超过其额定值为准）。将假转子放入定子内膛中，若该转子能顺利启动（可用工具拨动它一下，帮助它启动）并旋转起来，则它的旋转方向即为将来真转子的旋转方向，由此可判定该定子三相出线相序是否正确。若不能启动，可略提高电压，若仍不能启动，或抖动而不转动，则说明定子绕组接线有误或存在短路、断路故障。

（2）嵌线工序要求

① 起把。以接线盒为基准确定第一槽所在的位置，如图 3-4-46 所示。在 1 号槽内嵌入一个线圈有效边（U 相）；隔一个槽，在 23 号槽内再嵌入一个线圈有效边（W 相）。这两个线圈的另一个有效边暂不嵌入，即采用"吊把"工艺。

图 3-4-46　起把

工程经验

"吊把"又称"翻把"，"把"是对线圈有效边的称呼。吊把操作范例如图 3-4-47 所示，吊把是为了嵌入最后几个线圈的第一个边，而将起初几个起把线圈的另一有效边撩起的过程。以本次实训绕组嵌线为例，1 号槽线圈的另一有效边暂不嵌入 6 号槽，23 号槽线圈的另一有效边也暂不嵌入4号槽，其目的是给3号槽和5号槽起把线圈留有嵌线空间，使三相绕组的端部整齐一致。待3号槽起把线圈嵌毕，再将6号槽和4号槽的线圈边分别嵌入。吊把效果如图3-4-48所示。撩起的线圈可用其他线圈的端头拉住有效边，为防止未嵌入槽内的线圈边和铁芯相触及和磨破导线绝缘层，要在导线的下面垫上一块牛皮纸或绝缘纸。

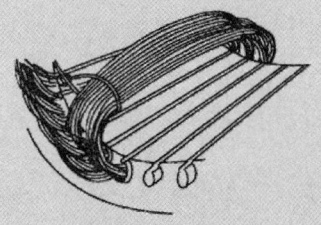

（a）吊把示意图

（b）放起把线圈垫纸

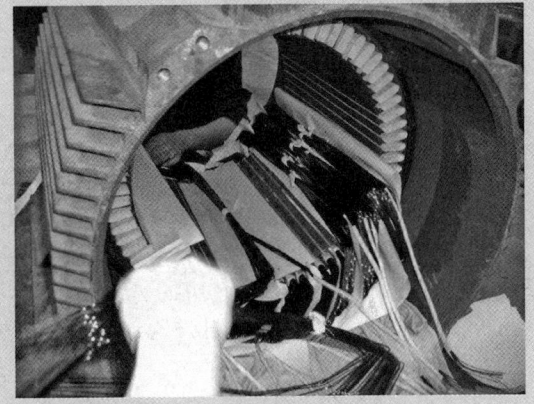

（c）吊把现场图

图3-4-47 吊把操作范例

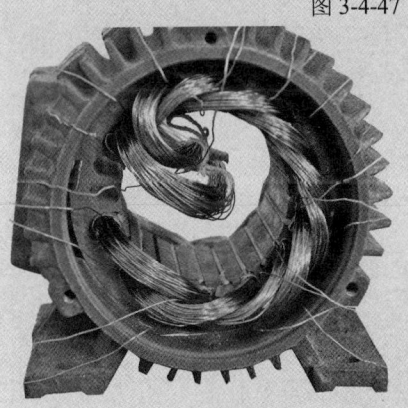

（a）轴向正面

（b）轴向反面

图3-4-48 吊把效果

② 中间嵌线。在21号槽内嵌入一个线圈有效边（V相），线圈的另一个有效边嵌入2号槽，以后均是向后退着（顺时针方向）每隔一个槽嵌一个线圈，直到嵌完3号槽起把线圈、线圈的另一个有效边嵌入8号槽为止。

③ 落把。当嵌完3号槽后，依次把两个吊把线圈的剩余边分别嵌入6号槽和4号槽内，完成落把工作。

3）装配后的工序

（1）机械检查

相关要求：检查机械部分的装配质量，包括所有紧固螺钉是否拧紧；用手盘动转轴，转子是否灵活，有无扫膛、松动；轴承是否有杂音。

（2）电气性能检查

相关要求：用兆欧表检查电动机三相绕组之间，以及三相绕组对地的绝缘情况，测得的阻值不得低于 0.5MΩ；按铭牌要求接好电源线，在机壳上接好保护接地线。

（3）空载试转

相关要求：电动机通电空载试运行，测量空载相电流及空载转速，看是否符合允许值；检查电动机温升是否正常，运转中有无异响。

工程经验

问题：在实际工程中，有时会遇到空壳三相异步电动机，对于这种情况怎样进行绕组重绕呢？

答案：空壳三相异步电动机绕组重绕的方法如下所述。

（1）仅有铭牌而无绕组的电动机的重绕

在修理电动机时，若遇到仅有铭牌而无绕组的空壳电动机，可以根据铭牌所提供的信息(如型号、功率、极数、电压、电流及转速等)，查阅电动机技术数据表，找到待修电动机重换绕组所需的绕组数据。

根据上述查得的数据，就可以重新绕制新线圈和新绕组了。

（2）既无铭牌又无绕组的电动机的重绕

在修理电动机时，若遇到丢失铭牌又无绕组的空壳电动机，可以按以下办法确定绕组数据和电动机功率：

① 测量空壳电动机定子铁芯外径、内径、铁芯长度、定子铁芯槽数。

② 从电动机技术数据表中查找与上述数据对应的电动机的铁芯和绕组数据。

【任务考核与评价】

三相异步电动机定子绕组重绕的考核见表 3-4-5。

表 3-4-5 三相异步电动机定子绕组重绕的考核

项目内容	配 分	评分标准	自 评	互 评	教 师 评
填写检修重绕记录卡	10 分	① 正确记录铭牌信息 2 分； ② 正确记录定子绕组信息，包括绕组的形式、接线、节距、线圈尺寸及匝数等 8 分			
拆除旧线圈	20 分	① 操作方法得当 5 分； ② 能够正确测量线圈尺寸、匝数、并绕根数 15 分			
嵌线前工艺	15 分	① 定子槽清理情况和铁芯有无损伤 5 分； ② 线圈绕制情况，是否紧密，有无损伤 5 分； ③ 槽绝缘纸放置情况，位置是否适当 5 分			
嵌线工艺	35 分	① 理线、嵌线、压线封槽口、相间绝缘处理、端部整形、接线操作方法是否得当 25 分； ② 起把、翻把过程是否合适 10 分			

续表

项目内容	配 分	评分标准	自 评	互 评	教师评
装配后工艺	10 分	① 机械检查 2 分； ② 电气性能检查 3 分； ③ 空载试转 5 分；			
文明生产	10 分	违反一次扣 5 分			
定额时间	640min	每超过 20min 扣 5 分			
开始时间		结束时间		总评分	

任务 5 三相异步电动机绕组首末端的判别及接线

【任务要求】

本任务通过学习三相异步电动机绕组首末端判别方法，使学生能够正确判别三相异步电动机绕组的首末端，并能根据判别结果进行绕组的外部端子接线。

知识目标

1．了解三相异步电动机铭牌的接线要求；
2．了解三相异步电动机绕组的首末端；
3．掌握三相异步电动机绕组首末端的判别方法；
4．掌握三相异步电动机绕组的外部端子接线方法。

技能目标

能对三相异步电动机绕组进行首末端的判别，能进行绕组的外部端子接线。

【任务相关知识】

1．三相异步电动机绕组的接线

三相异步电动机接线盒内有一块接线板，如图 3-5-1 所示。在接线板上设有 6 个接线端子（U1、U2，V1、V2，W1、W2），分别对应三相绕组的 6 根引出线。国家标准规定：6 个接线端子排成上下两排，下排 3 个接线端子自左至右排列的编号为 U1、V1、W1，上排 3 个接线端子自左至右排列的编号为 W2、U2、V2，凡制造和维修时均应按这个序号排列。

（a）接线板正面结构

（b）接线板与出线端

图 3-5-1 接线板

三相绕组采用不同接线方式连接的示意图和实物图分别如图 3-5-2 和图 3-5-3 所示。

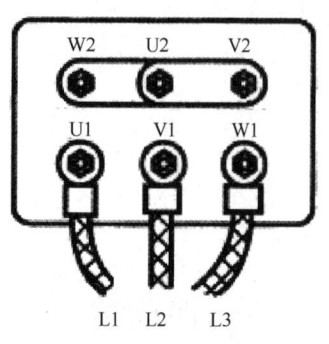

（a）接线示意图

（b）接线实物图

图 3-5-2 星形接线方式

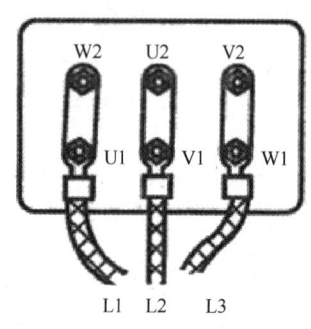

（a）接线示意图

（b）接线实物图

图 3-5-3 三角形接线方式

2．判别三相异步电动机绕组首末端的方法

三相异步电动机的绕组有 6 个引出端，每个线端上都标明了各相绕组的符号。如果标记丢失或标错，就会出现如图 3-5-4 的情况。这种情况的出现，会给电动机的运转带来不良后果，如定子绕组发热、电动机不转、转速降低、三相电流不平衡等，严重时将会烧断熔丝或烧毁定子绕组。因此，在 6 个引出端首尾不明确的情况下，必须首先查明首末端。

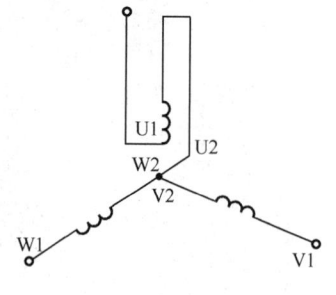

（a）首末端反接之一

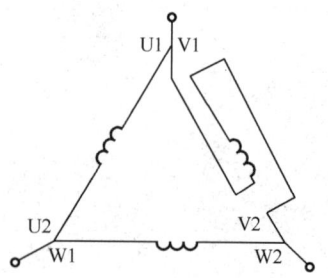

（b）首末端反接之二

图 3-5-4 首末端反接

1）绕组首尾反接特征

在三相异步电动机的绕组中，如果一相绕组首尾互换，称为一相反接。一相反接时，主要特征如下：

① 电动机的启动转矩严重下降。只要稍带负载或电压偏低，电动机就不能启动运行至正常转速；

② 三相空载电流明显不等，而且都比正常值大很多；

③ 机身严重振动并伴有明显的电磁噪声；

④ 即使空载运行，电动机也会严重发热。如不及时断电，电动机很容易被烧坏。

因此，当发现一相反接时，必须立即检查，查出反接相并改接过来。判别三相异步电动机绕组首末端的方法有 3 种：直流法、交流法和剩磁法。

2）直流法

采用直流法判别的具体步骤如下：

① 先用万用表电阻挡分别找出三相绕组各相的两个出线端；

② 假设各相绕组编号为 U1、U2、V1、V2 和 W1、W2；

③ 按图 3-5-5 所示接线，观察万用表指针摆动情况。

在合上开关瞬间若指针正偏，则电池正极的线头与万用表负极（黑表笔）所接的线头同为首端或尾端；若指针反偏，则电池正极的线头与万用表正极（红表笔）所接的线头同为首端或尾端；再将电池和开关接另一相的两个线头，进行测试，就可正确判别各相的首尾端。

3）交流法

假设各相绕组编号为 U1、U2、V1、V2 和 W1、W2，按图 3-5-6 所示接线，接通电源。若灯灭，则两个绕组相连接的线头同为首端或尾端；若灯亮，则它们不同为首端或尾端。

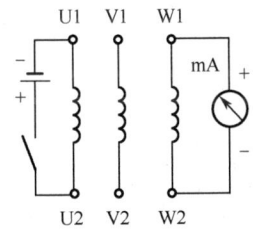

图 3-5-5 用直流法判别绕组的首末端

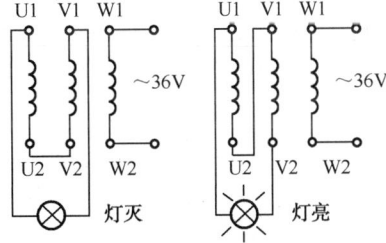

图 3-5-6 用交流法判别绕组的首末端

工程经验

在实际工程中，可采用交流感应法判别绕组的首末端。用一台 36V 变压器碰擦电动机三相定子绕组的 6 个引出线头，把碰擦后有火花的两个引出线头作为一组，共分成 3 组，标上记号，如图 3-5-7（a）所示。把 3 组中的 4、5、6 三个线头连接在一起，接到安全变压器的一端，而任取 3 组中的另一线头（如 3）接至安全变压器的另一端，如图 3-5-7（b）所示。将余下的两个线头 1、2 相互碰擦，若无火花，则此两线头皆为首端（或末端）。再另换线头 2，接于变压器上，把 1、3 相互碰擦，若无火花，则说明线头 3 与 1、2 相同，也为首端（或末端）。若碰擦时有火花，则应将 4、5、6 中任意两个线头调换一个，再相互碰擦直至没有火花，从而辨别出两组的同名端。

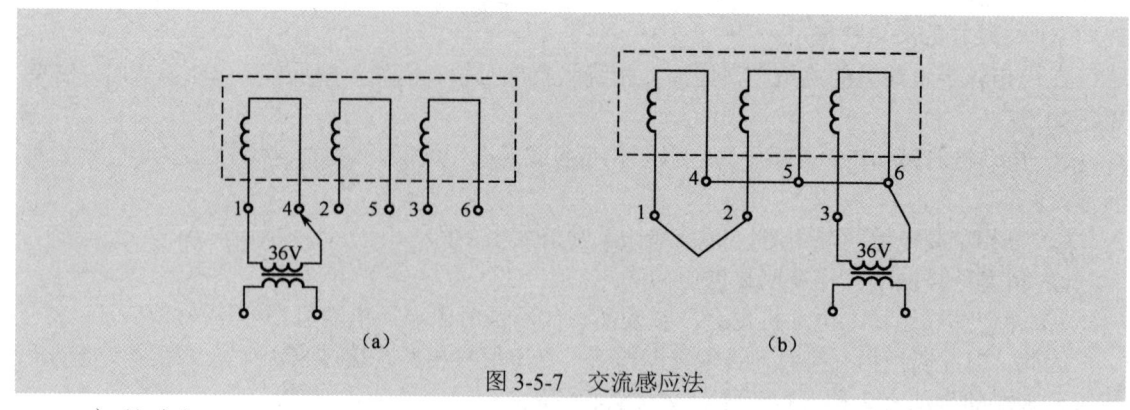

图 3-5-7 交流感应法

4）剩磁法

假设三相异步电动机存在剩磁，给各相绕组编号为 U1、U2、V1、V2 和 W1、W2，按图 3-5-8 所示接线，并转动电动机转子，若万用表指针不动，则证明首尾端假设编号是正确的；若万用表指针摆动，则说明其中一相首尾端假设编号不对，应逐相对调重测，直至正确为止。

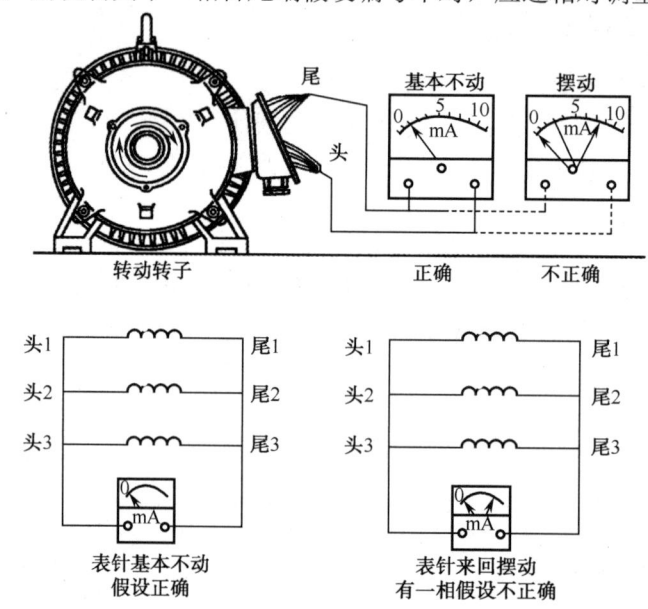

图 3-5-8 用剩磁法判别绕组的首末端

工程经验

如果是小型电动机，工程上常先把电动机定子 6 个引出线头分成三组，然后从各组中任取一个引出线头并在一起，连接成星形，再将另外三个引出线头接到三相平衡电源上，使电动机在空载或轻载的条件下运转。若其中某一相的首、末端反接，则该相绕组内的电流一定最大，此时将熔丝熔断的那一相绕组的首端和末端对调一下，便可纠正。

工程经验

在没有仪表、指示灯和低压电源的情况下，只利用电动机原来的电源就可以进行绕组首末端的判别。

如图 3-5-9 所示，将三相绕组的一端接于一点并接地（如供电电源是中性点不接地系统，则应接零），另外三根引出线做好 U、V、W 记号，两根电源线也做好 1、2 记号，并分别按顺序接到电动机的两根引出线上，做三次试验，看电动机的旋转方向判断三相绕组的首末端。如果三次试验中电动机的旋转方向都是一样的，则说明三相绕组首末端接线正确；如果旋转方向不一样，则说明参与过两次同方向的那相绕组首末端接反。例如，试验中第二次 V、W 相和第三次 U、W 相是同向的，由于 W 相参与这两次试验，所以 W 相绕组首末端接反，将 W 相两线头对调即可。

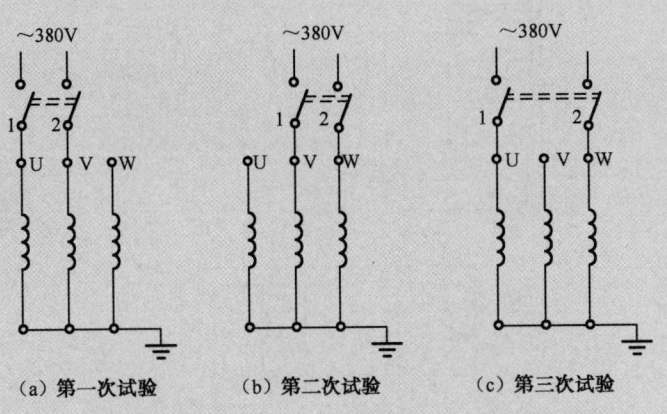

图 3-5-9　用电动机转向法判别绕组首末端示意图

这种方法只适用于小容量电动机在空载状态下进行试验。但必须注意，由于试验时的电流较大，故时间不宜过长。

工程经验

问题：怎样将 △ 接线改为 Y 接线？

答案：如果将电动机 △ 接线改为 Y 接线，往往需要重新测定首末端，这样改线很费时间，现介绍一种较简单的方法。

如已知一台电动机有 6 个引出线，两两接在一起，并且曾送电运行过，则证明该电动机的原接线为 △ 接线，如要将此电动机改为 Y 接线，其改接步骤如下：

第 1 步：先将接在一起的引线端按图 3-5-10（a）所示编号，如 1、2、3 和 4、5、6。

第 2 步：将 3 对线头都打开。

第 3 步：用摇表（或万用表）测量通断。若 1 端与 6 端相通，则令该绕组为 U 相绕组；若 3 端与 2 端相通，则令该绕组为 V 绕组；若 5 端与 4 端相通，则令该绕组为 W 相绕组，如图 3-5-10（b）所示。假设 1 端为 U 相绕组的首端，则 6 端为 U 相绕组的末端；2 端因和 1 端相连，所以 2 端为 V 相绕组的末端，则 3 端为首端；又因 4 端与 3 端相连，所以 4 端为 W 相绕组的末端，则 5 端为首端。只要将 3 个末端 2、4、6（或 3 个首端 1、3、5）连在一起，另外 3 个首端 1、3、5（或 3 个末端 2、4、6）接电源便可完成改接任务，如图 3-5-10（c）所示。

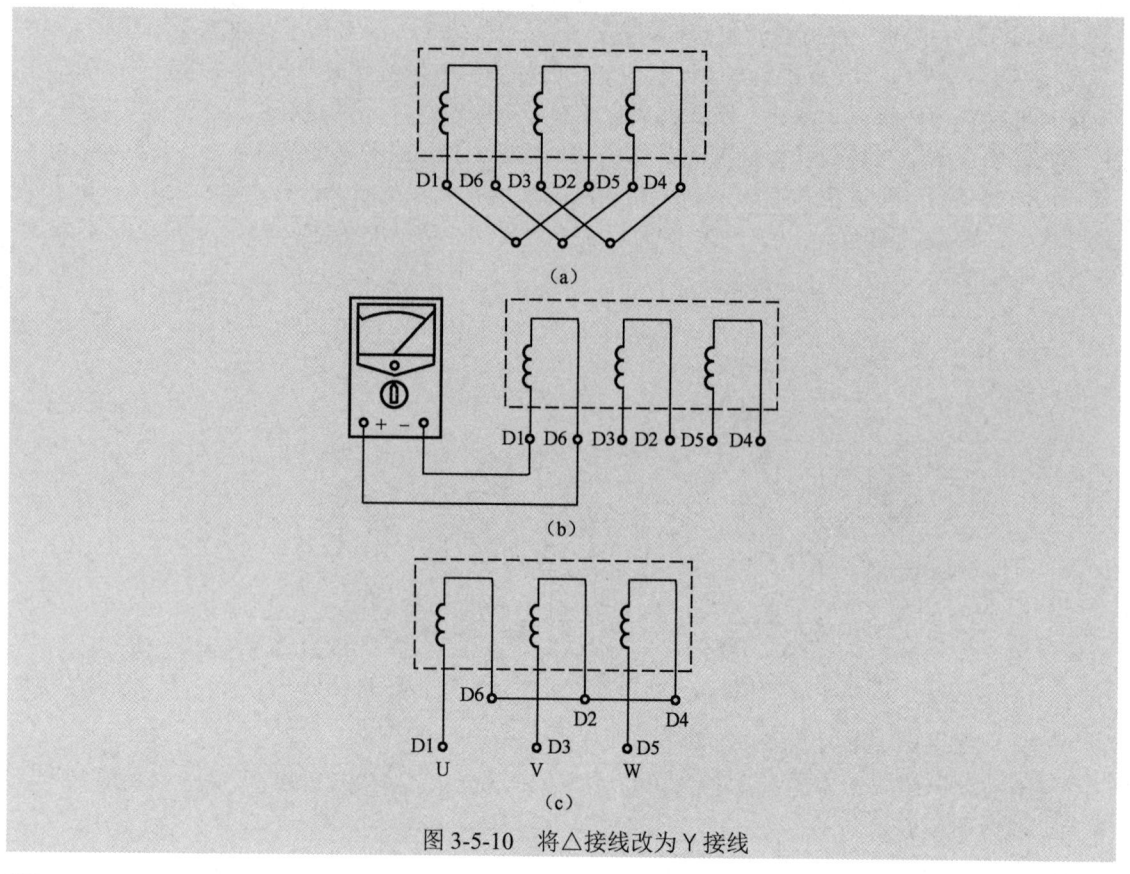

图 3-5-10 将△接线改为 Y 接线

【任务实施】

【任务实施器材】

① 三相异步电动机型号,型号为 Y90S-4、1.1kW,一台/组。
② 直流稳压电源,一台一组。
③ MF-47 型万用表,一块/组。
④ BK-50 型变压器,一个/组。

【任务实施步骤】

操作提示:电源应接在变压器的高压侧,通电时要注意安全,应有监护人在场。

(1) 直流法判定

操作步骤 1:确定相次分组。

操作要求:用万用表 R×1 挡分别测量三相绕组 6 个出线端之间的直流电阻;判定各绕组通断情况,给出各绕组的通断结论;将绕组的 6 个出线端分成 3 组,并标注记号,如图 3-5-11 所示。

操作步骤 2:接线。

操作要求:按图 3-5-12 所示的形式接线。万用表选用 mA 挡位,直流稳压电源输出电压选定 1.5V。

项目3　三相异步电动机的维修与维护

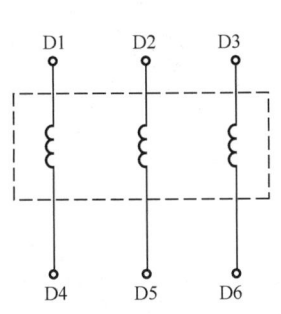

（a）绕组分组示意图

（b）分组标注图

图 3-5-11　绕组出线端分组

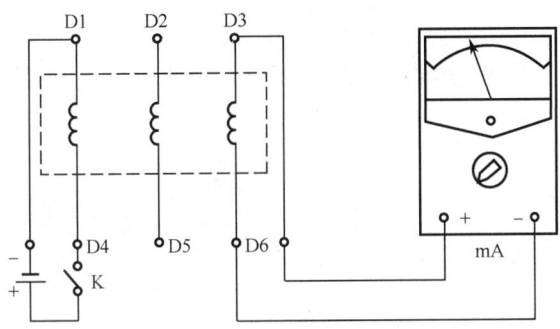

图 3-5-12　直流法接线图

操作步骤3：判别三相绕组首末端。

操作要求：将万用表挡位扭转到 mA 挡，观察万用表指针偏转方向。在接通开关瞬间，如果万用表指针正偏（偏向大于零的一边），如图 3-5-13（a）所示，则电源正极所接出线端与万用表负端所接出线端同为首端或尾端；如果万用表指针反偏（偏向小于零的一边），如图 3-5-13（b）所示，则电源正极所接出线端与万用表正端所接出线端同为首端或尾端。再将电源接到另一相的两个出线端试验，重复上述操作。最后，给出三相绕组首末端判别结论。

（a）万用表指针正偏

（b）万用表指针反偏

图 3-5-13　直流法试验现象

121

操作步骤 4：电动机实际运行验证。

操作要求：根据试验结论，将电动机三相绕组的 6 个出线端按图 3-5-1 所示与接线板连接；将电动机三相绕组接成星形；接通三相电源并启动电动机，用钳形电流表测量电动机的工作电流，观察电动机的运行振动情况及噪声大小；给出验证结论。

（2）交流法判定

操作步骤 1：同直流法判定步骤 1。

操作步骤 2：接线。

操作要求：按图 3-5-14 所示的形式接线。白炽灯的额定电压选择 36V，BK-50 型变压器的输出电压也选择 36V。

操作步骤 3：判别三相绕组首末端。

操作要求：观察白炽灯的发光情况。当接通电源后，得到试验现象如图 3-5-15 所示。如果白炽灯不亮，则说明被测的两相绕组同为首端或尾端；如果白炽灯亮，则说明被测的两相绕组首尾接反，应该对调后重试。再将变压器接到另一相的两个出线端，重复上述操作。最后给出三相绕组首末端判别结论。

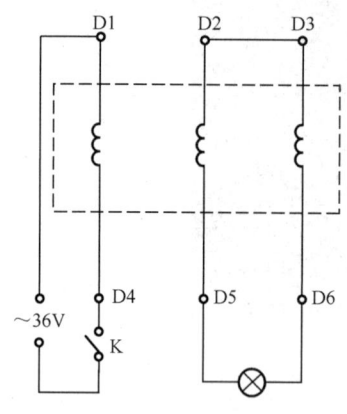

图 3-5-14　交流法接线图

（a）白炽灯亮

（b）白炽灯不亮

图 3-5-15　交流法试验现象

操作步骤 4：同直流法判定步骤 4。

（3）剩磁法判定

操作步骤 1：同直流法判定步骤 1。

操作步骤 2：接线。

操作要求：按图 3-5-16 所示的形式接线。

操作步骤 3：判别三相绕组首末端。

操作要求：观察万用表指针（mA 挡位）偏转动向。转动电动机转子，得到试验现象如图 3-5-17 所示。如果万用表指针不动，则说明被测的三相绕组同为首端或尾端；如果万用表指针摆动，则说明被测的三相绕组首尾接反，应该对调后重试。最后给出三相绕组首末端判别结论。

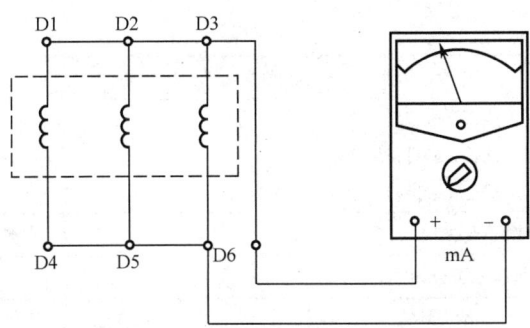

图 3-5-16 剩磁法接线图

(a) 万用表指针不动

(b) 万用表指针摆动

图 3-5-17 剩磁法试验现象

操作步骤 4：同直流法判定步骤 4。

【任务考核与评价】

三相异步电动机首末端判别的考核见表 3-5-1。

表 3-5-1 三相异步电动机首末端判别的考核

项目内容	配 分	评分标准	自 评	互 评	教 师 评
直流法判定	25 分	① 判定三相绕组通断情况 5 分； ② 绕组出线端分组及标注情况 5 分； ③ 试验电路接线是否正确 5 分； ④ 能否给出正确判定结论 10 分			
交流法判定	25 分	① 判定三相绕组通断情况 5 分； ② 绕组出线端分组及标注情况 5 分； ③ 试验电路接线是否正确 5 分； ④ 能否给出正确判定结论 10 分			
剩磁法判定	25 分	① 判定三相绕组通断情况 5 分； ② 绕组出线端分组及标注情况 5 分； ③ 试验电路接线是否正确 5 分； ④ 能否给出正确判定结论 10 分			

续表

项目内容	配 分	评分标准	自 评	互 评	教师评
端子接线	15 分	① 能否正确识别三相接线端子 5 分； ② 能否正确进行星形接线 5 分； ③ 能否正确进行三角形接线 5 分			
文明生产	10 分	违反一次扣 5 分			
定额时间	20min	每超过 5min 扣 5 分			
开始时间		结束时间		总评分	

任务6　三相异步电动机的巡检和维护

【任务要求】

本任务学习三相异步电动机的运行和维护，使学生对三相异步电动机具有现场运行监视能力和处置能力，全面了解三相异步电动机的维护工作。

知识目标

1. 熟悉三相异步电动机在投入运行前应做的准备工作；
2. 熟悉三相异步电动机运行中的监视工作，掌握监视工作的主要内容；
3. 了解三相异步电动机的定期检修工作，掌握电动机检修的期限和项目；
4. 熟悉三相异步电动机的常见故障，掌握简单故障的排除方法。

技能目标

能对三相异步电动机的运行进行监视和处置。

【任务相关知识】

1. 电动机在投入运行前应做的准备工作

① 新的或长期不用的电动机，使用前都应该检查一下电动机绕组间和绕组对地的绝缘电阻。对于绕线式异步电动机，除了检查定子绝缘电阻，还应检查转子绕组和滑环之间的绝缘电阻。绝缘电阻每 1kV 工作电压不得小于 $1M\Omega$。通常，对 500V 以下电动机用 500V 兆欧表测量，对 500～3000V 电动机用 1000V 兆欧表测量，对 3000V 以上电动机用 2500V 兆欧表测量。一般来说，380V 三相电动机的绝缘电阻应大于 $0.5M\Omega$ 才可使用。

② 检查电路电压与接法等是否与铭牌信息相符。

③ 检查电动机内部有无杂物。可以用干燥的压缩空气（不大于 2 个大气压）吹净内部，也可以使用吹风机或皮老虎等来吹，但不能碰坏绕组。

④ 检查电动机的转轴能否自由旋转。对于滑动轴承，转子的轴向游动量每边约为 2～3mm。

⑤ 检查轴承是否有油。一般来说，高速电动机应采用高速机油，低速电动机应采用机械油注入轴承内，并达到规定的油位。

⑥ 检查电动机接地装置是否可靠。

⑦ 对于绕线式异步电动机，还应检查滑环上的电刷表面能否全部贴紧滑环，导线是否有

相碰现象，电刷提升机构是否灵活，电刷的压力是否正常。

⑧ 对于不可逆的电动机，需要检查其运转方向是否与该电动机运转指示箭头方向一致。

⑨ 对于新安装的电动机，需要检查地脚螺栓和螺母是否拧紧、机械方面是否牢固，还需要检查电动机机座与电源线钢管的接地情况。

经过上述准备工作及检查后方可启动电动机，电动机启动后应空转一段时间，在这段时间内应注意轴承温升，还应注意是否有不正常噪声、振动、局部发热等现象，如有不正常现象，须消除后才能投入运行。

2．电动机运行中的巡检

三相异步电动机投入运行后，应坚持每天进行巡检，听电动机的声音，测电动机的温度，闻电动机的味道，问一下值班员运行情况，看一下运行电流，以便了解其工作状态，及时发现异常现象，并给予合理的处理，将故障消灭在萌芽之中。在运行监视过程中，现场维修人员通过听、看、嗅、摸等方式，凭工作经验就可大致判断出电动机的运行状态。例如，当电动机在运行时发出有规律的清脆声，俗称"机器音乐"时，说明电动机处于轻载或正常运行状态；如果电动机发出很沉闷的声音，说明电动机处于重载运行状态；如果电动机运行时有焦煳刺鼻异味，说明电动机温升过高，应尽快停止运行。

电动机运行中的巡检主要包括运行监视和运行处置。

1）运行监视

电动机发生故障时，一般会引起继电器等保护装置动作，如果保护装置失灵，势必导致电动机严重损伤。因此，在电动机日常维护时，如果能经常监视电动机的运行情况，就能及时发现异常情况，从而采取必要措施，及早排除故障。

（1）监视电源电压的变动情况

为了监视电源电压，最好在电动机电源上装一只电压表。通常，电源电压的波动值不应超过额定电压的±10%，任意两相电压之差不应超过5%，如图3-6-1所示。

图3-6-1　监视电源电压

（2）监视电动机的运行电流

在正常情况下，电动机的运行电流不应超过铭牌上标出的额定电流，同时，还应注意三相电流是否平衡。通常，任意两相间的电流之差不应大于额定电流的10%。对于容量较大的电动机，应装设电流表进行监测；对于容量较小的电动机，应随时用钳形电流表测量，如图3-6-2所示。

（3）监视电动机的温升

电动机的温升不应超过其铭牌上标示的允许温升，一般来说，电动机运行温度只要不超过

80℃且不再上升，应该是没问题的。电动机温升可用温度计测量，如图 3-6-3 所示。最简单的方法是用手背触及电动机外壳，如电动机烫手，则表明电动机过热，此时可在外壳上洒几滴水，如果水急剧气化，并有"嗞嗞"声，则表明电动机明显过热。

图 3-6-2　检测电动机的运行电流

图 3-6-3　检测电动机温升

工程经验

　　在无温度测量仪表时，可用手感法粗略判断电动机的外壳温度。注意，用手触摸电动机外壳前，应确认电动机外壳是否已经可靠接地，并用验电笔验电，确认电动机外壳是否不带电。用手掌或手指内侧摸电动机外壳，根据能停留的时间长短和承受能力来粗略判定其温度。因每个人对热的敏感程度不同，所以不好给出一个通用的数据。但下面的内容有一定的参考价值，用手感法估计电动机外壳温度可参考表 3-6-1。

表 3-6-1　用手感法估计电动机外壳温度参考表

电动机外壳温度	感　觉	具　体　程　度
30℃	稍冷	比人体温稍低，感到稍冷
40℃	稍暖和	比人体温稍高，感到稍暖和
45℃	暖和	用手掌触及时感到很暖和
50℃	稍热	手掌可以长久触及，触及时间较长时，手掌会变红

续表

电动机外壳温度	感 觉	具 体 程 度
55℃	热	手掌可以停留 5~7s
60℃	较热	手掌可以停留 3~4s
65℃	非常热	手掌可以停留 2~3s，即使放开手后，热量还留在手掌中好一会儿
70℃	非常热	用手指可以停留约 3s
75℃	极热	用手指可以停留约 1.5~2s，若用手掌，则触及后即放开，手掌还感到烫
80℃	热得使人担心电动机是否烧坏	热得手掌不能触碰，用手指勉强可以停留 1~1.5s；乙烯塑料膜收缩
85~90℃	热得使人担心电动机是否烧坏	手刚触及便因条件反射瞬间缩回

（4）监视电动机运行中的声音、振动和气味

对运行中的电动机应经常检查其外壳有无裂纹，螺钉是否有脱落或松动，电动机有无异响或振动等。监视时，要特别注意电动机有无冒烟和异味现象，若嗅到焦糊味或看到冒烟，必须立即停机检查处理，如图 3-6-4 所示。

（5）监视轴承工作情况

对轴承部位，要注意它的温度和响声。若温度升高或响声异常，则可能是轴承缺油或磨损。用联轴器传动的电动机，若中心校正不好，则会在运行中发出响声，并伴有振动。

（6）监视传动装置工作情况

机械振动会使联轴器的螺栓胶垫迅速磨损，这时应重新校正中心线。采用带传动的电动机，应注意传动带不应过松而导致打滑，但也不能过紧而使电动机轴承过热。

图 3-6-4 电动机运行中冒烟

工程经验

在电动机运行监视过程中，可以通过"眼看、耳听、鼻闻、手摸"的方法，识别电动机运行异常情况，具体见表 3-6-2。

表 3-6-2 电动机运行异常情况

识别方法	异常情况	可能原因
眼看	① 电动机机身不清洁； ② 电动机冒烟； ③ 计量仪表不正常或无指示； ④ 三相电流波动； ⑤ 电流指示过大； ⑥ 电动机突然停转	① 电动机机身上有尘垢、油污或受腐蚀性气体侵蚀，是导致电动机绝缘性能降低和运行性能下降的重要因素之一； ② 电动机因接线接触不良发生过热和烧毁； ③ 三相电源电压不平衡，定子绕组有故障，电动机单相运行，熔丝熔断； ④ 定子和转子绕组有故障； ⑤ 轴承损坏，负荷过大，定子绕组有局部短路； ⑥ 熔丝熔断或停电，轴承损坏，定、转子相擦，单相运行，电动机转矩太小，负载过大，传动机械存在故障，控制开关失灵，电源电压下降过多

续表

识别方法	异常情况	可能原因
耳听	有异常声响	见表 3-6-3
鼻闻	有异味	电动机温升过高，绕组烧损或局部短路，电动机过载，单相运行，传动部分润滑不好，轴承过热损坏
手摸	① 电动机外壳温度高； ② 电动机振动	① 电动机过载，温升过高，单相运行，冷却不好，电动机运行或启动时间太长； ② 机械动平衡不良，电源电压不平衡，单相运行，绕组层间断线

工程经验

当电动机发生故障时，常伴有异常的声响。根据电动机的异常声响便可判断故障的可能原因，见表 3-6-3。

表 3-6-3 电动机的异常声响及故障判别

异常现象	可能的原因	解决的措施
启动时有异常声响	① 启动时有一相缺相，电动机处于单相运行状态； ② 二次侧回路有一相断路； ③ 定子线圈接线错误； ④ 定子线圈层间或相间短路； ⑤ 转子线圈层间或相间短路	① 检查开关接触情况和电源回路； ② 检查开关和启动电阻器； ③ 检查端部接线； ④ 检查线圈，消除短路部分（重绕线圈）； ⑤ 检查线圈，消除短路部分（重绕线圈）
运行中有异常声响	① 运行中有一相缺相，电动机处于单相状态； ② 定子线圈接线错误； ③ 定子线圈层间或相间短路	① 检查开关接触情况和电源回路； ② 检查端部接线； ③ 检查线圈，消除短路部分（重绕线圈）
出现振动、发出隆隆响声或剪切声	① 异物侵入机内； ② 转子铁芯与定子铁芯相碰； ③ 转子部分与定子或外壳摩擦； ④ 轴承异常	① 检查内部； ② 检查气隙，转子重新找中心； ③ 检查内部，重新调整固定部分； ④ 检查滚动轴承或更换轴承

2）运行处置

在发生以下严重故障情况时，现场维修人员应立即断电停机处理：

① 人身触电事故；

② 电动机冒烟；

③ 电动机剧烈振动；

④ 电动机轴承剧烈发热；

⑤ 电动机转速迅速下降，温度迅速升高。

3. 电动机的定期检修

电动机的定期检修是消除故障隐患、防止故障发生或扩大的重要措施。定期检修分为定期小修和定期大修。

1）定期小修的期限和项目

定期小修一般不拆解电动机，只对电动机进行清理和检查，小修周期为 6～12 个月。定期小修的主要项目如下：
① 对电动机外壳、风扇罩处的灰尘、油污及其他杂物等进行清理。检查、清扫电动机的通风道及冷却装置，保证通风散热性能良好。
② 检查电动机的绕组绝缘情况是否良好，检查接地线是否可靠。
③ 检查电动机与基础架构及配套设备之间的连接是否可靠，检查电动机与负载传动装置是否良好。
④ 检查电动机端盖、带轮顶丝是否紧固，如发现有松动，应及时拧紧。
⑤ 拆下轴承盖，检查润滑脂是否干涸、变质，并及时加油或更换润滑脂，处理完毕后，应注意上好轴承盖及紧固螺栓。
⑥ 检查电动机的启动和保护装置是否完好。

2）定期大修的期限和项目

电动机的定期大修应结合负载机械的大修进行，大修周期一般为2～3年。定期大修时，需把电动机全部拆开，进行以下项目的检查和修理。

（1）定子的清扫及检修
① 用压力为 0.2～0.3MPa 的压缩空气吹净通风道和绕组端部的灰尘或杂质，并用棉布蘸汽油擦净绕组端部的油垢，但必须注意防火，如果油垢较厚，可用由木板或绝缘板制成的刮片清除。
② 检查外壳、底脚，应无开焊、裂纹和损伤变形。
③ 检查铁芯各部位，应没有过热变色、锈斑、磨损、变形、折断和松动等异常现象。铁芯的松紧可用小刀片或螺丝刀插试，若有松弛现象，应在松弛处打入由绝缘材料制成的楔子。若发现铁芯有因局部过热而烧成的蓝色痕迹，应进行处理。
④ 检查槽楔是否有松动、断裂、变形等现象，并用小木槌轻轻敲击，应无空振声。如果松动的槽楔超过全长的 1/3，须退出槽楔，加绝缘垫后重新打紧。
⑤ 检查定子绕组端部绝缘有无损坏、过热、漆膜脱落现象，端部绑线、垫块等有无松动。若漆膜有脱落、膨胀、变焦和裂纹等，应刷漆修补，脱落严重时应在彻底清除后，重新喷涂绝缘漆，甚至更换绕组；若端部绑线松弛或断裂，应重新绑扎牢固。
⑥ 检查定子绕组引线及端子盒。引线绝缘应完好无损，否则应重包绝缘；引线焊接应无虚焊、开焊；引线应无断股；引线接头应紧固无松动。
⑦ 测量定子绕组的绝缘电阻，判断绕组绝缘是否受潮或有无短路。若绕组有短路、接地（碰壳）故障，应进行修理；若绝缘受潮，应根据具体情况和现场条件选用适当的干燥方法进行干燥处理。

（2）转子的清扫及检修
① 先用压力为 0.2～0.3MPa 的干净压缩空气吹扫转子各部位的积灰，再用棉布蘸汽油擦除油垢，最后用干净的棉布擦净转子。
② 检查转子铁芯，应紧密，无锈蚀、损伤和过热变色等现象。
③ 检查转子绕组，对于笼型转子，导条和短路环应紧固可靠，没有断裂和松动，如发现有开焊、断条等现象，应进行修理；对于绕线式转子，除了检查与定子绕组相同的项目，还要检查转子两端钢轧带，应紧固可靠，无松动、移位、断裂、过热和开焊等现象。
④ 检查绕线式转子的集电环和电刷装置，检查并清扫电刷架、集电环引线，调整电刷压力，打磨集电环。还要检查举刷装置，其动作应灵活可靠。
⑤ 检查风扇叶片，铆钉应齐全，当用木槌轻敲叶片时，响声应清脆，风扇上的平衡块应

紧固无移位。

⑥ 检查转轴滑动面，应清洁光滑，无碰伤、锈斑及椭圆变形。

3）轴承的清扫及检修

① 清除轴承内的旧润滑油，用汽油或煤油清洗后，再用干净的棉布擦拭干净，不得将刷毛或布丝遗留在轴承内。

② 对清洗后的轴承进行仔细检查，轴承内外圈应光滑，无伤痕、裂纹和锈迹，用手拨转应转动灵活，无卡涩、制动、摇摆及轴向窜动等缺陷，否则应进行修理或更换。

③ 测量轴承间隙，滑动轴承的间隙可用塞尺测量，滚动轴承的间隙可用铅丝测量，若测得的轴承间隙超过规定值，应进行修理或更换新轴承。

④ 检查轴承盖、轴承、放油门及轴头等接合部位，密封应严实，无漏油现象。

【任务实施】

【任务实施器材】

① 三相异步电动机，型号为Y90S-4、1.1kW，一台/组。

② 兆欧表、钳形电流表、转速表及万用表，各一只/组。

③ 十字螺钉旋具、一字螺钉旋具、活扳手和尖嘴钳，各一把/组。

④ 带综合保护功能的交流电源实训台，一台/组。

【任务实施步骤】

（1）三相异步电动机的日常检查

操作步骤1：外观检查。

操作要求：清洁电动机壳体，检查机座、底脚有无裂痕、铭牌有无脱落等。

操作步骤2：绝缘检查。

操作要求：依照规程用兆欧表检查Y90S-4三相异步电动机的相间及对地绝缘。记录电动机铭牌参数及绝缘测量结果，并填写表3-6-4；给出电动机能否上电运行的结论。

表3-6-4 三相异步电动机测量数据记录表

型 号	额定功率	额定电压	额定电流	额定转速	额定频率	接法
厂 名	UV间绝缘	UW间绝缘	VW间绝缘	对地绝缘	绝缘等级	外观情况
检查结论						

（2）三相异步电动机日常运行监视

操作步骤1："听"监视。

相关要求：以听的方式，判断电动机的运行状态。用旋具侦听电动机运转声音，判定负载轻重、是否扫膛、轴承是否异响。

操作步骤2："看"监视。

相关要求：以看的方式，判断电动机的运行状态。观察电动机壳体，判定振动幅度是否过大、是否有冒烟现象。

操作步骤3："闻"监视。

相关要求：以闻的方式，判断电动机的运行状态。闻周围空气中是否有绕组过热时散发的焦煳味,判定绕组是否工作异常。

操作步骤4:"摸"监视。

相关要求:以摸的方式,判断电动机的运行状态。用手指内侧触摸电动机外壳,根据手指能停留的时间长短和承受能力来粗略判定其温度。

操作步骤5:"测"监视。

相关要求:以测的方式,判断电动机的运行状态。测量实际工作电压、电流及转速,定量分析电动机工作状态,并填写表3-6-5。

表3-6-5 三相异步电动机运行记录表

项 目	功 率	实 际 电 压	实 际 电 流	实 际 转 速	接 法
空 载					
满 载					

【任务考核与评价】

三相异步电动机维修的考核见表3-6-6。

表3-6-6 三相异步电动机维修的考核

项目内容	配 分	评 分 标 准	自 评	互 评	教师评
运行监视	40分	① 监视电源电压的变动情况10分; ② 监视电动机的运行电流10分; ③ 监视电动机的温升5分; ④ 检查电动机运行中的声音、振动和气味5分; ⑤ 监视轴承工作情况5分; ⑥ 监视传动装置工作情况5分			
运行处置	20分	① 运行处置原则是否明确10分; ② 运行处置是否得当10分			
定期检修	30分	① 能否准确叙述电动机定期小修期限和项目5分; ② 能否掌握电动机定期小修的要点10分; ③ 能否准确叙述电动机定期大修期限和项目5分; ④ 能否掌握电动机定期大修的要点10分			
文明生产	10分	违反一次扣5分			
定额时间	15min	每超过2min扣5分			
开始时间		结束时间		总评分	

任务7 三相异步电动机的故障分析

【任务要求】

本任务通过分析三相异步电动机故障原因,使学生具有分析和判断三相异步电动机简单故障的能力,并能及时排除故障。

知识目标

1. 熟悉电动机故障检查的一般步骤;
2. 熟悉三相异步电动机常见的故障现象;

3. 掌握三相异步电动机故障的分析方法。

技能目标

能快速、准确地判断出三相异步电动机的故障原因及故障点,并排除故障。

【任务相关知识】

1. 电动机故障检查的一般步骤

（1）了解情况

了解电动机的型号、规格（主要是查看铭牌和产品说明书）和故障发生前后的情况：故障发生在开机前、开机后还是发生在运行中；电动机运行中是自行停机还是出现异常情况后由操作者切断电源后停机；电动机发生故障时，设备工作在什么工序，按动了哪个按钮，扳动了哪个开关；发生故障前有哪些异常情况，如声音、气味、冒烟或冒火（弧光）等；以前是否发生过类似的故障，是怎样处理的。在听取设备操作者介绍故障情况时，要认真分析和判断是机械故障、液压故障还是电气故障，或者是三者均有的综合故障。

（2）外观检查

看熔断器内的熔体是否熔断，其他电气元件是否烧坏、发热、断线，导线连接螺钉是否松动；查看电动机的机壳、端盖、机座等是否损伤、破裂，启动设备是否完好；用手盘动转子，检查转子转动是否灵活，有无卡涩现象。

（3）绝缘检查

用绝缘电阻表测量绕组的绝缘电阻，检查绕组是否接地，有无相间短路现象。

（4）试车鉴别

通过以上检查，如果未发现电动机存在严重缺陷，可进行空载试车，仔细观察其运行情况，如有无严重振动、异常声音和焦煳味，以及温升、电流、电压和转速等的变化情况，据此做出进一步的判断。对于某些故障，还可以在试车过程中切断电源后迅速进行检查，如断电后立即打开电动机端盖，用手触摸确认有无严重发热部位。同时，断电后还可大致判断电动机的故障性质。例如，切断电源后，若故障现象立即消失，则可判定是电磁方面的故障；若故障仍存在，则可判定是机械方面的故障。

注意： 在试车过程中，一旦出现异常现象，应立即切断电源，以免故障进一步扩大。

 工程经验

① 找出故障点后，还必须进一步分析查明产生故障的根本原因。

② 排除电动机的故障时，一般情况下应尽量做到"复原"。但是，有时为尽快恢复生产机械的正常运行，根据实际情况也允许采取一些适当的应急措施予以处理。但不可凑合，必须保证电动机能安全可靠地运行一段时间，并且应做出详细记录，待大修时进行彻底修理。

③ 电动机通电试运行时，应避免出现新的故障。

④ 每次排除电动机的故障后，应及时总结经验，并做好维修记录。记录的内容一般包括电动机的型号、名称、编号、故障发生的日期、故障现象、故障部位、故障原因、处理措施和修复后的运行情况等。

记录的目的：作为技术档案，以备今后维修时参考；通过对历次故障的分析，采取有效措施，防止类似事故再次发生。

2．检修电动机时应注意的问题

① 电动机的故障多种多样，它与电动机的结构形式、制造质量、使用条件和维护情况等有着密切联系。同一种故障可能有不同的外观现象，而同一外观现象也可能由不同的故障原因所引起。要通过仔细检查、分析，把故障范围逐渐缩小，才能准确判断电动机故障的性质，查出故障部位，最后对症处理。

② 接受电动机修理任务时，应做出详细记录（如电动机型号、适用范围、使用时间长短、工作环境的特点、所配置的机械名称等）。

③ 向用户详细询问电动机发生故障前运行的情况（如负荷大小、温升高低、有无不正常的声音等）和故障现象。

④ 中途接他人未修完的电动机时，应向移交人员了解电动机的故障性质、故障现象和已采取的修理措施。如果不了解情况，切勿贸然动手修理，而应使用万用表对电动机的电路系统进行静态测量，判断是否存在电路故障。此外，也可在不通电的情况下，用手盘动转轴，检查转子转动是否灵活，倾听有无异常声响。总之，要先了解故障性质和故障范围，再着手修理。

⑤ 通电查找故障前，用万用表测试电源是否正常，接地是否良好，外壳是否带电，以免发生触电事故。

⑥ 当必须通电才能判断故障时，应采取相应的防触电措施（如在脚下和工作台上加垫绝缘胶板，用验电笔等工具去接触带电体等）。查明故障后，断电维修。

⑦ 检修电动机的目的在于使其恢复正常工作，故不要因操作不当而增添故障或因磕碰而使电动机损坏加重。

⑧ 拆下来的大小零部件应有条不紊地放置在某个地点，以免杂乱无章或丢失。在拆卸的同时要观察取下的零部件是否完好。

⑨ 若需要更换零部件，换上的零部件尺寸、规格应与原尺寸、规格相符，否则将影响整机性能，同时，应做好更换零部件的记录。

⑩ 排除电动机故障后，应做好重点技术记录，以利于资料的积累和维修人员技术水平的提高。

⑪ 修理电动机所用的绝缘材料，应根据所修电动机的绝缘等级和耐压等级来选择。通常，在选择修理电动机用的主绝缘材料（如聚酯薄膜、漆布等）时，还应配以适当的补强绝缘材料（如青壳纸等），以保护主绝缘材料不受损伤。

3．电动机故障分析举例

三相异步电动机的常见故障一般分为电气故障和机械故障。当故障发生时，电动机往往出现转速变慢、有噪音、温度显著升高、冒烟、有焦煳味、机壳带电、三相电流不平衡或增大等现象，维修人员应从线路（主要是电源侧）、电动机自身及负载三方面入手，对每个方面逐一进行检查、甄别、排除，再结合个人实践经验，条理清楚、快速准确地判断出电动机的故障原因。下面列举几种故障现象及处理方法，仅供参考。

1）三相异步电动机启动阶段故障

【例3-7-1】 现象：接入电源就烧断熔断器。

分析处理：首先，从线路（电源侧）入手，检查熔断器熔体额定电流值是否太小，检查三相交流电源是否缺相；其次，检查电动机定子绕组是否断相或接地；最后，检查是否因负载过大而无法启动，从而导致启动电流过大而烧断熔断器。

工程经验

问题1：三相异步电动机定子绕组接地的原因是什么？

答案：三相异步电动机定子绕组接地，是指因绕组与铁芯或绕组与机壳之间的绝缘被破坏而引起的接地现象。绕组接地后，会使绕组发热，甚至引起绕组短路，使电动机无法正常运行，如图3-7-1所示。

图3-7-1 绕组接地的故障现象

绕组接地主要由以下几种原因造成：

① 绕组受潮。长期备用的电动机经常因受潮而使绝缘电阻值降低，甚至失去绝缘作用。

② 绝缘老化。电动机使用日久或长期过载运行，会导致绕组绝缘因长久受热而老化，以至开裂、分层、脱落。

③ 绕组制造工艺不良，以致绕组绝缘性能下降。

④ 绕组线圈重绕后，在嵌线过程中，由于操作上的疏忽，使绕组绝缘被破坏，或使槽绝缘移位，致使导线和铁芯相接触。

⑤ 铁芯硅钢片凸出，或有尖刺等损坏了绕组绝缘。

⑥ 转子扫膛，即转子和定子铁芯相擦，使铁芯局部过热，烧坏槽楔和绝缘。

⑦ 绕组端部过长，和端盖相碰。

⑧ 线圈在槽内松动，或绕组端部绑扎不良。

⑨ 引出线绝缘损坏，和机壳相碰。

⑩ 绕组绝缘因受到雷击或因电力系统过电压而被击穿损坏。

问题2：怎样检查三相异步电动机定子绕组的接地故障？

答案：检查三相异步电动机定子绕组接地故障的方法有观察法、绝缘电阻表检查法、万用表检查法、试灯检查法、冒烟检查法及分段淘汰检查法。

（1）观察法

绕组接地故障经常发生在绕组端部或铁芯槽口处，而且绝缘常有破裂和烧焦发黑的痕迹。因此，在拆开电动机后，可先在这些地方寻找接地点。如果引出线和这些地方没有接地的迹象，则接地点可能在槽里。

（2）绝缘电阻表检查法

先将星形连接或三角形连接的各相绕组的连接线拆开，再根据电动机的电压等级选择不同电压等级的绝缘电阻表。测量时,绝缘电阻表的一端接电动机绕组,另一端接电动机机壳。按 120r/min 的速度转动摇柄。若指针指在"0"位,则说明绕组存在接地故障。

(3) 万用表检查法

检查前,先将三相绕组之间的连接线拆开,使各相绕组互不接通,再将万用表旋钮旋至 R×10k 的量程上,一支表笔与绕组的一端相接,另一支表笔与机壳相接。如测得的电阻值很小或为零,则表明该相绕组存在接地故障。如测得的电阻值很大,则表明该相绕组没有接地故障。

(4) 试灯检查法

先将电动机端盖拆下并抽出转子,再将出线板上的连接片摘掉。将试灯的地线接在机壳上,在火线上串接一个 220V、100～200W 的灯泡,分别与每相绕组的引出线相接。若灯泡不亮,则说明绕组绝缘良好。若接触到某一相的引出线时灯泡发亮,则表明该相绕组接地。这时可把试灯火线与接地这一相绕组的引出线连接在一起,把原来接在机壳上的地线改为断续接地与机壳接触。这时在铁芯槽口可能出现火花或冒烟,而出现火花或冒烟的位置便是接地点。若试灯暗红,则表明该相绕组严重受潮。

(5) 冒烟检查法

在铁芯与线圈之间加一低电压源,并用调压器来调节其电压,限制电流在 5A 以内,以防烧坏铁芯。当电流通过接地点时,由于烧损绝缘将冒出白烟,甚至产生火花。

(6) 分段淘汰检查法

如果接地点不易发现,可采用这种方法进行检查。首先确定接地的线圈组,然后在线圈组的连接线中间位置处剪断或拆开,把该相分成两半,再分别用试灯检查,灯泡亮的一半有接地故障存在。再把接地的一半分成两半,以此类推,分段淘汰,逐渐缩小故障范围,最后找到接地的线圈。

问题 3: 三相异步电动机定子绕组接地后怎么修理?

答案: 当绕组接地的故障程度较轻,又便于查找和修理时,可以进行局部修理。

(1) 接地点在槽口

如果接地点在槽口附近,而且绕组没有严重烧伤,则可以按下述步骤进行修理: 在接地的绕组中通入低压电流加热,待绝缘软化后将其打出槽楔; 用划线板把槽口的接地点撬开,使导线与铁芯之间产生间隙,再将与电动机绝缘等级相同的绝缘材料剪成适当的尺寸,插入接地点的导线与铁芯之间,最后用小锤子轻轻地将其打入; 在接地位置垫放绝缘以后,将绝缘纸对折起来,再打入槽楔。

(2) 槽内线圈上层边接地

如果是槽内线圈上层边接地,则可按下述步骤修理: 在接地的绕组中通入低压电流加热,待绝缘软化后将其打出槽楔; 用划线板将槽绝缘分开,在接地的一侧,按线圈排列的顺序,从槽内翻出一半线圈; 使用与电动机绝缘等级相同的绝缘材料垫放在槽内接地的位置上; 按线圈排列顺序,把翻出槽外的线圈再嵌入槽内; 滴入绝缘漆,并通入低压电流加热,烘干; 将槽绝缘对折起来,放上对折的绝缘纸,再打入槽楔。

(3) 槽内线圈下层边接地

如果是槽内线圈下层边接地,则可参照槽内线圈上层边接地的修理方法进行修理。如果是因铁芯槽内有一片或几片硅钢片凸出来了,把绕组绝缘割破而造成接地的,这时可把凸出的硅钢片用锉刀锉去或敲下去,再垫放绝缘薄板,并把绝缘被割破的地方重新包扎绝缘。

(4)绕组端部接地

如果接地点在绕组端部,则修理的方法是:先把损坏的绝缘物刮掉并清理干净;将电动机定子放进电热鼓风恒温干燥箱内进行加热,使绝缘软化;用由硬木制成的打板对绕组端部进行整形处理;在故障处包扎新的同等级的绝缘物,再涂刷一些绝缘漆,最后进行干燥处理。

【例3-7-2】 现象:通电后电动机不启动,也无任何声响。

分析处理:

① 配电设备中有两相或三相电路未接通。问题一般发生在熔断器或开关触点上。测量电动机接线端的电压,找出未接通电源的相,然后"顺藤摸瓜",找到故障点。

② 电动机内有两相或三相电路未接通。问题一般发生在接线部位,测量电动机接线端的电阻,不通的那一相就是断路相。

 工程经验

问题:怎样用万用表检查三相异步电动机定子绕组的断路故障?

答案:将万用表的两只表笔与各相绕组两端相接,把选择开关旋至电阻挡,检查各相绕组是否通路,若有一相绕组不通,则表明该相绕组断路。分别测试该相绕组各线圈组的首尾两端,若某线圈组不通,则表明该线圈组断路。

【例3-7-3】 现象:通电后电动机不启动或缓慢转动并发出"嗡嗡"的异常声响。

此种故障现象持续时间不能过长,如果时间过长,电动机的三相绕组就会过热,严重时甚至被烧毁,绕组"闷烧"的现场情况如图3-7-2所示。当发现此类故障时,应尽早停机、排除故障。

(a)水泵电动机闷烧　　　　　　　　(b)拖动电动机闷烧

图3-7-2 定子绕组的闷烧

分析处理:

① 配电设备中有一相电路未接通或接触不实。问题一般发生在熔断器、开关触点或导线接点处。例如,熔断器的熔丝熔断、接触器或空气开关三相触点接触压力不均衡、导线连接点松动或氧化等。测量电动机接线端的电压,无电压者为电源未接通的相,电压低者为有接触不良故障的相,然后"顺藤摸瓜",找出故障点。

② 电动机内有一相电路未接通。问题一般发生在接线部位。如连接片未压紧(螺钉松动)、

引出线与接线柱之间垫有绝缘套管等绝缘物质、电动机内部接线漏接或接点松动、一相绕组有断路故障等。目测或测量电动机接线端的电阻,找出故障点。

③ 绕组内有严重的匝间、相间短路或对地短路。匝间短路故障用匝间试验仪查找,或测量电动机接线端的电阻,电阻小的可能有严重的匝间短路故障;测量绝缘电阻可找出相间短路或对地短路故障点。

④ 有一相绕组的首尾接反或绕组内部有接反的线圈。用匝间试验仪查找,此时曲线将严重不重合,但不抖动;三相电流严重不平衡;若测量电阻,三相阻值的大小和平衡情况会正常。

⑤ 定、转子严重相擦(俗称"扫膛")。此时电动机会发出异常声响,拆机检查时可看到明显的擦痕。扫膛严重时,电动机的磁路将严重不均匀,绕组容易因过电流而被烧毁,定子扫膛故障情况如图3-7-3(a)所示,转子扫膛故障情况如图3-7-3(b)所示。

(a) 定子扫膛

(b) 转子扫膛

图 3-7-3　扫膛故障

工程经验

问题:什么是扫膛?电动机扫膛有什么危害?怎么分析电动机扫膛的原因?

答案:电动机转子转动时与定子内膛相碰擦,称为扫膛。

扫膛会引起定子、转子摩擦发热,增加电动机的温升。严重的扫膛会使定子内壁和转子外圆局部产生高温,槽楔或槽表面的绝缘材料在高温下变得焦脆,槽内导线松散或与槽口相碰,引起电磁故障。长期扫膛还会使转子外圆与定子内壁圆度误差增大,机身产生振动和噪声,并使电磁性能下降。特别严重的扫膛会使转子无法转动。

判断有没有扫膛的方法是:用手抓住电动机转轴转动一下转子,严重扫膛时则根本转不动(但转不动不一定仅由扫膛引起)。在轻度扫膛时,用手虽可转动转子,但转到某一角度时会感到比较吃力。用这种方法判断不完全可靠,因此,当转子还可以转动时,最好加上额定电压使转子空转,然后静听转子转动的声音。如果在均匀的噪声中混有不均匀的"嚓嚓"声,则可能存在扫膛故障。最后,拆开电动机,查看定子、转子铁芯表面有无擦伤痕迹。若转子表面有一处擦伤,而定子表面全部擦伤,则一般是由轴弯曲造成的。如果转子表面一周都有擦伤的痕迹,而定子表面只有一处擦伤的痕迹,则是由定子、转子不同轴引起的或定子铁芯局部凸出引起的。如果定子铁芯表面只有一处擦伤痕迹,而且是在定子内圆最低处,则表明轴承或转轴严重磨损,或者机座与顶盖止口配合间隙太大。

当电动机发生扫膛故障时,切不可不经分析就采取将转子外圆车小的方法来解决。如果简单地将转子外圆车小，会增大定子、转子之间的气隙，使励磁电流增大，引起电动机运行性能恶化，效率和功率因素降低。正确的做法是仔细观察故障现象，根据现象分析可能的原因，而后重点检查电动机的转轴、轴承、机座和端盖、电动机气隙和转子平衡，再根据检查结果，采取相应措施。如果轴承严重磨损，应更换轴承。如果转轴弯曲，应予以矫直或换上新轴。如果转子不平衡，则应将转子重新校平衡。如果是槽楔松动或高出铁芯，则应更换槽楔。

2）三相异步电动机运行阶段故障

【例 3-7-4】 现象：外壳带电。

分析处理：检查电源线与接地线是否接错；检查绕组是否受潮或绝缘老化；检查引出线与接地线绝缘是否变差。

 工程经验

在安装电动机时，机壳必须接地，以保护人体的安全。在正常情况下，低压输电线路因存在分布电容而会产生较小的泄漏电流，通常可以忽略不计，但是当电动机的绝缘被破坏后，外壳与火线因短路而带电，人体接触机壳时，电流经人体与大地构成通路，造成触电，如图 3-7-4 所示。若机壳接地，因为人体电阻远远大于接地电阻（按规程要求接地电阻小于 4Ω），所以绝大部分电流将通过接地电阻与分布电容构成回路，而通过人体的电流就非常小了，从而保证了人身的安全。

【例 3-7-5】 现象：绝缘电阻阻值降低。

分析处理：绝缘电阻阻值降低的最主要原因是定子绕组受潮或被水淋湿；其次是受高温烘烤或过电压冲击等。如果不是很严重，可对绕组进行加热烘干处理，严重时要浸漆处理或更换绝缘材料，甚至更换绕组。图 3-7-5 为电动机因受潮而致绕组烧毁的图片。

图 3-7-4 接触漏电电气设备外壳触电

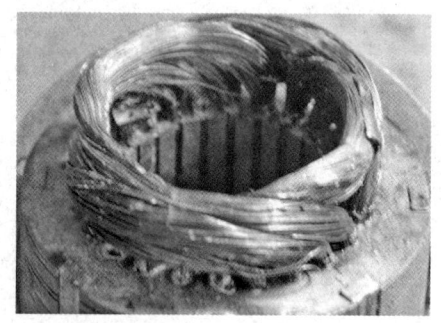

图 3-7-5 绕组受潮烧毁

 工程经验

修理受潮的电动机时应注意哪些事项？

答案：在修理受潮的电动机时应注意以下两个事项。

① 绝缘电阻阻值降低与绕组接地性质完全不同。电动机绕组一旦受潮，绝缘电阻阻值将降得很低，但绝缘电阻阻值降低不等于绕组接地。绕组接地，是指绕组由于电气故障或机械故

障导致绝缘被破坏，导体直接与铁芯相连接。

电动机受潮后，若用500V或1000V绝缘电阻表检查绝缘电阻，阻值虽为零，但实际上不可能为零。此时还需要用万用表的欧姆挡检测电动机绕组对地的绝缘电阻是否为零。

② 受潮电动机的绝缘电阻阻值很低，在预烘时，应按工艺规定要求进行烘烤。应特别注意，驱潮要彻底，这是修理此种电动机、保证修理质量和延长电动机使用寿命的关键。

驱潮的最低温度应为100℃。最高温度应根据电动机的绝缘等级来决定。驱潮完毕是否需要进行浸漆处理，应根据实际情况来确定。

驱潮时间原则上要保证绝缘电阻阻值达到一个稳定值，此后不再变化（小于10%）。

如果驱潮温度过低或时间太短就忙于浸漆，此时绝缘电阻阻值虽然有所增加，但还未稳定，且绝缘物及铁芯内仍含有一定水分，潮气会被绝缘漆包在里层。这种绕组在工作时，由于电压的作用容易产生电离，使绝缘加速损坏。

工程经验

遭受水淹的电动机应如何修理？

答案：运行在矿井或拖动水泵的电动机有时会遭受水淹，大量的含有酸、碱、盐成分的污水浸入绝缘缝隙中，不仅破坏电动机的绝缘性能，还使金属零件生锈。如不妥善处理，电动机就不能正常运行。处理的方法是：根据水淹时间长短、水质情况、电动机是开启式还是封闭式等因素确定修理方案。

① 如果水淹时间短、水质较好、电动机又是封闭式结构，则可不必将电动机解体。处理的办法是：先清理电动机表面泥沙，再将出线端仔细擦拭干净，测量其绝缘电阻。如果只是轻微受潮，则加热干燥使绝缘电阻阻值恢复到正常值即可。

② 如果水淹时间长，或水质差，测量绝缘电阻时阻值为零，则需要将电动机解体，用汽油擦洗绝缘表面，对金属零件也要擦拭并做好防锈处理。如果有脏污沾满绝缘表面，则需用中性洗涤剂清洗表面直至露出绝缘本色，再用清水冲净洗涤剂残留物，最后进行干燥处理。如果水质有盐分，则需用清水多冲洗几遍。对含有酸、碱的水，则应用烧碱（1%~2%浓度）和酸性的水溶液先清洗中和后再用中性洗涤剂清洗。经过上述处理后，一般情况下绝缘电阻阻值会恢复到正常值。然后清洗轴承，更换润滑脂。总装后进行空载、短路试验，合格后电动机可继续使用。

【例3-7-6】 现象：电动机发生振动。

分析处理：电动机振动多由机械及外界原因引起，如加工时同轴度较差、转子未校好平衡、轴承磨损、铁芯变形或松动、基础不坚实或安装底脚不平、螺钉松动、转轴变形、风叶不平衡等。当然，笼型转子导条断条、定子绕组断相也会出现这种现象。通过这些现象，对上述原因加以分析，确定故障原因并排除故障。

【例3-7-7】 现象：电动机运行时有杂声。

分析处理：引起杂声的原因包括轴承磨损、定子与转子相擦（包括转子擦定子槽绝缘）、风叶与风罩相擦、风路被堵、定子与转子铁芯松动、电动机断相运行、电压过高等。

工程经验

三相异步电动机运行时，其各部分发出的声音是不同的。正常情况下，滚珠轴承发出的是

"咕噜"声，风叶发出的是"呼呼"声，有经验的师傅利用旋具听声音，就可大致判断出故障所在，如图 3-7-6 所示。如果轴承发出的是"哗哗"声，则说明轴承室内缺少润滑脂，即"轴承干碗"，这时需要及时给轴承添加或更换新润滑脂，否则再继续运行下去，就可能由于轴承过热使滚珠碎裂，造成电动机"抱轴"堵转，把定子绕组"闷烧"了；如果在均匀的噪声中混有一种不均匀的"嚓嚓"声，则说明定子与转子相擦，即"扫膛"，扫膛严重时可能烧毁定子绕组，有条件时应将电动机解体，查明原因、重新装配；如果电动机转速变得较慢，并伴有"嗡嗡"声，则说明三相异步电动机处于单相运行状态，即"缺相"，此时最好立即停机，待故障排除后再重新投入运行。

图 3-7-6　听声音检查故障

【例 3-7-8】 现象：轴承过热。

分析处理：轴承过热，一是由于轴承损坏；二是由于轴承与转轴或端盖配合过松或过紧；三是由于油脂过量或过少，而且油质差；四是由于电动机前后端盖不在同一水平线上。轴承如果长时间严重过热，则很可能导致轴承碎裂，发生电动机"抱轴"故障，进而烧毁电动机绕组，轴承碎裂如图 3-7-7 所示。

图 3-7-7　轴承碎裂

【例 3-7-9】 现象：在电压正常的情况下，空载电流较大。

分析处理：空载电流较大的原因有以下几个，可通过检查与测量进行确定。

① 定子绕组匝数少于正常值。测量绕组的直流电阻，阻值会小于正常值。

② 定、转子之间的气隙较大。测量转子的外圆直径，直径会小于正常值。

③ 定、转子轴向错位较多。测量定、转子轴向位置尺寸，若确实错位较多，应用压装机将定子铁芯压到合适的轴向位置。

④ 铁芯硅钢片质量较差（硅钢片为不合格品或在修理时用火烧法拆除有故障的绕组时将铁芯烧坏）。

⑤ 铁芯长度不足或叠压不实造成有效长度不足。

⑥ 因叠压时压力过大，将铁芯硅钢片的绝缘层压破或原绝缘层的绝缘性能达不到要求，

造成片间绝缘电阻下降，使铁芯涡流损耗加大，空载电流增加（此时空载损耗增加的幅度要大于空载电流的增加幅度）。

⑦ 绕组接线有错误。常见的错误如下：

ⅰ 应该三相星接，实为三相角接（空载电流是正常值的3倍以上）。

ⅱ 并联支路数多于设计值（例如，应为1路串联，实为2路并联，或应为2路并联，实为4路并联，此时电流将成倍数地增长）。测量直流电阻可确定是否为接线错误。拆下接线端的端盖，目测绕组端部接线情况，可发现故障所在。

ⅲ 有线圈首尾反接现象，此时电阻值正常，若个别相出现此错误，空载电流的三相不平衡度将较大。

⑧ 额定频率为60Hz的电动机通入了50Hz的交流电（所加电压仍为60Hz的额定值）。

【例3-7-10】 现象：电动机过热或冒烟。

分析处理：电动机在运行过程中，温升过高，甚至冒烟，三相定子绕组全部变成黑褐色或黑色，端部绑扎带变色、变脆甚至断裂。其原因：一是电源电压过高或过低；二是负载增大；三是正、反转或启动过于频繁；四是风路受阻；五是绕组断相、相间短路、匝间短路或转子导条断裂等。通过万用表及其他仪器来判断，确定故障原因并排除故障。

工程经验

怎样检查三相异步电动机定子绕组的短路故障？

答案：三相异步电动机定子绕组短路多为匝间短路和相间短路。相间短路即两相绕组之间短路，如图3-7-8所示；匝间短路即同一线圈导线之间短路，如图3-7-9所示。

（a）故障现象1　　　　　　　　　　　（b）故障现象2

图3-7-8　相间短路故障现象

检查定子绕组短路故障的方法如下：

（1）外部观察和探温检查

将电动机空载运行几分钟，如有焦味或冒烟现象，则立即停机，迅速拆开电动机抽出转子，观察冒烟部位，并用手探测绕组各部分的温度，如果有一个或一组线圈比其他线圈热，则该线圈存在短路故障。

（2）检测绝缘电阻

用兆欧表检测任意两相绕组间的绝缘电阻，若绝缘电阻阻值较低，则表明该两相绕组短路。

（3）测量三相电流

先将电动机空载运行，测量三相电流，再调换两相电源，进行第二次空载运行，进行校验。若三相电流不随电源调换而改变，则电流较大的一相绕组可能有短路故障。

（4）测量电压降

把有故障一相绕组的各极相组连接线的绝缘剥开，在该相绕组的出线端通入低压交流电，电压一般为 50～100V，然后测量各极相组的电压降，如读数相差较大，则读数最小的即为有短路故障的极相组。同理，测出读数最小的线圈，即为短路线圈。

（a）故障现象1

（b）故障现象2

图 3-7-9　匝间短路故障现象

（5）用短路侦查器检查绕组匝间短路

将短路侦查器开口部分放在被检测的定子铁芯槽口上，在短路侦查器线圈上串接一块电流表，再接到规定的电源上，如图 3-7-10 所示。沿槽口逐渐移动短路侦查器，若槽内线圈无短路故障，则电流表读数较小；若槽内线圈有短路故障，则电流表的读数将增大。这时可将一小块铁片放在被测线圈另一有效边所在的槽口，若被测线圈短路，则小铁片会产生振动，并发生强烈的"吱吱"声。

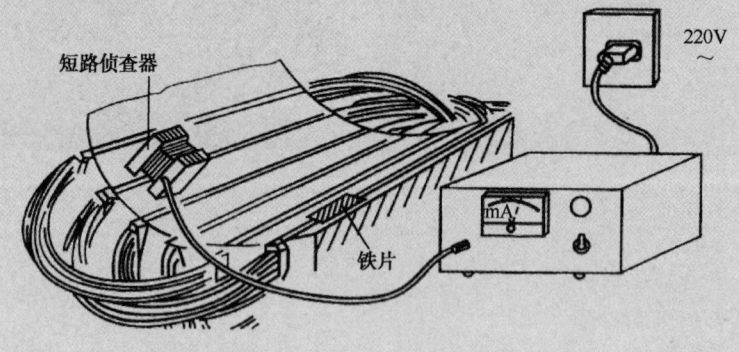

图 3-7-10　用短路侦查器检查绕组匝间短路

工程经验

怎样防止电动机引起火灾？

答案：运行中的电动机可能由于绕组过热、机械损伤和通风不良而引起燃烧。预防电动机着火的措施一般有以下几种：

① 应根据工作环境的特征，考虑防潮、防腐、防尘、防爆等要求，正确选择电动机型号，安装时应符合防火要求。

② 电动机及其启动装置与可燃建筑构件或可燃物体之间应保持适当距离，并将其装在阻燃材料的基础上，电动机周围不得堆放杂物。

③ 将电缆接入电动机时应采用穿管保护，电动机电缆接头或电缆套管应直接接入电动机的接线盒。

④ 每台电动机必须装设独立的操作开关和适当的保护装置，并根据计算选用合适的熔断器和低压断路器。安装启动器时应配以合适的热继电器，必要时可装设断相保护装置。

⑤ 对长期未运行的电动机，启动前应测量其绝缘电阻阻值。

⑥ 应经常检查、维护电动机，定期添加润滑油，并注意声音、电流、温升和电压的变化，以便及时发现问题，防止火灾事故发生。

【例 3-7-11】 现象：电动机带负载运行时转速低于额定值。

分析处理：一是电源电压过低（也有可能将△接误接成 Y 接）；二是笼型转子导条断条、绕线式转子绕组断相或者电刷与集电环接触不良；三是负载过大，可通过万用表来判断。

【例 3-7-12】 现象：电动机运行时电流表显示的数值没有超过其额定电流值，但运行一段时间后，电动机轴承和轴伸就已很热。立即停机检查，却查不出电动机有异常，电源电压也正常。

分析处理：出现这种现象的主要原因可能是将应为△接运行的三相定子绕组接成了 Y 接，此时的转矩为正常运行时转矩的 1/3 左右，而输出功率则达不到正常运行时的 1/3，所以拖动负载的力量将远远不足，迫使转子转速下降很多，转差率会很大。因为转子电流的大小与转差率成正比，转子绕组（对于笼型转子，为铸铝导条或铜条）的热损耗又与转子电流的平方成正比，所以转子绕组将很快发热并达到很高的温度（时间长时，铁芯将被烧得变色）。转子的高温通过铁芯传给转轴和轴承，就表现出温度过高的现象。

【例 3-7-13】 现象：绕组局部烧断或部分变色。

分析处理：如果绕组出现局部烧断现象，则说明该处发生了匝间、相间短路或对地短路。若部分绕组变色，则说明已有短路但还未达到最严重的程度。

工程经验

当发现三相异步电动机过热时，怎样判断是不是由于匝间短路引起的？

答案：首先可以测量定子的三相电流。如果三相电流差别较大，则电动机过热可能是由匝间短路引起的。因为当一相绕组发生匝间短路时，往往两相空载电流比正常值大（其中一相就是短路相），另一相电流较小（甚至小于正常值）。

此外，为了进一步确认是否发生匝间短路，可以在电动机空转几分钟后迅速拆开端盖，抽出电动机转子，用手顺序摸每个线圈的端部（不要摸铁芯）。如果有一个线圈端部比其他线圈端部都烫手，则可以肯定该线圈存在匝间短路故障。

工程经验

有的电动机绕组烧毁时既无烧毁痕迹，也无冒烟现象，甚至没有焦糊味，这是怎么回事？

答案：由电动机绕组匝间短路造成的局部槽内烧毁，烟很少，所以无痕迹。此外，三聚氰胺绝缘漆的味儿本身就很浓，所以导致人不能闻出焦糊味。这种情况是由嵌线时漆包线受伤造成的。

课堂讨论

问题1：三相异步电动机定子绕组烧损现场图片如图3-7-11所示，这是什么原因造成的？这种故障现象有何特点？

　　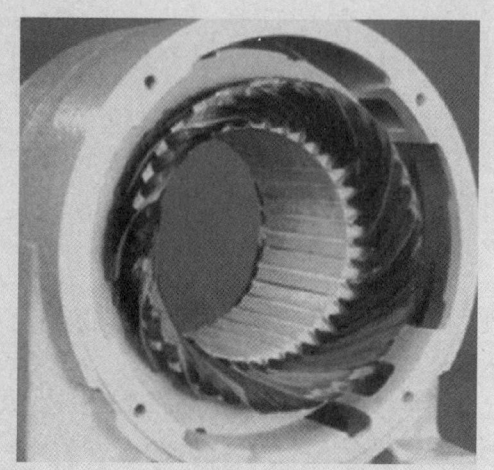

（a）定子绕组烧损现场图片1　　　　　　　　（b）定子绕组烧损现场图片2

图3-7-11　单相运行的故障现象

结论：这是由三相异步电动机单相运行造成的。这种故障现象有一个明显特点，那就是定子绕组每隔两相烧黑一相，即一相损毁、另外两相完好；或者是每隔一相烧黑两相，即两相损毁、第三相完好。当电源缺相时，Y接运行的三相绕组烧两相；△接运行的三相绕组烧一相。图3-7-12（a）和图3-7-12（b）给出的是4极电动机缺相烧毁的情况。

问题2：被损毁的定子绕组所在相是断相绕组所对应的相吗？

结论：肯定不是，恰恰相反，没有被损毁的绕组所对应的相正是断相故障所在相。

对于Y接运行的三相绕组，当一相电源线断开时，与断开的电源线相接的一相将无电流，另外两相会仍然通电，如图3-7-12（c）所示。在外加负载一定的情况下，通电的两相绕组电流将要增大很多，经过一段时间后，若没有过电流或过热保护，这两相绕组就会因过热而烧毁，如图3-7-13所示。

对于△接运行的三相绕组，当一相电源线断开时，三相绕组仍会有电流通过，但与电源线断开的两相中的电流将比剩余一相小，如图3-7-12（d）所示。在外加负载一定的情况下，这一相绕组的电流将远大于其额定值，经过一段时间后，若没有过电流或过热保护，这一相绕组就会因过热而烧毁，如图3-7-14所示。

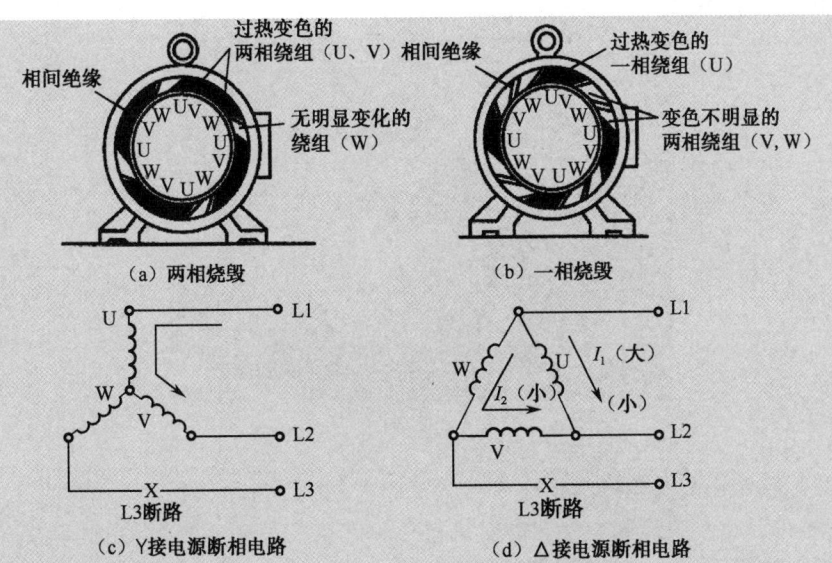

图 3-7-12　4 极电动机三相绕组中有一相或两相绕组烧毁状况和原因分析

图 3-7-13　Y 接运行电动机两相绕组烧毁　　图 3-7-14　△接运行电动机一相绕组烧毁

问题 3：三相异步电动机电源缺相后，电动机运行情况有什么变化？缺相前后电流如何变化？

结论：若电源一相断开，则电动机变为单相运行，电动机的启动转矩为零，因此，电动机停转后便不能重新启动。如果电动机在带负载运行时发生缺相，则转速会突然下降，但电动机并不停转。

由于电动机运行时线电流一般为额定电流的 80% 左右，断相后的线电流将增大至额定电流的 1.4 倍左右。如果不予以保护，缺相后电动机会因绕组过热而烧毁。

问题 4：造成电动机电源缺相的原因有哪些？

结论：电源缺相的原因一般发生在供电线路上，如接触器有一对触点未闭合或未完全闭合，导线连接点断开、严重松动或接触部分氧化，供电导线断裂等，少数发生在电源与电动机接线端子的连接部位。

问题 5：三相异步电动机定子绕组烧损现场照片如图 3-7-15 所示，这是什么故障？

图 3-7-15 电动机绕组烧毁照片

结论：因电动机进水或者绝缘损坏原因烧毁的电动机，绕组一般都局部发黑，最多不会超过总槽数的 1/3。因缺相烧毁的电动机，发黑绕组占总槽数的 2/3 左右。因过载烧毁的电动机，绕组全部发黑。依据图 3-7-15 所示情况，应该是由局部短路造成的。

三相异步电动机常见电气故障和机械故障的现象、故障原因及修理方法见表 3-7-1 和表 3-7-2。

表 3-7-1 三相异步电动机常见电气故障、故障原因及修理方法

序号	故障现象	故障原因	修理方法
1	电动机不能启动，或带负载运行时转速低于额定值	① 电源未接通；开关有一相或两相处于分断状态；	① 若线路上的接头有油污、烟灰等，可用电工刀将接头刮干净；当接头松脱时，须将螺栓旋紧；检查开关的触点，如不能修复，应更换新开关；
		② 熔断器的熔体熔断；	② 按设备容量更换新熔体；
		③ 电压太低；	③ 室内外的绝缘导线太细，启动时电压降太大，可更换适当的较粗导线；电动机本应采用三角形（△）连接，却错接成了星形（Y）连接，处理办法是将星形（Y）连接改回三角形（△）连接；负载过多，与供电部门协商适当提高变压器电压；
		④ 控制设备接线错误，或将三角形（△）连接接成了星形（Y）连接，电动机能空载启动，但不能满载启动；	④ 详细核对接线图，加以校正；按正确接法改正接线；
		⑤ 机械负载过大，或传动机构被卡住；	⑤ 选择较大容量的电动机或减少负载；如果传动机构被卡住，则应查明原因并予以排除；
		⑥ 过载保护设备动作；	⑥ 若过载保护设备调整不当，则可适当提高整定值；若过载保护设备连续动作，则可能是电动机选得太小，可更换电动机或减小负载；
		⑦ 定子绕组或外部电路有一相断路；	⑦ 用万用表、绝缘电阻表等检查确定定子绕组的断路处，发现故障酌情处理；检查电源电压；

续表

序　号	故障现象	故　障　原　因	修　理　方　法
1	电动机不能启动，或带负载运行时转速低于额定值	⑧ 定子或转子绕组短路； ⑨ 笼型电动机转子断条或脱焊； ⑩ 轴承损坏； ⑪ 润滑脂太硬； ⑫ 电动机内部首尾端线接错	⑧ 当个别绕组发生局部短路时，电动机还是能启动的，这时只能引起熔体熔断；如果短路严重，电动机绕组很快冒烟，这时电动机必须拆线重绕； ⑨ 针对断条或脱焊情况进行修理； ⑩ 更换新轴承； ⑪ 在轴承内外圈滚道上加点机油； ⑫ 拆开电动机，将直流电压源（6V左右）接入某相绕组内，用指南针法逐相检查，然后按正确方法改正接线
2	电动机有不正常的振动或响声	① 电动机的地基不平，安装电动机时不符合要求； ② 转子与定子发生摩擦； ③ 转子不平衡； ④ 滚动轴承在轴上装配不良或轴承损坏； ⑤ 轴承严重缺油； ⑥ 转子风叶碰壳； ⑦ 电动机单相运转，有"嗡嗡"声； ⑧ 电动机转子或轴上所附有的联轴器、带轮、飞轮、齿轮等不平衡	① 检查地基及电动机安装情况，如不符合要求应及时加以纠正，并将松脱的地脚螺栓旋紧； ② 校正转子中心线；锉去定子、转子内外圆上的硅钢片凸出部分；更换轴承； ③ 将转子在车床上用千分表找正后，针对具体情况，将转子铁芯或轴加以修复； ④ 检查轴承的装配情况或更换新轴承； ⑤ 清洗轴承并加新油，加油量不能超过轴承室容积的2/3； ⑥ 清除杂物，校正风叶，旋紧螺栓； ⑦ 立即停机，检查熔断器熔体及开关触点，排除故障； ⑧ 做静平衡或动平衡试验，将其调正
3	电动机温升过高或冒烟	① 电动机过载； ② 电源电压过高或过低； ③ 电动机通风不畅或积尘太多； ④ 环境温度过高； ⑤ 定子绕组有短路或接地故障；	① 降低负载或更换容量较大的电动机； ② 调整电源电压；检查电动机接线，如发现有错接情况，应改正接线； ③ 检查风扇是否脱落，移开堵塞通风的物件，使空气对流，清理电动机内部及表面粉尘，改善散热条件； ④ 采取降温措施，如搭凉棚遮挡或避免阳光直接照射等； ⑤ 打开电动机，检查定子绕组，用目测、耳听、手摸等方法检测短路处，如局部短路，可用跳接法临时解决急用；如短路严重，只能拆线重绕；用电桥测量各相线圈或各元件的直流电阻，并用兆欧表测量其对机壳的绝缘电阻；

续表

序号	故障现象	故障原因	修理方法
3	电动机温升过高或冒烟	⑥ 缺相运转； ⑦ 转子运转时和定子铁芯相摩擦，致使定子局部过热； ⑧ 电动机受潮或浸漆后未烘干； ⑨ 电动机启动频繁	⑥ 检查熔断器的熔体是否熔断及开关触点是否接触不良，针对情况排除故障； ⑦ 检查定子铁芯是否变形，转轴是否弯曲，校正转轴中心线；更换磨损的轴承； ⑧ 检查绕组的受潮情况，进行烘干处理； ⑨ 减少启动频率
4	电动机三相电流不平衡	① 三相电源电压不平衡； ② 定子绕组中有部分线圈短路； ③ 重绕定子绕组后，部分线圈匝数有错误； ④ 重绕定子绕组后，部分线圈之间接线有错误	① 用电压表测量电源电压，并予以调整； ② 用电流表测量三相电流，或拆开电动机用手检查过热线圈； ③ 用双臂电桥测量各相绕组的直流电阻，如阻值相差较大，说明线圈接线有错误，应按正确方法改接； ④ 按正确的接线方法改正错误的接线
5	轴承过热	① 轴承损坏； ② 轴承与轴配合过松或过紧； ③ 润滑脂过多、过少或油脂太脏，混入铁屑等杂质； ④ 传动带过紧或联轴器装得不好； ⑤ 电动机两侧端盖或轴承盖未装平	① 更换新轴承； ② 过松时在轴承上镶套，过紧时重新加工轴到标准尺寸； ③ 调整油量或换油，润滑脂的容量不宜超过轴承室容积的 2/3； ④ 调整带张力，校正联轴器传动装置； ⑤ 将端盖或轴承盖装平，旋紧螺栓

表 3-7-2 三相异步电动机常见机械故障、故障原因及修理方法

序号	故障现象	故障原因	修理方法
1	电动机有不正常的振动	① 轴承磨损，间隙不合格； ② 气隙不均； ③ 转子不平衡； ④ 机壳强度不够； ⑤ 基础强度不够或安装不平； ⑥ 风扇不平衡； ⑦ 绕线式转子的绕组短路； ⑧ 笼型转子开焊、断路； ⑨ 定子绕组故障（短路、断路、接地连接错误等）； ⑩ 转轴弯曲； ⑪ 铁芯变形或松动； ⑫ 靠背轮或带轮的安装不符合要求； ⑬ 齿轮接手松动； ⑭ 电动机地脚螺栓松动	① 检查轴承间隙； ② 调整气隙，使符合规定； ③ 检查原因，紧固螺栓后校动平衡； ④ 找出薄弱点，进行加固； ⑤ 将基础加固，并将电动机地脚找平，垫平，进行紧固； ⑥ 检修风扇，校正几何形状和校平衡； ⑦ 检查后，进行重包绝缘处理； ⑧ 进行补焊或更换笼条； ⑨ 查出故障后，重绕局绕组； ⑩ 校直转轴； ⑪ 校正铁芯，重新叠装铁芯； ⑫ 重新校正，必要时检修靠背轮或带轮，重新安装； ⑬ 检查齿轮接手，进行修理，使符合要求； ⑭ 紧固电动机地脚螺栓，或更换不合格的地脚螺栓

续表

序号	故障现象	故障原因	修理方法
2	轴承发热超过规定	① 润滑脂过多或过少； ② 油质不好，含杂质； ③ 轴承内、外套配合不合理； ④ 油封太紧； ⑤ 轴承盖偏心，与轴相擦； ⑥ 电动机两侧端盖或轴承盖未装平； ⑦ 轴承磨损或有杂物等； ⑧ 电动机与传动机构连接偏心或传动带过紧； ⑨ 轴承型号过小，过载时使滚动体承受载荷过大； ⑩ 轴承间隙过大或过小； ⑪ 油环转动不灵活	① 按规程要求加润滑脂； ② 检查油内有无杂质，更换洁净的润滑脂； ③ 过松时，采用胶黏剂或低温镀铁处理；过紧时，适当车细轴颈，使之符合公差配合要求； ④ 更换或修理油封； ⑤ 修理轴承盖，使其与轴的间隙合适； ⑥ 按正确工艺将端盖或轴承盖装入止口内，然后均匀紧固螺钉； ⑦ 更换磨损的轴承，对含有杂质的轴承要彻底清洗； ⑧ 校准电动机与传动机构连接的中心线，并调整传动带的张力； ⑨ 选择合适的轴承型号； ⑩ 更换新轴承； ⑪ 检修油环，使油环尺寸正确，校正平衡

【任务实施】

【任务实施器材】

① 三相异步电动机，型号为Y90S-4、1.1kW，一台/组。
② 兆欧表、钳形电流表、转速表及万用表，各一块/组。
③ 十字螺钉旋具、一字螺钉旋具、活扳手和尖嘴钳，各一把/组。
④ 带综合保护功能的交流电源实训台，一台/组。

【任务实施步骤】

注意事项：为保证学生实训安全，不允许在电动机运行时设置故障。每组指定一名学生作为安全员，进行安全监护。为防止电动机烧毁，通常在电动机空载状态下设置故障，且只能短时间工作，如果发现温升过高，应立即停止运行。

（1）缺相故障的设置与排除

故障操作：将交流电源U相熔断器摘除，启动电动机并运行。

相关要求："听"，用旋具侦听电动机运转声音，判断噪声是否增大，是否听到"嗡嗡"的声响；"看"，观察电动机壳体，判断振动是否增大；"摸"，用手指内侧摸电动机外壳，判断温升速度；"测"，测量实际工作电压、电流及转速，填写表3-7-3。将表3-7-3中的记录值与电动机铭牌参数进行比较，总结电动机缺相运行的故障现象。

表3-7-3 缺相运行记录表

项　　目	运行声音描述	实际电压	实际电流	实际转速	结　　论
缺相前					
缺相后					

（2）接线形式错误故障的设置与排除

故障操作：将电动机的运行接法由 Y 形连接改成△形连接，启动电动机并运行。

相关要求："听"，用旋具侦听电动机运转声音，判断噪声是否增大，是否听到"呼呼"的声响；"看"，观察电动机壳体，是否有冒烟现象；"摸"，用手指内侧摸电动机外壳，判断温升速度；"测"，测量实际工作电压、电流及转速，填写表 3-7-4。将表 3-7-4 中的记录值与电动机铭牌参数进行比较，总结电动机接线形式错误的故障现象。

表 3-7-4　接线形式错误运行记录表

项　目	运行声音描述	实际电压	实际电流	实际转速	结　论
Y 形接法时					
△形接法时					

（3）机械故障的设置与排除

故障操作：人为地将电动机的轴堵转，启动电动机；去除堵转。

相关要求："听"，用旋具侦听电动机运转声音，判断噪声是否增大，是否听到"呼呼"的声响；"看"，观察电动机壳体，是否有冒烟现象；"摸"，用手指内侧摸电动机外壳，判断温升速度；"测"，测量实际工作电压、电流及转速，填写表 3-7-5。将表 3-7-5 中的记录值与电动机铭牌参数进行比较，总结电动机堵转运行的故障现象。

表 3-7-5　堵转运行记录表

项　目	运行声音描述	实际电压	实际电流	实际转速	结　论
堵转时					
去除堵转时					

（4）电动机故障原因分析

相关要求：实训现场摆放多台已经解体的故障电动机，如图 3-7-16～图 3-7-25 所示。逐台观察故障现象，实测电动机绕组，进行原因分析，给出故障结论。

图 3-7-16　故障电动机之一

项目 3　三相异步电动机的维修与维护

图 3-7-17　故障电动机之二

图 3-7-18　故障电动机之三

图 3-7-19　故障电动机之四

图 3-7-20　故障电动机之五

图 3-7-21　故障电动机之六

图 3-7-22　故障电动机之七

图 3-7-23　故障电动机之八

图 3-7-24　故障电动机之九

图 3-7-25　故障电动机之十

【任务考核与评价】

三相异步电动机维修的考核见表 3-7-7。

表 3-7-7　三相异步电动机维修的考核

项目内容	配分	评分标准	自评	互评	教师评
缺相故障	15 分	① 不能找出故障点扣 5 分； ② 排除故障方法不正确扣 10 分			
接线错误	15 分	① 不能找出故障点扣 5 分； ② 排除故障方法不正确扣 10 分			
机械故障	15 分	① 不能找出故障点扣 5 分； ② 排除故障方法不正确扣 10 分			
电动机故障分析	25 分	① 分析思路不清晰扣 10 分； ② 不能说明故障原因扣 15 分			
其他	20 分	① 排除故障时，产生新的故障后不能自行修复，每个故障从本项总分中扣 10 分；已经修复，每个故障扣 5 分； ② 损坏电动机扣 20 分			
文明生产	10 分	违反一次扣 5 分			
定额时间	45min	每超过 5min 扣 5 分			
开始时间		结束时间		总评分	

项目4　单相异步电动机的维修与维护

单相异步电动机不但具有结构简单、成本低廉、噪声小、运行可靠、维修方便等优点，而且使用方便，可以直接在单相220V交流电源上使用，所以单相异步电动机广泛应用于工业、农业、医疗和家用电器等领域。

任务1　单相异步电动机的认识

【任务要求】

本任务通过学习单相异步电动机结构和铭牌，使学生全面了解单相异步电动机的型号及主要技术数据，掌握单相异步电动机的运行控制方法。

知识目标

1. 了解脉动磁场和单相异步电动机工作原理；
2. 了解单相异步电动机结构；
3. 熟悉单相异步电动机的铭牌、型号及主要技术数据；
4. 熟悉单相异步电动机的温升、防护形式及工作制要求；
5. 掌握单相异步电动机的运行控制方法。

技能目标

能读懂单相异步电动机的铭牌，能正确接线。

【任务相关知识】

1. 单相绕组的脉动磁场

【现场演示】

演示过程：将单相异步电动机的负载卸掉，解开电容器与电动机之间的连接线并用绝缘材料包好，然后给电动机通电（注意做好绝缘工作），用手（或工具）拧动转轴，目的是让其朝一个方向旋转，结果发现电动机启动并能朝拧转的方向稳定地旋转，如图4-1-1所示。待断电停转后再通电，向相反的方向拧动转轴，可以发现电动机同样能够启动并稳定地旋转，只是旋转方向与之前相反。

演示结论：单相异步电动机的定子磁场与三相异步电动机的定子磁场有很大的不同，单相异步电动机的定子磁场不是旋转的，故它没有启动转矩，不能自行启动。要使单相异步电动机能自行启动并沿某一规定方向旋转，必须对其加以其他措施。

首先来分析在单相定子绕组中通入单相交流电后产生磁场

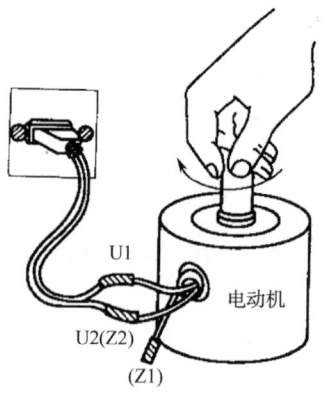

图4-1-1　单相异步电动机的启动演示

的情况。

如图 4-1-2 所示,假设在单相交流电的正半周时,电流从单相定子绕组的左半侧流入、从右半侧流出,则由电流产生的磁场如图 4-1-2(b)所示,该磁场的大小随电流的大小而变化,方向则保持不变。当电流过零时,磁场也为零。当电流变为负半周时,产生的磁场方向也随之发生变化,如图 4-1-2(c)所示。由此可见,向单相异步电动机定子绕组中通入单相交流电后,产生的磁场大小及方向在不断地变化,但磁场的轴线(图中纵轴)却固定不变,我们把这种磁场称为脉动磁场。

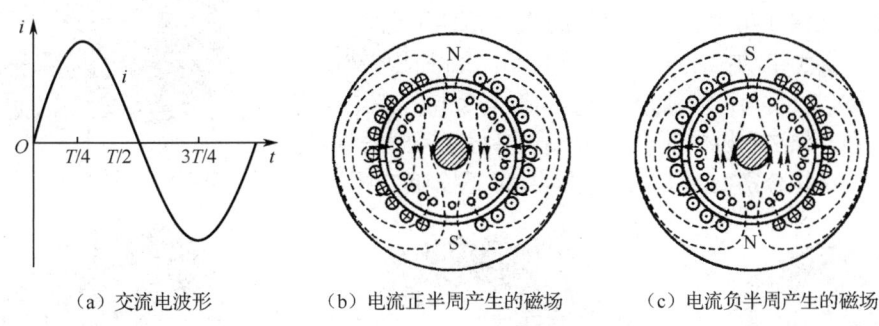

(a)交流电波形　　(b)电流正半周产生的磁场　　(c)电流负半周产生的磁场

图 4-1-2　单相异步电动机产生的脉动磁场

由于磁场只是脉动而不旋转,如果单相异步电动机的转子原来静止不动,则在脉动磁场作用下,转子导体因与磁场之间没有相对运动而不产生感应电动势和感应电流,也就不存在电磁力的作用,因此转子仍然静止不动,即单相异步电动机没有启动转矩,不能自行启动,这是单相异步电动机的一个主要缺点。如果用外力去拨动电动机的转子,则转子导体将切割定子脉动磁场,从而产生感应电动势和感应电流,此时转子在磁场中受到力的作用,将顺着拨的方向转动起来。综上可知,要使单相异步电动机具有实际使用价值,必须解决它的启动问题。

2. 单相异步电动机工作原理

如图 4-1-3 所示,在单相异步电动机定子上放置着在空间上相差 90°的两相定子绕组 U1U2 和 Z1Z2,向这两相定子绕组中通入在时间上相差 90°电角度的两相交流电流 i_Z 和 i_U,此时会产生旋转磁场。由此可以得出结论:向在空间上相差 90°的两相定子绕组中通入在时间上相差一定角度的两相交流电,其合成磁场是沿定子和转子空气隙旋转的旋转磁场。

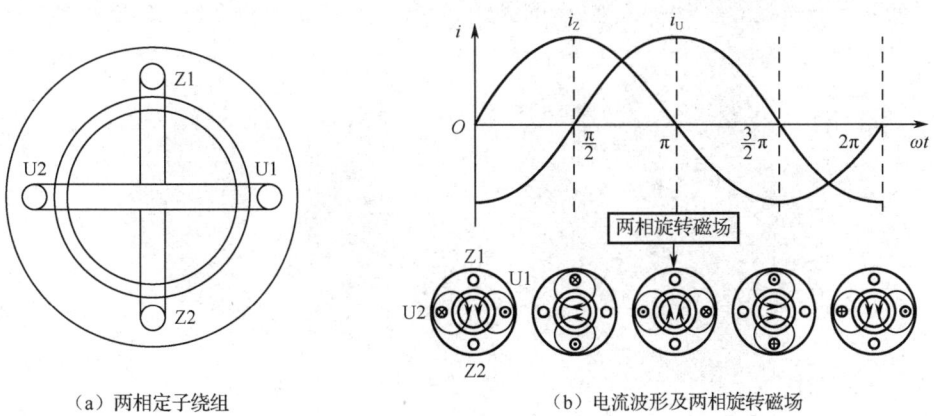

(a)两相定子绕组　　(b)电流波形及两相旋转磁场

图 4-1-3　两相旋转磁场的产生

由上述分析可知，解决单相异步电动机的启动问题，实际上是解决气隙中旋转磁场的产生问题。由于一个绕组的单相异步电动机没有启动转矩，在定子上安装两套绕组，一个是主绕组（又称工作绕组），另一个是副绕组（又称启动绕组），两者在空间上相差90°。向两个绕组中通以两相交流电可以产生旋转磁场，进而产生启动转矩。

3. 单相异步电动机的结构认识

单相异步电动机的基本结构和三相异步电动机相仿，主要由定子和转子两个基本部分组成，在定子和转子之间具有一定的气隙，图4-1-4所示为一台封闭式单相异步电动机。

由于单相异步电动机体积、尺寸都较小，且往往与被拖动机械组成一体，因而其机械部分的结构有时与三相异步电动机有较大的区别，如洗衣机电动机、电风扇电动机、罩极式电动机等，其外形结构分别如图4-1-5、图4-1-6、图4-1-7所示。

图4-1-4　封闭式单相异步电动机

图4-1-5　洗衣机电动机

图4-1-6　电风扇电动机

图4-1-7　罩极式电动机

课堂讨论

问题：某型单相异步电动机如图4-1-8所示。根据图4-1-8所示结构，请指出哪一部分是电动机的定子、哪一部分是电动机的转子，这是一台什么用途的电动机。

结论：这台电动机的外形结构如图4-1-8（a）所示，如果仅从表面上来看，它与普通单相异步电动机的结构十分相似，但是如果再仔细观察图4-1-8（b），就会发现，在电动机铁芯的外圆上开有线槽，而且还嵌有绕组；在电动机的轴芯内穿有导线，而且轴上并没有任何滑环装置，这说明图4-1-8（b）所示的部分应该是电动机的定子，而图4-1-8（a）所示的部分就应该是电动机的转子。当这台电动机工作时，电动机的轴其实是相对静止的、不能转动，而它的外壳却能相对旋转且转动自如。

（a）整体结构　　　　　　　　（b）定子结构

图4-1-8　某型单相异步电动机

根据这台电动机的运转特点,确定这是一台吊扇用电动机。

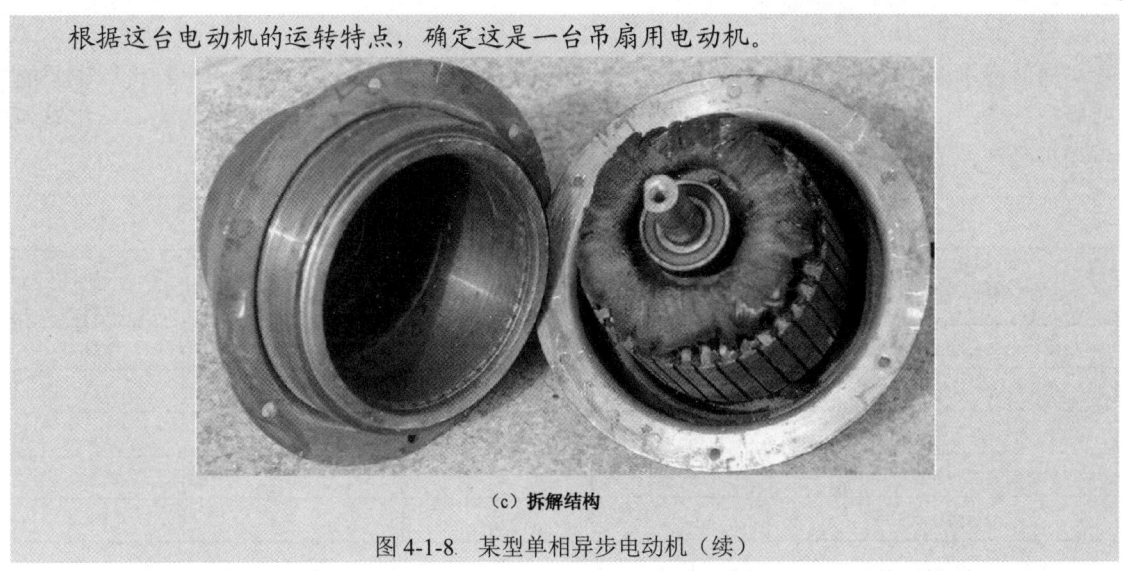

(c) 拆解结构

图 4-1-8 某型单相异步电动机(续)

4. 单相异步电动机的铭牌

单相异步电动机的铭牌如图 4-1-9、图 4-1-10、图 4-1-11 所示。因为电动机的型号及主要技术数据都标注在铭牌上,所以铭牌是选用、安装和维修电动机的重要依据,要正确使用电动机就必须看懂其铭牌。常用的单相异步电动机技术数据详见附录 D。

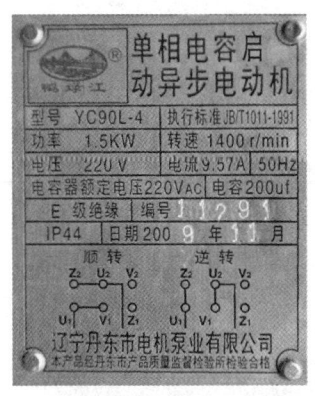

图 4-1-9 单相电容启动异步电动机铭牌

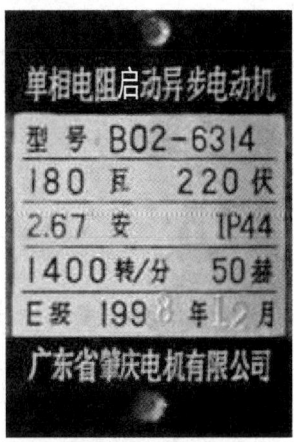

图 4-1-10 单相电阻启动异步电动机铭牌

图 4-1-11 双值电容单相异步电动机铭牌

（1）型号

通用型单相异步电动机有 YU、YC、YY 三个基本系列，这些系列是我国自行设计生产的节能型产品，用以取代 JZ、JY、JX 和 BO、CO、DO 等旧系列产品。到目前为止，单相异步电动机已进行了四次全国统一设计，其系列代号变化过程见表 4-1-1。

表 4-1-1 单相异步电动机产品系列代号

基本系列产品名称	第一次统一设计 20世纪50年代	第二次统一设计 20世纪70年代	第三次统一设计 20世纪80～90年代	第四次统一设计 至今
单相电阻启动异步电动机	JZ	BO	BO2	YU
单相电容启动异步电动机	JY	CO	CO2	YC
单相电容运行异步电动机	JX	DO	DO2	YY
双值电容单相异步电动机	—	—	E	YL
单相罩极电动机	—	—	F	YJ

单相异步电动机的型号由系列代号、设计序号、机座代号、特征代号及特殊环境代号组成。

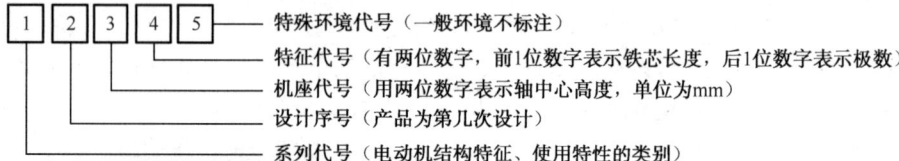

图 4-1-9 所示铭牌的型号含义如下：

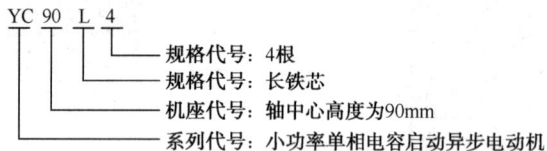

图 4-1-10 所示铭牌的型号含义如下：

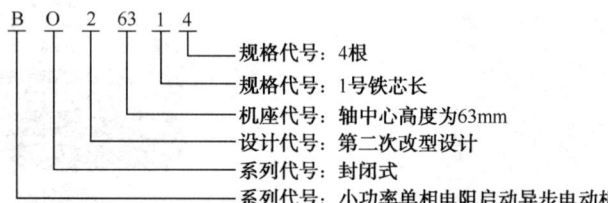

图 4-1-11 所示铭牌的型号含义如下：

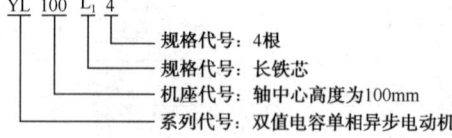

（2）额定功率 P_N

电动机额定运行时轴上输出的机械功率，一般用瓦（W）做单位，注意：额定功率 P_N 是机械功率，而不是电动机从电源侧输入的电功率。

我国标准中确定的小功率单相异步电动机功率选取档次推荐值（单位为 W）为 6、10、16、25、40、60、90、120、180、250、370、550 及 750 等。

（3）额定电压 U_N

额定电压是电动机正常工作时所需要的电压，一般指加在定子绕组上的电压，单位为 V。国家标准规定，电源电压在±5%范围内波动时，电动机应能正常工作。电动机使用的电压一般为标准电压，我国生产的单相异步电动机的标准电压有 12V、24V、36V、42V 和 220V。

（4）额定电流 I_N

在额定电压、额定功率和额定转速下运行的电动机，流过定子绕组的电流值，单位为 A。

（5）额定频率 f_N

额定频率是保证定子同步转速为额定值的电源频率，单位为 Hz。对于单相异步电动机来说，额定频率是 50Hz。

（6）额定转速 n_N

电动机在额定电压、额定频率和额定功率下的转速，单位为 r/min。

（7）工作方式

工作方式是指电动机的工作是连续式还是间断式。连续运行的电动机可以间断工作，但间断运行的电动机不能连续工作，否则会烧损电动机。

5．单相异步电动机的接线端子

如图 4-1-12 所示为单相异步电动机的内部主绕组、副绕组、离心开关和外部电容在接线柱上的接线示意图。在单相异步电动机接线盒内的接线板上，设有 6 个接线端子（U1、U2，V1、V2，Z1、Z2），如图 4-1-13 所示，其中 U1 与 U2 对应主绕组的首末端、Z1 与 Z2 对应副绕组的首末端、V1 与 V2 对应离心开关（安装在端盖里面）的引出线。国家标准规定：6 个接线端子排成上下两排，下排 3 个接线端子从左至右排列的编号为 U1、V1、Z1，上排 3 个接线端子从左至右排列的编号为 Z2、U2、V2，凡制造和维修时均应按这个编号排列。

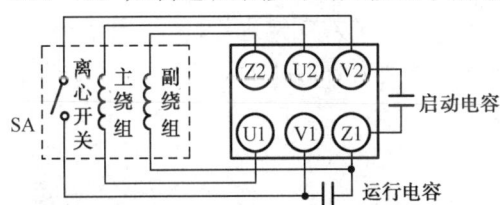

图 4-1-12　单相异步电动机内外电路接线示意图

（a）接线盒

（b）接线板

图 4-1-13　接线盒和接线板

> 工程经验
>
> 问题1：单相异步电动机有接线盒，怎么接电源？
> 答案：线径较粗、阻值又较小的两根线是主绕组，即工作绕组；线径较细、阻值又较大的两根是副绕组，即启动绕组。接线方法是把副绕组跟电容、离心开关串联后，与主绕组并联，再接入电源，这就是完整的接线方法。通电后如果发现转向不对，把副绕组、电容、离心开关串联后的接头跟主绕组对调就可以了。
>
> 问题2：单相异步电动机没有接线盒，只能看见三根线，怎么接电源？
> 答案：如果只能看见三根线，不要管它颜色如何，用万用表测量三根线之间的电阻。有两根线间电阻最大，就把电容接在这两端，另外一根是公共线。再用万用表分别测量公共线与电容两端的电阻，电阻小的一组就是工作绕组，把这两个接头接220V电源。用绝缘胶布包好接头，装好盖子，注意防水，就完成了。

6．单相异步电动机的控制

1）单相异步电动机的正反转控制

单相异步电动机的转向与旋转磁场的转向相同，因此，要使单相异步电动机反转就必须改变旋转磁场的转向，其方法有两种：一种是把工作绕组的首端和末端与电源的接法对调，如图4-1-14（a）所示；另一种是把启动绕组的首端和末端与电源的接法对调，如图4-1-14（b）所示。

【工程要求】

在实际工程中，电机维修人员必须按照单相异步电动机接线盒内的接线图进行接线。以型号为YL100L-4、2.2kW电动机的接线为例，其接线盒内提供的实际接线如图4-1-15所示。当需要电动机正转时，按照图4-1-15中的左图例进行接线；当需要电动机反转时，按照图4-1-15中的右图例进行接线。为便于读者理解图4-1-15，在此给出与图4-1-15相对应的原理图，如图4-1-16所示。

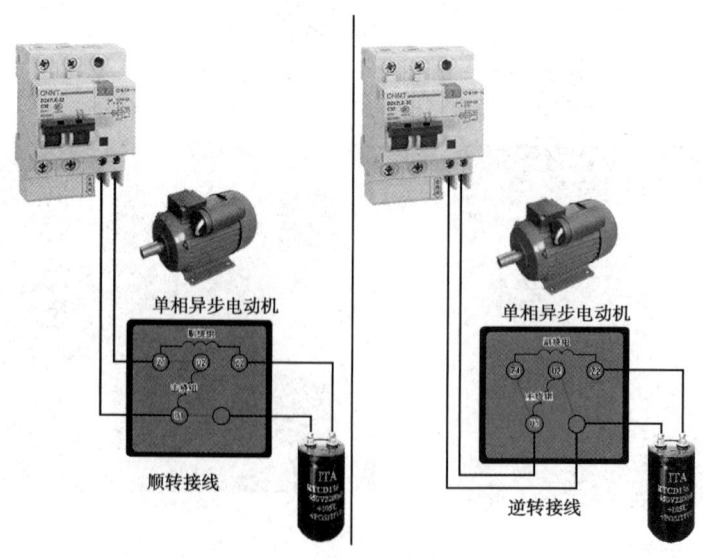

(a) 方法一的接线示意图

图4-1-14 接线示意图

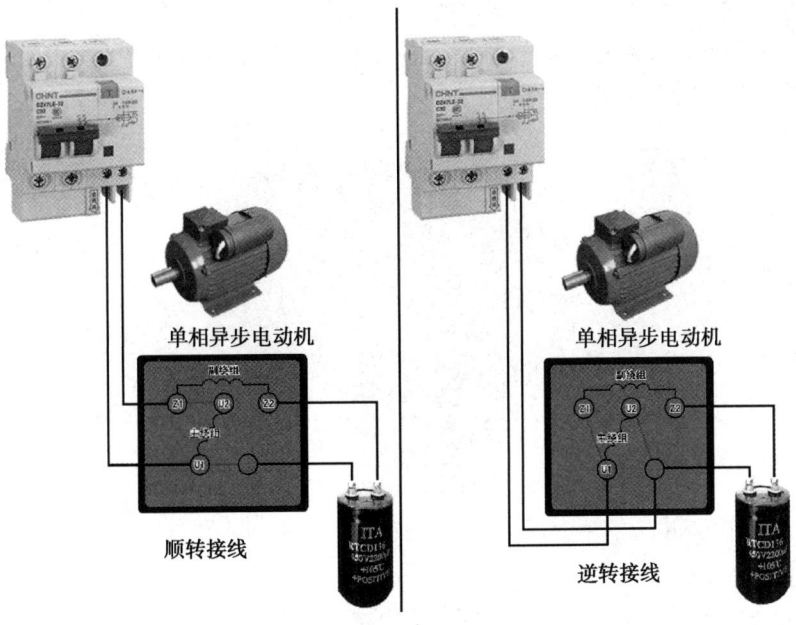

（b）方法二的接线示意图

图 4-1-14　接线示意图（续）

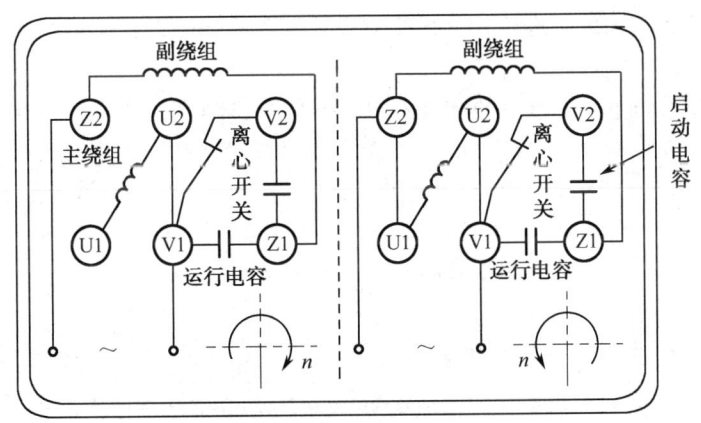

图 4-1-15　单相异步电动机实际接线图

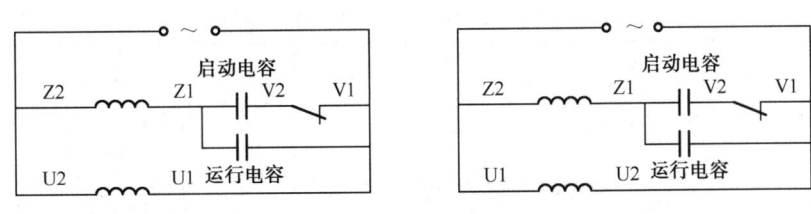

（a）正转（顺转）原理图　　　　　　　　（b）反转（逆转）原理图

图 4-1-16　单相异步电动机正反转原理图

新技术

杭州龙科电子有限公司研发出一种具有三重互锁保护的单相异步电动机正反转控制模块,其外形如图 4-1-17 所示。

图 4-1-17 单相异步电动机正反转控制模块

(1)概述

① 模块内主电路输入/输出端与正反转控制端之间采用光电隔离,绝缘介质耐压大于 2000 V。

② 模块内 A 向和 B 向之间转换在控制端已设置硬件和软件互锁,能有效防止正反转开关同时导通。

③ 模块内有上电保护电路,抗干扰能力强,可靠性高。晶闸管采用陶瓷基覆铜板,电流规格为 15~90A。

④ 发光 LED 可以显示电动机的旋转方向,当两路 LED 都不亮时,电动机处于停止状态。

⑤ 输入控制电压为 12~24V DC,可任意选择共阳或共阴接线。当采用共阳连接时,A-、B-端低电平有效,当 A-、B-端同时为低电平时,模块自动关闭。当采用共阴连接时,A+、B+端高电平有效,当 A+、B+端同时为高电平时,模块自动关闭。

⑥ 该模块适用于普通单相电容启动异步电动机。

(2)产品型号及命名

单相异步电动机正反转控制模块型号见表 4-1-2。

表 4-1-2 单相异步电动机正反转控制模块型号

额定电流	15A	30A	60A	90A
产品型号	LSF-2Z15D2	LSF-2Z30D2	LSF-2Z60D2	LSF-2Z90D2

型号命名原则:

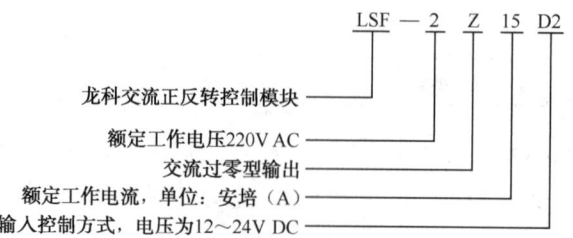

（3）外形尺寸及接线图

单相异步电动机正反转控制模块外形尺寸如图 4-1-18 所示。

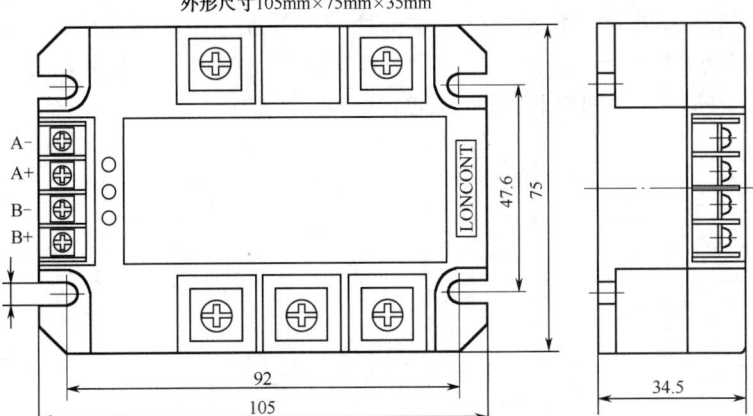

图 4-1-18　单相异步电动机正反转控制模块外形尺寸

单相异步电动机正反转控制模块控制电路接线如图 4-1-19 所示，其中图 4-1-19（a）为正反输入控制端共阳极接法，图 4-1-19（b）为正反输入控制端共阴极接法。

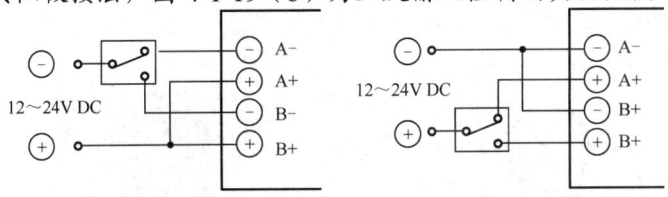

(a) 正反输入控制端共阳极接法　　(b) 正反输入控制端共阴极接法

图 4-1-19　单相异步电动机正反转控制模块控制电路接线

单相异步电动机正反转控制模块主电路接线如图 4-1-20 所示，其中①和③引脚接交流电源，②引脚、④引脚、⑥引脚接负载。

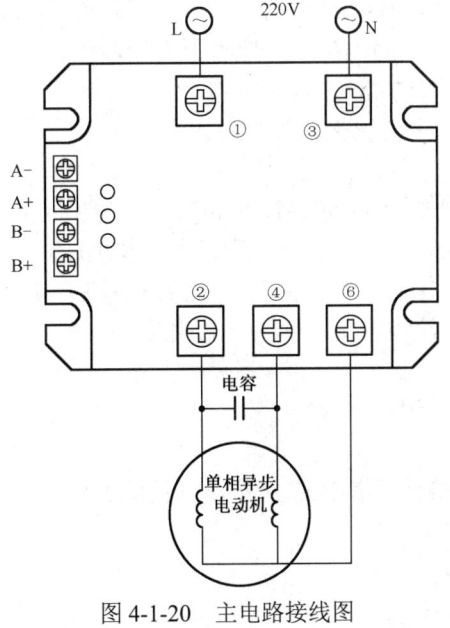

图 4-1-20　主电路接线图

2）单相异步电动机的调速控制

（1）用副绕组调速

对单相电容启动/运行异步电动机，可用改变绕组外加电压的方法达到调速的目的。一般通过改变主绕组和副绕组的连接方式来改变加在主绕组上的电压。副绕组和主绕组的绕向相同，并放在同一个槽内，调速原理如图 4-1-21 所示。

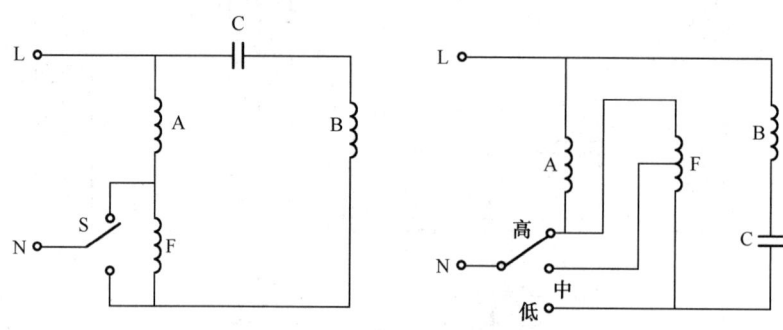

图 4-1-21　用副绕组调速原理图

（2）用电抗器变压调速

对罩极式和单相电容启动/运行异步电动机，可用电抗器提供可变电压的方法达到调速的目的。调速原理如图 4-1-22 所示。

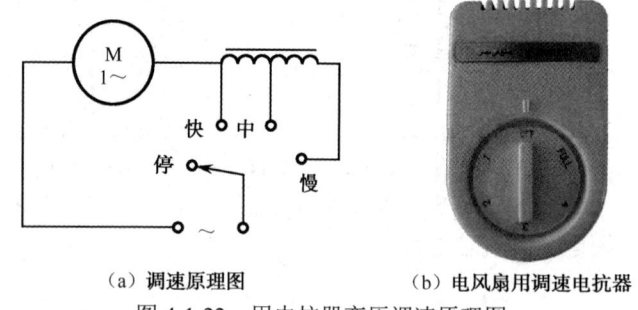

（a）调速原理图　　　　（b）电风扇用调速电抗器

图 4-1-22　用电抗器变压调速原理图

【任务实施】

【任务实施器材】

① 单相异步电动机，型号为 YC90S-4、1.1kW，一台/组。
② 兆欧表、钳形电流表、转速表及万用表，各一块/组。
③ 十字螺钉旋具、一字螺钉旋具、钢直尺、活扳手和尖嘴钳，各一把/组。
④ 带综合保护功能的交流电源实训台，一台/组。

【任务实施步骤】

（1）单相异步电动机的认识

操作步骤 1：记录铭牌。

操作要求：实训用电动机如图 4-1-23 所示，其铭牌如图 4-1-24 所示，认真观察并记录铭牌信息，填写表 4-1-3。

项目 4 单相异步电动机的维修与维护

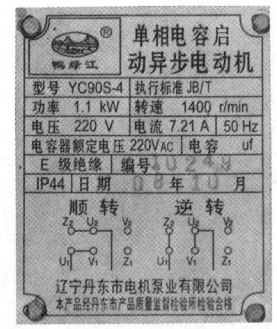

图 4-1-23 实训用电动机　　　　图 4-1-24 实训用电动机的铭牌

表 4-1-3 单相异步电动机铭牌记录表

型　号	额定功率	额定电压	额定电流	额定转速	额定频率	标准编号	噪声级
接　法	绝缘等级	防护等级	工作制	生产厂名	出厂编号	生产日期	重　量

操作步骤 2：测量中心高及底座尺寸。

操作要求：用钢直尺测量电动机转轴的中心端至底脚平面的高度，测量电动机底座的长、宽尺寸，核对测量值是否与铭牌信息一致，填写表 4-1-4。

表 4-1-4 单相异步电动机测量数据表

轴中心高/mm	底座长度/mm	底座宽度/mm	实际转速/r·min⁻¹		实际电流/A	
			正转控制		正转控制	
			反转控制		反转控制	

（2）单相异步电动机单向旋转控制

操作步骤 1：单相异步电动机正转控制。

操作要求：YC90S-4 型电动机铭牌上标注的接线方式如图 4-1-25 所示。按图 4-1-25（a）所示的接线方式接线，电动机端子板上实物接线如图 4-1-26 所示。启动单相异步电动机，观察电动机的旋转方向。待电动机转速稳定后，用手持式转速表测量电动机的实际工作转速，用钳形电流表测量电动机的实际工作电流，认真读数并记录。核对转速测量值、电流测量值是否与铭牌信息一致，填写表 4-1-4。

操作步骤 2：单相异步电动机反转控制。

操作要求：按图 4-1-25（b）所示的接线方式接线，电动机端子板上实物接线如图 4-1-27 所示。启动单相异步电动机，观察电动机的旋转方向。待电动机转速稳定后，用手持式转速表测量电动机的实际工作转速，用钳形电流表测量电动机的实际工作电流，认真读数并记录。核对转速测量值、电流测量值是否与铭牌信息一致，填写表 4-1-4。

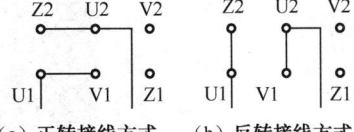

图 4-1-25 YC90S-4 电动机的接线方式

图 4-1-26 正转实物接线图

图 4-1-27 反转实物接线图

（3）单相异步电动机正反转控制

操作步骤 1：使用如图 4-1-28 所示的九柱倒顺开关，进行单相异步电动机正反转控制，控制原理如图 4-1-29 所示。

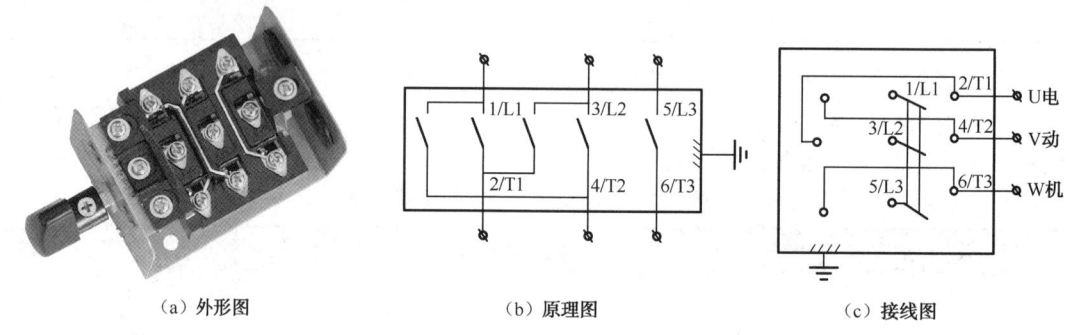
（a）外形图　　　　　　（b）原理图　　　　　　（c）接线图

图 4-1-28 九柱倒顺开关

操作要求：根据图 4-1-29 进行接线，正反转控制现场图如图 4-1-30 所示，电动机端子板上实物接线如图 4-1-31 所示，九柱倒顺开关实物接线如图 4-1-32 所示。将九柱倒顺开关手柄拨到正转挡位，观察电动机的启动和旋转方向。将九柱倒顺开关手柄拨到空挡位，观察电动机的自由停车状态。将九柱倒顺开关手柄拨到反转挡位，观察电动机的启动和旋转方向。

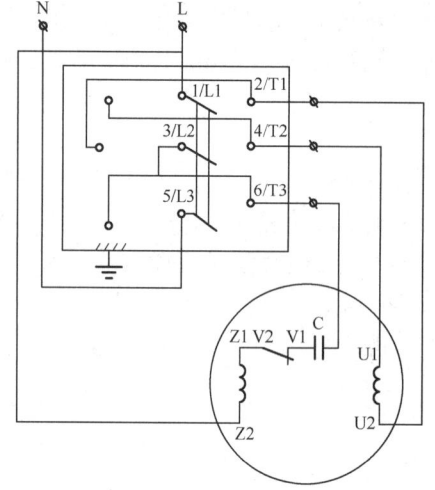

图 4-1-29 单相异步电动机正反转控制原理图

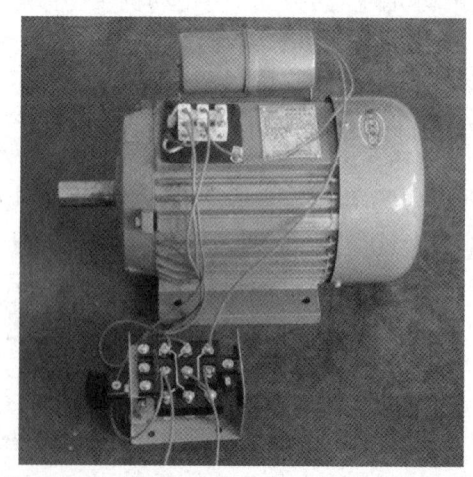

图 4-1-30 单相异步电动机正反转控制现场图

项目 4　单相异步电动机的维修与维护

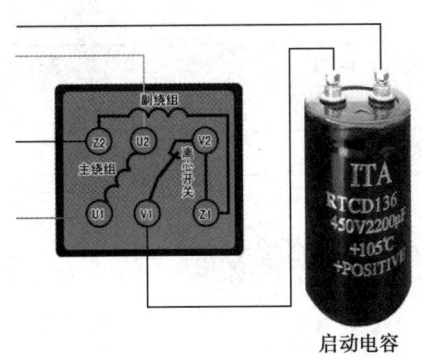 

(a) 端子板上接线示意图　　　　　　　(b) 端子板上接线图

图 4-1-31　电动机端子板上实物接线

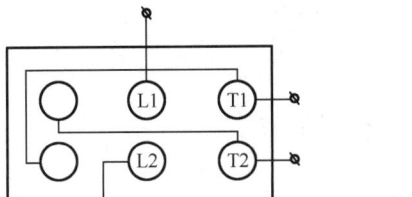 

(a) 九柱倒顺开关接线示意图　　　　　(b) 九柱倒顺开关接线图

图 4-1-32　九柱倒顺开关实物接线

【任务考核与评价】

单相异步电动机铭牌认识的考核见表 4-1-5。

表 4-1-5　单相异步电动机铭牌认识的考核

项目内容	配　分	评　分　标　准	自　评	互　评	教　师　评
记录铭牌	10 分	① 认识铭牌信息 5 分； ② 铭牌信息记录准确、全面 5 分			
测量中心高及底座尺寸	20 分	① 测量中心高方法正确、测量值准确 5 分； ② 测量底座尺寸方法正确、测量值准确 5 分； ③ 会进行数据比较和验证 10 分			
单向连续旋转控制	30 分	① 接线方法正确 10 分； ② 电动机能够按规定的方向旋转 10 分； ③ 会进行数据比较和验证 10 分			
正反转控制	30 分	① 接线方法正确 10 分； ② 电动机能够按规定的方向旋转 10 分； ③ 会进行数据比较和验证 10 分			
安全、文明操作	10 分	违反一次扣 5 分；			

续表

项目内容	配 分	评 分 标 准	自 评	互 评	教 师 评
定额时间	30min	每超过 5min 扣 5 分			
开始时间		结束时间	总评分		

任务 2　单相异步电动机的故障分析

【任务要求】

本任务通过分析单相异步电动机故障原因,使学生具有分析和判断单相异步电动机简单故障的能力,并能及时排除故障。

知识目标

1. 熟悉单相异步电动机常见的故障现象;
2. 了解单相异步电动机的故障特点及故障排查步骤;
3. 掌握单相异步电动机故障的分析方法。

技能目标

能快速、准确地判断出单相异步电动机的故障原因及故障点,并排除故障。

【任务相关知识】

单相异步电动机所发生的故障,无论在现象上还是在处理方法上,都和三相异步电动机有许多相同之处。但由于单相异步电动机结构上的特殊性,它的故障也与三相异步电动机有所不同,如启动装置故障、启动绕组故障、电容器故障等。

1. 单相异步电动机故障排查步骤

当电动机发生故障时,应根据故障现象对其相应部分进行处理,具体排查步骤如下:

第 1 步:用手盘动电动机的转轴,检查电动机转子转动是否灵活。如果转子转动灵活,则排除电动机机械故障的可能性。

第 2 步:检查电动机的供电电源电压是否正常。

第 3 步:检查线路有无松动、断线。

第 4 步:测量电容器的好坏。

第 5 步:测量电动机绕组的好坏。

第 6 步:检查电动机内部离心开关触点接触是否良好。

2. 启动故障的诊断与修理

单相异步电动机常见的启动故障有以下几类:

(1) 电动机不能启动

诊断可能的原因如下:

① 电源线或电动机引线断路;

② 开关损坏或开关引线断路;

③ 开关线圈烧坏;

④ 定子绕组有断路故障;

⑤ 定子绕组内部连接线松脱、断路；
⑥ 启动绕组断路；
⑦ 转子严重断条或端环断裂；
⑧ 启动电容器断路；
⑨ 润滑脂干涸或轴承损坏；
⑩ 定、转子相擦；
⑪ 电动机严重过载。

针对上述原因，可采用以下方法处理：
① 查出断路处并接好或更换引线；
② 修复或更换开关、接好引线；
③ 更换相同规格的开关线圈；
④ 找出断路点，重新接好焊牢；
⑤ 找出断路点，重新接好焊牢；
⑥ 查出断路点，重新接好焊牢；
⑦ 更换转子；
⑧ 用万用表检测电容器的断路故障，确定后更换新的电容器；
⑨ 对于润滑脂干涸的轴承，应清理后换上新的润滑脂，并且润滑脂的装入量不得超过轴承室容积的70%；如果轴承损坏，则更换新轴承；
⑩ 仔细检查端盖是否过于松动，转子铁芯是否变形，转轴是否弯曲等，找出故障并对症处理；
⑪ 减轻负载或更换合适容量的电动机。

（2）电动机通电熔丝很快熔断
诊断可能的原因如下：
① 电动机主、副绕组接错、短路或接地，致使较大的短路电流将熔丝熔断；
② 电动机主、副绕组的引出线接地，以致大电流使熔丝熔断；
③ 电动机拖动的负载机械被卡住，堵转电流将熔丝熔断。

针对上述原因，可采用以下方法处理：
① 用万用表或电阻表测量电动机主、副绕组的电阻值，找出故障并予以排除；
② 仔细清理绕组所有的引出线端，并用欧姆表检查各绕组，找出接地故障并予以修复；
③ 查看电动机所拖动的负载，找出故障位置后予以排除。

（3）电动机启动后很快发热甚至烧坏部分绕组
诊断可能的原因如下：
① 主绕组有短路或接地故障；
② 主、副绕组接线错误；
③ 主、副绕组之间短路；
④ 电动机启动后离心开关触点未断开；
⑤ 电动机负载过大。

针对上述原因，可采用以下方法处理：
① 用万用表检测电动机主绕组电阻值，判断是否存在短路故障；用欧姆表检测主绕组是否存在接地故障；如有故障，应予以修复；

② 复查主、副绕组的接线或用万用表测量其电阻值，找出错误后改正接线；
③ 测量电动机总电流或副绕组回路电流，查出故障后检修；
④ 更换离心开关；
⑤ 减轻负载或更换合适容量的电动机。

3．运行故障的诊断与修理

单相异步电动机常见的运行故障如下：

（1）电动机的转速过快或过慢

诊断可能的原因如下：

① 转轴弯曲，造成定、转子相擦，转速变慢；
② 定、转子不同心，气隙不均；
③ 机壳与端盖配合松，同心度差；
④ 轴承损坏，摩擦阻力增大；
⑤ 定子绕组局部短路，转速过快；
⑥ 电源电压过低；
⑦ 负载过大。

针对上述原因，可采用以下方法处理：

① 校直转轴或换轴，消除相擦现象；
② 找出不同心原因并予以修复；
③ 更换端盖，按机壳配端盖；
④ 更换同规格新轴承；
⑤ 通过检测找出故障点，并予以修复；
⑥ 将电源电压调整至额定值；
⑦ 减轻负载或更换合适容量的电动机。

（2）电动机运行时很快发热

诊断可能的原因如下：

① 电动机主绕组接地或短路；
② 电动机主、副绕组之间存在短路；
③ 电动机主、副绕组相互接错；
④ 电动机启动后离心开关未断开，使副绕组长期运行而发热，严重时甚至将绕组烧毁；
⑤ 电动机电源电压过低。

针对上述原因，可采用以下方法处理：

① 找出故障位置，视故障程度和范围酌情处理；
② 找出故障位置，视故障程度和范围酌情处理；
③ 找出绕组接错处，并予以改正；
④ 找出故障处，维修或更换离心开关；
⑤ 将电源电压调整至额定值。

（3）电动机过热

诊断可能的原因如下：

① 轴承配合过紧；
② 轴承内润滑脂干涸，有异物；

③ 轴承损坏；
④ 定、转子铁芯相擦；
⑤ 定子绕组严重受潮；
⑥ 定子绕组局部短路；
⑦ 负载过大，超载运行；
⑧ 操作不当，使用错误。
针对上述原因，可采用以下方法处理：
① 精车轴承，使配合符合要求；
② 更换合格的新润滑脂；
③ 更换同型号合格的新轴承；
④ 查出原因，修复并消除相擦现象；
⑤ 按照烘烤工艺对定子绕组进行干燥处理；
⑥ 找出故障点，消除短路；
⑦ 按规定调整负载；
⑧ 按操作规程正确使用。

（4）电动机接地
诊断可能的原因如下：
① 定子绕组绝缘严重受潮；
② 定子绕组因绝缘老化而被击穿；
③ 内部接线松脱，与金属机壳相碰等。
针对上述原因，可采用以下方法处理：
① 按照烘烤工艺对定子绕组进行干燥处理；
② 找出故障，更换定子绕组；
③ 找出松动处，并重新紧固好。

（5）电动机运行时有异常声音
诊断可能的原因如下：
① 风扇损坏，发出不正常声音；
② 风扇松动；
③ 风扇和挡风板位置、距离错误；
④ 轴承有故障；
⑤ 定、转子不同心，严重相擦；
⑥ 电动机振动太大；
⑦ 定子绕组局部短路；
⑧ 离心开关或继电器损坏；
⑨ 电动机的轴向间隙太大；
⑩ 电动机内部进入杂物；
⑪ 电动机转子存在不平衡故障；
⑫ 皮带轮或联轴器不平衡；
⑬ 电动机的转轴弯曲。
针对上述原因，可采用以下方法处理：

① 修理或更换新风扇；
② 紧固好风扇；
③ 调整好风扇和挡风板位置；
④ 检查轴承，若损坏应更换；
⑤ 查出不同心原因后，对症修复；
⑥ 找出振动原因，并予以消除；
⑦ 找出故障点，并予以修复；
⑧ 修理或更换离心开关、继电器；
⑨ 将轴向间隙调整到适当数值；
⑩ 拆开电动机，清除其内部杂物；
⑪ 拆开电动机，将转子重新校动平衡；
⑫ 对皮带轮或联轴器校静平衡；
⑬ 拆开电动机，校直或更换转轴。

4．实例分析

下面列举几种常见的故障现象及产生故障的原因，以供参考。

【例4-2-1】 现象：某潜水泵电动机绕组烧毁照片如图4-2-1所示。

原因分析：从图4-2-1（a）中可以看出，被烧毁的绕组匝数少、线径细，所以被烧毁的绕组肯定是副绕组（启动绕组）。在拆解电动机之前，已盘动过该电动机，电动机转动灵活，无异常响动，说明该电动机自身机械部分正常。在拆解电动机之后，发现了如图4-2-1（b）所示情况，则可以判定电动机是因为长时间过载，使副绕组过热而烧毁。

诊断结论：潜水泵电动机过载。

故障处理：更换电动机全部绕组。

(a) 绕组端部照片　　　　　　(b) 绕组局部照片

图4-2-1　某潜水泵电动机绕组烧毁照片

【例4-2-2】 现象：某吊扇电动机绕组烧毁照片如图4-2-2所示。

原因分析：从图4-2-2（a）中可以看出，电动机发生了严重过热，整个绕组已被烧毁。从图4-2-2（b）中可以看出，电动机的轴承发生了碎裂，电动机的转轴已"抱死"。据此，可以判定绕组烧毁原因是电动机自身轴承故障所致。

诊断结论：吊扇电动机机械故障。

故障处理：更换电动机全部绕组、更换新的轴承。

(a) 绕组端部照片

(b) 轴伸端照片

图 4-2-2 某吊扇电动机绕组烧毁照片

【例 4-2-3】 现象：某罩极式电动机绕组烧毁照片如图 4-2-3 所示。

原因分析：从图 4-2-3 中可以看出，电动机的四个线圈中只有一个被烧毁，其他三个线圈完好，这说明被烧毁的线圈一定是"碰壳"了。

诊断结论：罩极式电动机绕组对地短路。

故障处理：更换被烧毁的线圈、重新接线及装配。

【例 4-2-4】 现象：某风扇电动机绕组烧毁照片如图 4-2-4 所示。

原因分析：从图 4-2-4 中可以看出，当打开绕组绑扎线绳以后，在启动绕组（线径较细的绕组）的端部发现有局部烧焦现象，这种情况是由嵌线时漆包线受伤造成的。

诊断结论：启动绕组匝间短路。

故障处理：更换电动机全部绕组。

图 4-2-3 某罩极式电动机绕组烧毁照片

图 4-2-4 某风扇电动机绕组烧毁照片

【例 4-2-5】 现象：某潜水泵通电后电动机不转，只听到"嗡嗡"的声音。

原因分析：造成这种故障的原因有很多，如电动机被卡死或电动机严重过载、主绕组或副绕组开路、离心开关触点未闭合、启动电容器接线开路或损坏等。排查故障时，首先检查电动机的转动情况，先排除机械故障的可能性；再依次排查绕组接线、离心开关及启动电容器。在用万用表检测启动电容器时，如发现启动电容器开路，则说明故障出在启动电容器上，如

图 4-2-5 所示。

诊断结论：启动电容器损坏。

故障处理：更换启动电容器。

图 4-2-5　某潜水泵电动机的启动电容器

工程经验

怎样用万用表检查电容器的好坏？

当怀疑一个电容器损坏或有质量问题时，可用指针式万用表来粗略判定，具体可参考图 4-2-6。将万用表调至 R×1k（或 R×100）挡。用两只表笔分别接触被测电容器的两个电极。观察表针的反应，并按反应情况确定电容器的质量状态。

① 表针很快摆到零位（0 处）或接近零位，然后慢慢地往回走（向 ∞ 一侧），走到某处后停下来。说明该电容器基本完好，返回停留位置越接近 ∞ 点，其质量越好，离得较远说明漏电较多（最好不用）。

这是因为，用万用表测量电阻的原理实际上是给被测导体加一个固定数值的直流电压（由表内安装的电池提供），此时将有一个与之相对应的电流，利用欧姆定律将此电流转换成表盘上的电阻数值刻度。例如，当电压为 9V 时电流为 0.03A，则导体的电阻为 9V/0.03A=300Ω，表盘上的 0.03A 位置刻度对应阻值为 300Ω。

对于一个好的电容器，当在其两端加一个直流电压时，电容器开始充电，电流将瞬时达到最大值，对电阻而言就是接近 0，随着充电过程的进行，电流将逐渐减小，从理论上讲，电容器的两个极板之间应该是完全绝缘的，所以上述充电过程的最终结果应该是电流到零为止，反映到电阻上，最后应该返回到 ∞ 点处（电流等于零的位置）。但实际上所有的电容器极板之间都不是完全绝缘的，所以在外加电压下都会有一个较小的电流，称为电容器的"漏电电流"，这就是表针不能完全返回到 ∞ 点的原因。万用表表针返回的多少反映漏电电流的大小，返回多则漏电电流小，返回少则漏电电流大。漏电电流不可太大，否则将使电路出现一些不正常现象，严重时将不能正常工作。漏电电流较大时，电容器将比正常时热得多。

② 表针很快摆到零位（0 处）或接近零位之后就不动了，说明该电容器的两个极板之间已发生了短路故障，该电容器不可再用。

③ 当表笔与电容器的两个电极接通时，表针根本不动，说明该电容器的内部连线已断开（一般发生在电极与极板之间的连接处），该电容器不可再用。

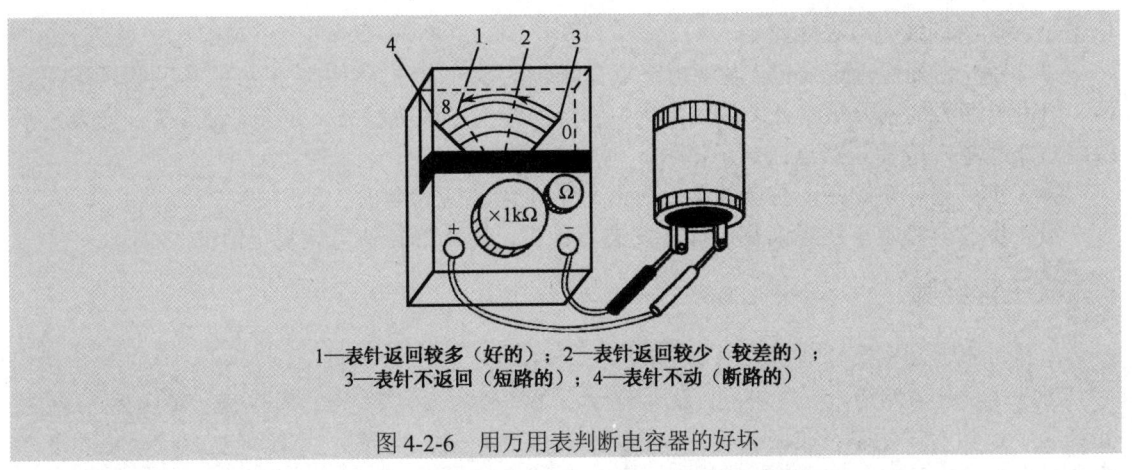

1—表针返回较多（好的）；2—表针返回较少（较差的）；
3—表针不返回（短路的）；4—表针不动（断路的）

图 4-2-6　用万用表判断电容器的好坏

【例 4-2-5】现象：某双筒洗衣机所用的脱水电动机转速很低，脱水电动机如图 4-2-7 所示。

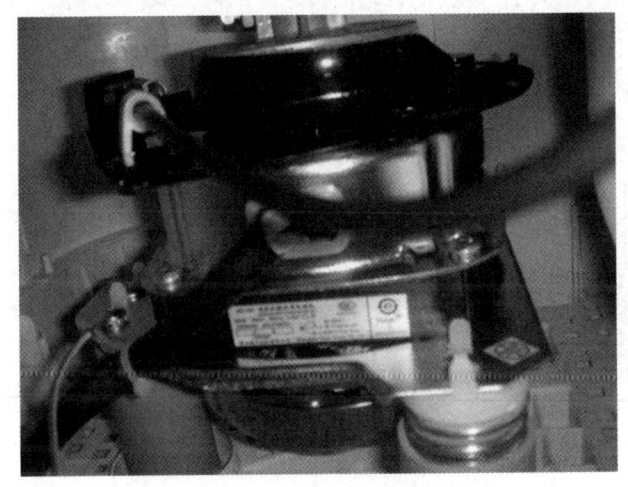

图 4-2-7　脱水电动机

原因分析：出现这种故障有两种可能，一是电容器损坏，脱水电动机为单相电容运行异步电动机，电容器起移相作用，使电动机获得一定的启动转矩和运行转矩。如果电容器损坏，必然使其转矩降低；二是脱水电动机定子绕组局部短路，使转矩和转速都降低。首先检查电容器的好坏，然后检查脱水电动机定子绕组是否存在局部短路。将万用表置于电阻 R×1 或 R×10 挡，测量工作绕组与启动绕组的直流电阻，正常情况下，30~45W 脱水电动机的工作绕组电阻为 65~95Ω，启动绕组电阻为 110~165Ω，启动绕组的阻值应比工作绕组的阻值大 60%左右。功率大的电动机阻值偏小，如果检测的阻值不符合上述要求，则说明绕组内有短路。为了进一步验证，可实测电动机的运转电流，超过 0.6A 时说明绕组有短路。经检测，此脱水电动机的工作绕组阻值为 47Ω，说明定子绕组有短路故障。

诊断结论：定子绕组有短路故障。

故障处理：

第 1 步：拆开脱水电动机，用电吹风机的热风吹软线圈后，剪去端部的绑扎线，找出线包与线包之间的连接点，用万用表的电阻 R×1 挡测量各线包的电阻值，发现第二个线包的电阻值偏小，说明该线包存在短路。

第 2 步：仔细检查该线包，发现短路点在线包的端部表面，用电吹风机的热风吹软端部导线，用镊子细心地剔开短路处的导线，在中间垫上绝缘纸或绝缘布，并涂上绝缘漆。如果定子绕组短路严重，或者短路点在定子槽内，则应更换绕组。

第 3 步：消除短路后，重新检测，各线包的电阻值应相等。

第 4 步：再将定子绕组恢复原样，安装后试机，脱水桶转速可恢复正常。

工程经验

怎样用充、放电法判断电容器的好坏？

当手边没有万用表时，可用充、放电的方法粗略地检查电容器的好坏。所用的电源一般为直流电（对于电解电容等有极性的电容器，一定要使用直流电源），电压不应超过被检测电容器的耐电压值，常用 3~6V 的干电池电源。对于工作时接在交流电路中的电容器，也可使用交流电，但电压较高时应注意安全。

电容器两端接通直流电源后，等待少许时间将电源断开。取一段导线，一端与电容器的一个电极相接，另一端接电容器的另一个电极，观察电极与导线之间是否有放电火花。

有放电火花者，说明是好的，并且火花较大的电容量也较大（对于同一规格的电容器，使用同一电源充电时而言）；没有放电火花者，说明是坏的，如图 4-2-8 所示。

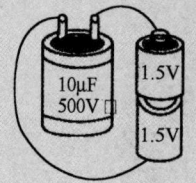   

(a) 充电　　(b) 放电火花大（好的）　　(c) 放电火花很弱（较差的）　　(d) 不放电（坏的）

图 4-2-8　用充、放电法判断电容器的好坏

【例 4-2-6】　现象：一台单相罩极式电动机通电后不启动。

故障分析：该电动机通电后不能启动。可能的原因：电源断电、转轴卡住、罩极短路环断裂或开焊、磁极线圈有接地故障或断路故障。逐项检查：电源有电，转轴转动灵活，罩极短路环完好，再用兆欧表检查各磁极线圈均无接地故障，最后用万用表 R×1k 挡测磁极线圈两引出线头，万用表指针不动，说明线圈串联回路不通，进一步检查，查出有一个磁极线圈末端引线断开。

故障诊断：线圈断路。

故障修理：

第 1 步：将断开的磁极两引线端头清除漆膜后理直，并拧紧焊好。

第 2 步：分析此次断裂不是由机械力拉断的，而是焊口受酸性焊剂腐蚀的结果。此次用酒精松香配制的焊剂，将所有连接处补焊一遍。

第 3 步：重新检查，一切正常。

第 4 步：装配试机，故障排除。

三相异步电动机改用单相电源供电时接线方法是怎样的？接入的电容器容量应为多少？

当现场只有单相220V电源，但没有单相电动机时，可将三相异步电动机接电容器后改成单相异步电动机运行。改动的电动机容量一般限制在1kW以内。

1）关于接线问题

改动接线时，三相绕组的连接方法不动，即原为星接的还为星接，原为角接的还为角接（因国家标准中规定：3kW及以下的三相异步电动机一般为星接，所以角接的很少见），与三相电源相接的三个出线端中的任意两个分别与电源两端（L—相线，俗称火线；N—中性线，俗称零线）相接；剩余一个先与电容器相接，之后，电容器的另一端与电源的一端相接，但是与火线相接还是与零线相接，则要视所需的转向而定，因为不同的接法，电动机的转向是不同的。

所接电容器可用于实现两个并联，一个容量较大，用于启动，称为"启动电容"，用C_1表示，该电容器在启动完成后，应和电路断开；另一个容量较小，用于运行，称为"工作电容"，用C_2表示，如图4-2-9（a）所示。当所用电动机的负载不需要较高的启动转矩（如空载或轻载启动）时，可只接入一个电容器，如图4-2-9（b）所示。

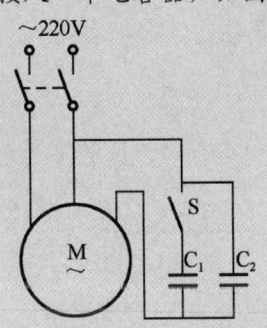

(a) 接两个电容器的接线图　　(b) 只接一个电容器的接线图

图4-2-9　三相异步电动机改用单相供电运行时的接线电路图

2）关于接入电容器容量的问题

接入的电容器容量的大小是根据以下经验公式得出的（电动机的功率用P表示，单位为W；电容器的容量用C_1和C_2表示，单位为μF）：

（1）工作电容

对于三相绕组星接的电动机，有

$$C_{2Y}=0.06P$$

对于三相绕组角接的电动机，有

$$C_{2\triangle}=0.1P$$

（2）启动电容

启动电容的容量可不考虑电动机的绕组接法。经过核算，每10W配2~3μF电容。

3）关于接入电容器的耐电压问题

电容器的一个重要指标是耐电压值，该值不应小于所用电源的最高电压值，对于正弦交流电，应不低于其最大值，即不低于有效值的$\sqrt{2}$（可取近似值1.5）倍，对于220V电源，应为

330V。

4）举例

现有一台型号为 $Y80_1-4$ 的三相异步电动机，额定功率为 0.55kW，三相绕组星接时，额定电压为 380V（线电压），请给出改成单相异步电动机时启动电容和工作电容的容量及电容的耐电压值。单相电源的电压为 220V。

本例中，电动机的三相绕组采用星接方式，额定功率为 0.55kW，即 5.5 个 100W 或 55 个 10W。工作电容和启动电容的容量 C_{2Y} 和 C_{1Y} 分别为

$$C_{2Y}=0.06P=0.06\times550=33(\mu F)$$

$$C_{1Y}=(2\sim3)\times\frac{0.55\times10^3}{10}=(2\sim3)\times55=110\sim165(\mu F)$$

因所用单相电源的电压为 220V，所以电容器的耐电压值应不小于 330V。

【任务实施】

【任务实施器材】

① 单相异步电动机，型号为 YC90S-4、1.1kW，一台/组。
② 兆欧表、钳形电流表、转速表及万用表，各一只/组。
③ 十字螺钉旋具、一字螺钉旋具、活扳手和尖嘴钳，各一把/组。
④ 带综合保护功能的交流电源实训台，一台/组。

【任务实施步骤】

注意事项：为保证学生实训安全，不允许在电动机运行时设置故障。每组指定一名学生作为安全员，实时进行安全监护。为防止电动机烧毁，通常在电动机空载状态下设置故障，而且只能短时间工作，如果发现温升过高，应立即停止运行。

（1）电容器故障的设置与排除

故障操作：先将启动电容器摘除，然后接通电动机的单相交流电源。

相关要求："看"，观察电动机转轴，判定电动机能否正常启动；"听"，用旋具侦听电动机运转声音，判定噪声是否增大，是否听到"嗡嗡"声响；"摸"，用手指内侧摸电动机外壳，判定温升速度；"测"，测量实际工作电压、电流及转速，填写记录表 4-2-1。将表 4-2-1 与电动机铭牌参数进行比较，总结电容器故障导致的故障现象。

表 4-2-1 缺相运行记录表

项 目	运行声音描述	实际电压	实际电流	实际转速	结 论
电容器摘除前					
电容器摘除后					

（2）机械故障的设置与排除

故障操作：将电动机的轴人为地堵转，启动电动机；去除堵转。

相关要求："听"，用旋具侦听电动机运转声音，判定噪声是否增大，是否听到"呼呼"声响；"看"，观察电动机壳体，是否有冒烟现象；"摸"，用手指内侧摸电动机外壳，判定温升速度；"测"，测量实际工作电压、电流及转速，填写记录表 4-2-2。将表 4-2-2 与电动机铭牌参数进行比较，总结电动机接线形式错误导致的故障现象。

表 4-2-2 接线形式错误运行记录表

项　目	运行声音描述	实际电压	实际电流	实际转速	结　论
堵转时					
去除堵转时					

（3）事故电动机原因分析

相关要求：实训现场摆放多台已经解体了的事故电动机，逐台观察事故现象，实测电动机绕组，进行原因分析，给出事故结论。

【任务考核与评价】

单相异步电动机维修的考核见表 4-2-3。

表 4-2-3　单相异步电动机维修的考核

项目内容	配　分	评分标准	自　评	互　评	教师评
电容器故障	20 分	① 不能找出故障点扣 10 分； ② 排除故障方法不正确扣 10 分			
机械故障	20 分	① 不能找出故障点扣 10 分； ② 排除故障方法不正确扣 10 分			
电动机故障分析	30 分	① 分析思路不清晰扣 15 分； ② 不能说明故障原因扣 15 分			
其　他	20 分	① 排除故障时，产生新的故障后不能自行修复，每个故障从本项总分中扣 10 分；已经修复，每个故障扣 5 分； ② 损坏电动机扣 20 分			
文明生产	10 分	违反一次扣 5 分；			
定额时间	45min	每超过 5min 扣 5 分			
开始时间		结束时间		总评分	

项目 5　控制电机的认识

任务 1　步进电机控制训练

控制电机属于微特电机范畴，它不能用于电力拖动场合，只能作为控制系统的执行元件、检测元件和解算元件使用。控制电机的种类很多，其中最常用的是步进电机和伺服电机。

■【任务要求】

本任务通过学习步进电机，使学生全面了解步进电机的结构、工作原理及驱动方式，掌握步进电机的运行控制方法。

【知识目标】
1．了解步进电机结构；
2．熟悉步进电机的工作原理；
3．熟悉步进驱动器的接口。

【技能目标】
能对步进控制系统进行正确接线，能对步进电机进行步进运行控制。

■【任务相关知识】

步进电机是一种将脉冲信号转换成角位移的控制电机。这种电机每输入一个脉冲信号，输出轴便转动一定的角度，因此步进电机又被称为脉冲电机。因为步进电机输出轴的角位移量与输入脉冲数成正比，所以只要控制输入的脉冲数和频率，就能对步进电机进行精确的定位和转速控制。本任务以步科（Kinco）步进电机和驱动器为例，介绍步进电机的结构、工作原理、驱动方式和实际应用。

1．步进电机结构

步科步进电机的外部结构如图 5-1-1 所示。步进电机的功率一般比较小，所以它的体积也比较小。步科步进电机的外壳呈方形，没有底座，可立式安装。

常见的步进电机的内部结构如图 5-1-2 所示。定子的磁极采用凸极式结构，并均匀分布在定子内腔中；在每个磁极上都套装了一个励磁线

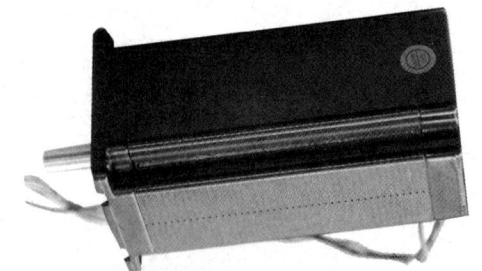

图 5-1-1　步科步进电机的外部结构

圈，最终由这些励磁线圈构成了三相绕组。转子采用稀土永磁材料制成，形状为圆柱体，外边缘呈齿形结构。

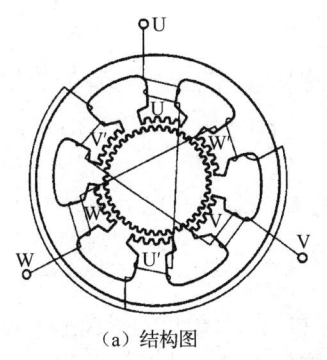
(a) 结构图

(b) 实物图

图 5-1-2 步进电机的内部结构

2. 步进电机的工作原理

步进电机的结构原理图如图 5-1-3 所示。从图 5-1-3 中可见，定子有 6 个磁极，转子有 4 个均匀分布的齿，三相绕组采用星形连接。

（1）三相三拍控制

在每次通电循环中，定子绕组有 3 种通电状态，这种通电控制方式称为三相三拍控制。例如，定子绕组按 U→V→W 顺序通电就属于三相三拍控制，其中的每一种通电状态，我们称之为一拍。

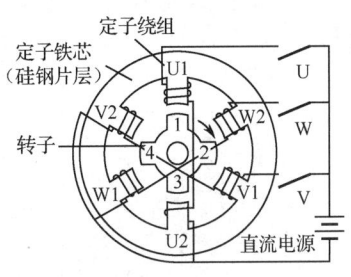

图 5-1-3 步进电机结构原理图

① 当图 5-1-3 中的 U 相绕组单独接通电源时，U 相绕组中有电流通过，气隙中将产生一个沿 U1U2 轴线方向的磁场。在磁拉力作用下，转子铁芯齿 1、3 旋转到与 U 相绕组轴线 U1U2 对齐的位置，如图 5-1-4（a）所示。

② 当图 5-1-3 中的 V 相绕组单独接通电源时，V 相绕组中有电流通过，气隙中将产生一个沿 V1V2 轴线方向的磁场。在磁拉力作用下，转子铁芯齿 2、4 旋转到与 V 相绕组轴线 V1V2 对齐的位置，如图 5-1-4（b）所示。此时转子已按顺时针方向转过 30°电角度。

③ 当图 5-1-3 中的 W 相绕组单独接通电源时，W 相绕组中有电流通过，气隙中将产生一个沿 W1W2 轴线方向的磁场。在磁拉力作用下，转子铁芯齿 1、3 旋转到与 W 相绕组轴线 W1W2 对齐的位置，如图 5-1-4（c）所示。此时转子已按顺时针方向又转过 30°电角度。

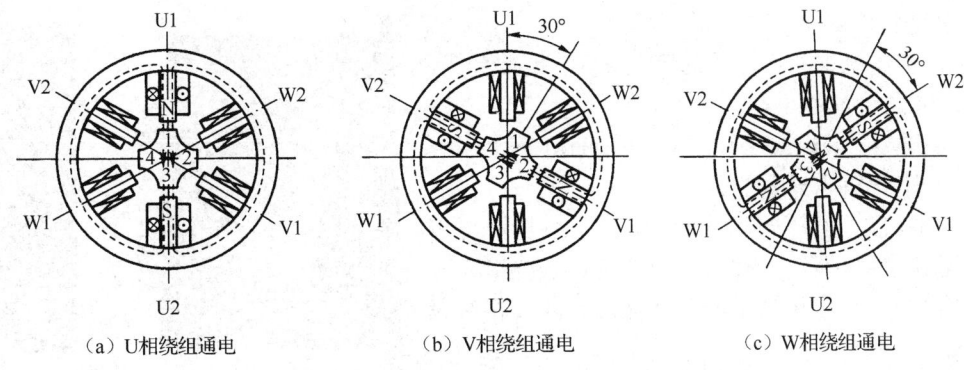

(a) U 相绕组通电　　　　　　(b) V 相绕组通电　　　　　　(c) W 相绕组通电

图 5-1-4 三相反应式步进电机工作原理图（三相三拍运行）

(2) 三相六拍控制

在每次通电循环中,定子绕组有 6 种通电状态,这种通电控制方式称为三相六拍控制。例如,定子绕组按 U→UV→V→VW→W→WU→U 顺序通电就属于三相六拍控制,其中三拍为单相单独通电,另外三拍为两相同时通电。

① 当图 5-1-5 中的 U 相绕组单独接通电源时,U 相绕组中有电流通过,气隙中将产生一个沿 U1U2 轴线方向的磁场。在磁拉力作用下,转子铁芯齿 1、3 旋转到与 U 相绕组轴线 U1U2 对齐的位置,如图 5-1-5(a)所示。

② 当图 5-1-5 中的 U 相和 V 相绕组同时接通电源时,U 相和 V 相绕组中都有电流通过,转子铁芯齿 3、4 间的槽轴线与 W1W2 槽轴线对齐,磁拉力将拉动转子铁芯转过 15°电角度,即一拍转过 15°电角度,如图 5-1-5(b)所示。

③ 当图 5-1-5 中的 V 相绕组单独接通电时,V 相绕组中有电流通过,在磁拉力作用下,转子铁芯齿 2、4 旋转到与 V 相绕组轴线 V1V2 对齐的位置,此时转子按顺时针方向又转过 15°电角度,如图 5-1-5(c)所示。

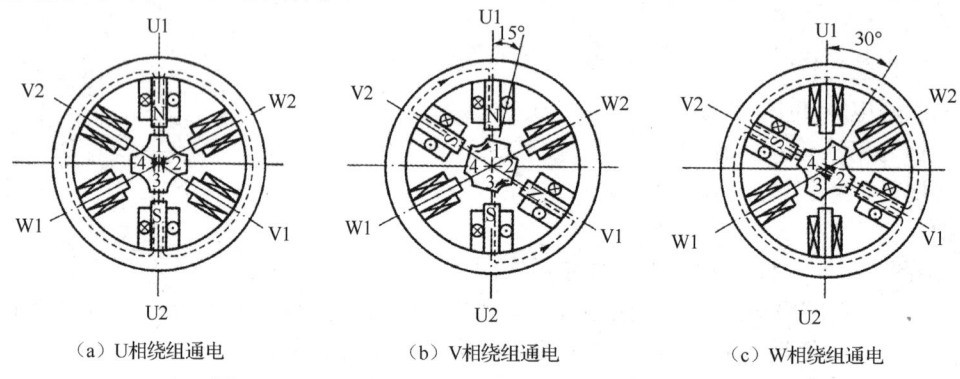

(a)U 相绕组通电　　(b)V 相绕组通电　　(c)W 相绕组通电

图 5-1-5　三相步进电机工作原理图(三相六拍运行)

通过以上分析可得如下结论:

① 改变定子绕组的通电顺序,可以改变步进电机的旋转方向。

② 步进电机转速取决于输入脉冲的频率,频率越高,转速越快。

③ 定子绕组的相数与定子的磁极数相对应。在节拍数相同的情况下,相数越多,每次转过的角度就越小。步进电机定子绕组通常有两相、三相、四相和五相 4 种形式。

④ 在定子绕组相数相同的情况下,节拍数越多,每次转过的角度就越小。

⑤ 步进电机的齿数越多,每次转过的角度就越小。

3. 步进电机驱动器的认识

步进电机的驱动器作为一种特殊电源装置与步进电机配套使用,驱动器按一定次序给定子绕组通入电脉冲信号,步进电机转子就会转过与脉冲数相对应的角度。

步科(Kinco)3M458 型号的驱动器外部结构如图 5-1-6 所示,输入端子的名称和作用说明如表 5-1-1 所示,输出端子的名称和作用说明如表 5-1-2 所示。

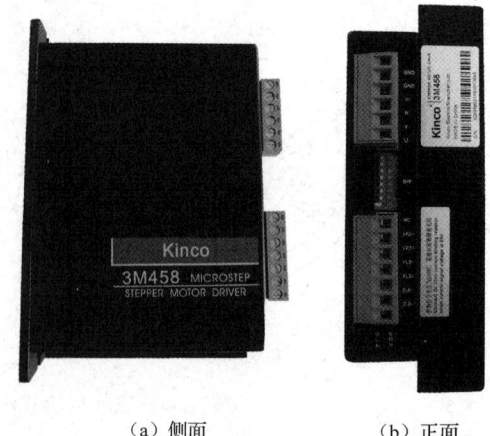

(a)侧面　　(b)正面

图 5-1-6　步科 3M458 型号驱动器外部结构

表 5-1-1　步进驱动器输入端子名称和作用说明

名　　称		作　用　说　明
PLS+	脉冲输入端口+	控制步进电机的位移量
PLS-	脉冲输入端口-	
DIR+	方向控制端口+	控制步进电机的运行方向
DIR-	方向控制端口-	
FRE+	制动控制端口+	控制步进电机的制动
FRE-	制动控制端口-	
NC	公共端	提供电压参考点

表 5-1-2　步进驱动器输出端子名称和作用说明

名　　称		作　用　说　明
U	U 相脉冲输出端口	驱动步进电机
V	V 相脉冲输出端口	
W	W 相脉冲输出端口	
V+	电源端口+	DC 24 V 驱动器工作电源输入
GND	电源端口-	

步进驱动器外部电路接线如图 5-1-7 所示。

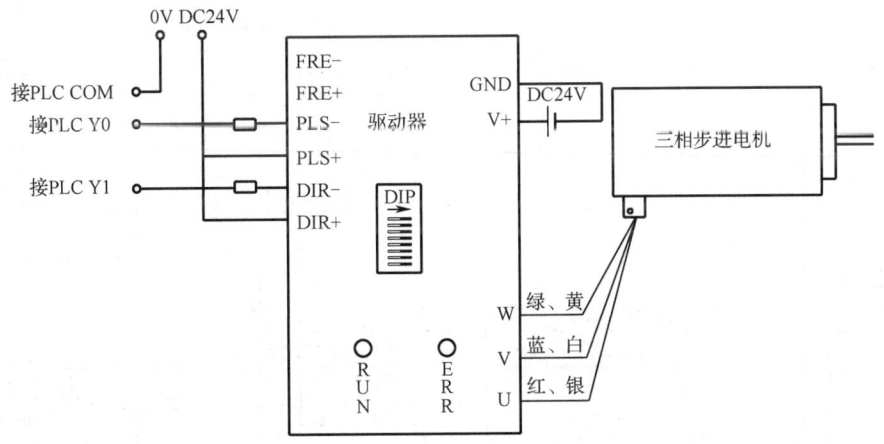

图 5-1-7　步进驱动器外部电路接线

在步进驱动器的面板上，通常设有若干个具有专门用途的小型控制开关，如图 5-1-8 所示。其中，DIP1～DIP3 为细分设置开关，它们的作用是设置步进电机每旋转一周所需要的脉冲数，细分设置说明如表 5-1-3 所示；DIP4 为静态电流设置开关，如果 DIP4 为 ON 状态，则步进电机在静止时接受全电流制动控制，如果 DIP4 为 OFF 状态，则步进电机在静止时接受半电流制动控制；DIP5～DIP8 为电流设置开关，它们的作用是设置步进电

图 5-1-8　驱动器的 DIP 开关

机输出电流的大小，也就是设置步进电机输出电磁转矩的大小，输出电流大小的设置说明如表 5-1-4 所示。

表 5-1-3　步进驱动器的细分设置说明

DIP1	DIP2	DIP3	细分（步/转）
1	1	1	400
1	1	0	500
1	0	1	600
1	0	0	1000
0	1	1	2000
0	1	0	4000
0	0	1	5000
0	0	0	10000

表 5-1-4　步进驱动器输出电流设置说明

DIP5	DIP6	DIP7	DIP8	输出电流（A）
0	0	0	0	3.0
0	0	0	1	4.0
0	0	1	1	4.6
0	1	1	1	5.2
1	1	1	1	5.8

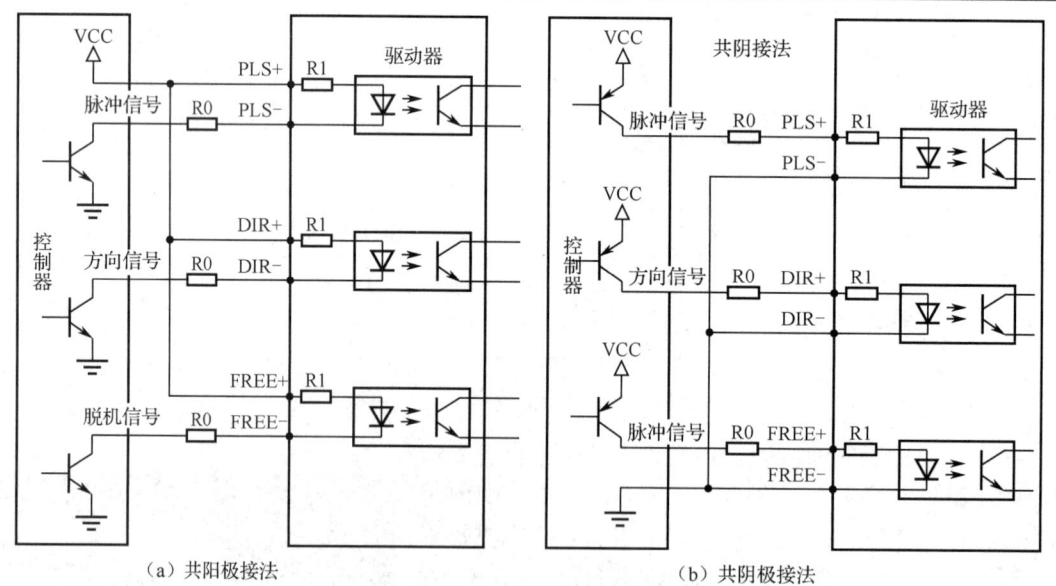

图 5-1-9　PLC 和驱动器之间的接线方式

【注意事项】

步进电机驱动器一般采用 PLC 控制，由于不同品牌、不同系列、不同型号的 PLC 输出类型是不同的,因此,在进行 PLC 与驱动器的硬件连接时,一定要注意 PLC 的输出类型,这样才能保证两者之间的连线正确。根据 PLC 输出类型的不同,PLC 和驱动器之间的接线有两种方式,一种方式是共阳极接法,另一种方式是共阴极接法,如图 5-1-9 所示。例如,三菱 FX 系列 PLC 支持共阳极接法,所以该系列 PLC 的输出口应该和步进驱动器的输入负端口连接,如图 5-1-7 所示。另外,在使用直流 24V 电源时,为限制 PLC 的输出电流,PLS-端子和 DIR-端子须串入 2kΩ 电阻。

4. 步进电机主要性能指标

（1）步距角

每给一个脉冲信号,步进电机转子所转过的角度,称为步距角,常用电角度来表示,即

$$\alpha = \frac{360°}{NZ_r}$$

式中,Z_r 为转子齿数;N 为运行拍数。

（2）齿距角 θ_s

相邻两齿中心线间的夹角称为齿距角,通常定子和转子具有相同的齿距角。齿距角为

$$\theta_s = \frac{360°}{Z_r}$$

（3）最大静转矩 T_m

T_m 指每相绕组通入额定电流时所得的值。一般来说,T_m 值较大的步进电机可以带动较大的负载。负载转矩和最大静转矩的比值通常为 0.3～0.5。

（4）精度

步进电机的精度有两种表示方法,一种用最大步距误差来表示,另一种用最大步距累计误差来表示。

最大步距误差是指步进电机旋转一周相邻两步之间最大步距和理想步距的差值,用理想步距的百分数表示。

最大步距累计误差是指从任意位置开始经过任意步期间角位移误差的最大值。步进电机每转一圈的步距累计误差为零。

（5）启动频率

步进电机在一定负载下启动和停止均不失步的最高频率称为启动频率,又称极限启动频率。

（6）运行频率

运行频率是指拖动一定负载使频率连续上升时,步进电机能不失步运行的极限频率。其大小与负载转矩大小有关。

5. 步进电机的控制

步进电机的控制框图如图 5-1-10 所示。PLC 向步进驱动器发送高速脉冲信号,步进驱动器根据输入的脉冲数和频率驱动步进电机按规定的速度和角度旋转。

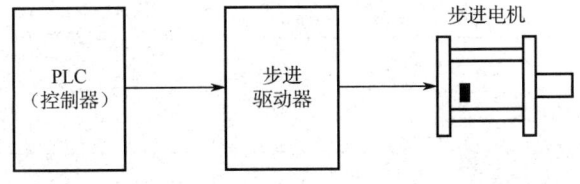

图 5-1-10　步进电机控制框图

（1）脉冲输出指令

PLC 作为控制器，经常以高速脉冲输出方式控制步进电机运行，因此需要使用脉冲输出指令。三菱 FX 系列 PLC 有多个脉冲输出指令，这里只简单介绍其中一个——PLSY 指令。

PLSY 指令格式如图 5-1-11 所示。

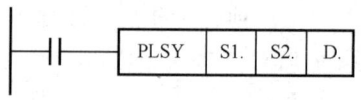

指令解读：当驱动条件成立时，从输出口 D 输出一个频率为 S1、脉冲个数为 S2 的脉冲串。S1 是指输出脉冲频率或其储存地址；S2 是指输出脉冲个数或其储存地址，如果 S2=K0，则输出连续脉冲；D 是指定的脉冲串输出口，仅限 PLC 的 Y0、Y1 和 Y2。

图 5-1-11　PLSY 指令格式

（2）应用举例

举例：控制一台步进电机正/反转往复运行，脉冲频率为 5000 个/s，脉冲数为 30000 个。

本例中用到的输入/输出元件及其控制功能如表 5-1-5 所示，梯形图如图 5-1-12 所示。

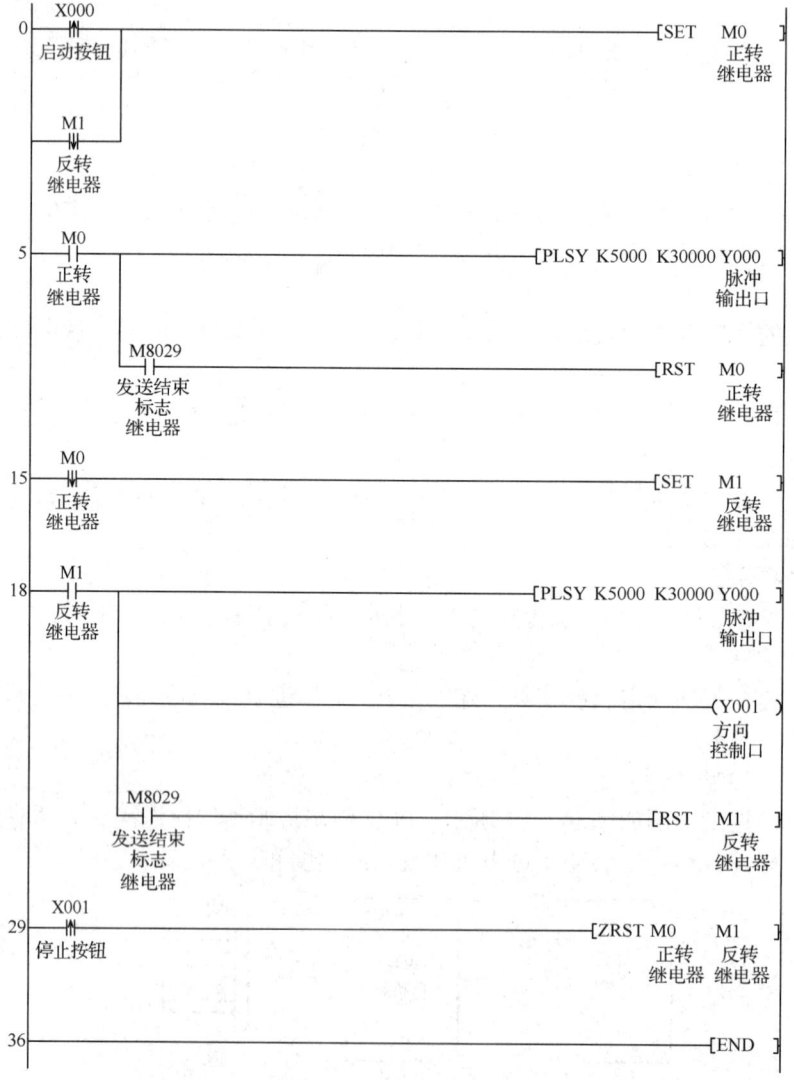

图 5-1-12　步进电机正/反转往复运行控制程序

表 5-1-5　输入/输出元件及其控制功能

说　明	PLC 软元件	元件文字符号	元 件 名 称	控 制 功 能
输入	X000	SB1	启动按钮	启动
	X001	SB2	停止按钮	停止
输出	Y000	PLS-	脉冲输出端口	位移控制
	Y001	DIR-	方向控制端口	方向控制

当以点动方式按下启动按钮时，X000 的常开触点瞬间变为常闭，驱动 PLC 执行[SET　M0]指令，使 M0 继电器得电。M0 常开触点的闭合驱动 PLC 执行[PLSY　K5000　K30000　Y000]指令，使步进电机在 5000 个/s 的脉冲频率下正转运行。当步进电机正转走完 30000 个脉冲数后，M8029 特殊功能继电器得电，驱动 PLC 执行[RST　M0]指令，使 M0 继电器失电。由于 M0 继电器失电，驱动 PLC 执行[SET　M1]指令，使 M1 继电器得电。M1 常开触点的闭合驱动 PLC 执行[PLSY　K5000　K30000　Y000]指令，同时 Y001 线圈也得电，使步进电机在 5000 个/s 的脉冲频率下反转运行。当步进电机反转走完 30000 个脉冲数后，M8029 特殊功能继电器得电，驱动 PLC 执行[RST　M1]指令，使 M1 和 Y001 继电器失电。由于 M1 继电器失电，驱动 PLC 再次执行[SET　M0]指令，使程序进入下一个循环状态。

当以点动方式按下停止按钮时，X001 的常开触点瞬时变为常闭，驱动 PLC 执行[ZRST　M0　M1]指令，使 M0 和 M1 继电器失电，PLC 不再执行[PLSY　K5000　K30000　Y000]指令，步进电机停止运行。

【任务实施】

【任务实施器材】

（1）步科（Kinco）步进电机，型号为 2S56Q，一台/组。
（2）步科（Kinco）步进驱动器，型号为 3M458，一台/组。
（3）三菱 FX$_{3U}$ 系列 PLC，型号为 FX$_{3U}$-40MT，一台/组。
（4）直流 24V 开关电源，型号为 DR-75-24，一台/组。
（5）低压断路器，型号为 DZ47-10，一只/组。
（6）网孔板，一块/组。
（7）电工工具和耗材包，一套/组。

【任务实施步骤】

（1）步进电机的认识

本次实训所使用的步进电机如图 5-1-13 所示。

相关要求：识别绕组的引出线；识别步进电机铭牌，认真观察并记录铭牌上的有关信息，包括型号、生产商、防护等级、相数及接法等。

（2）步进电机驱动器认识

本次实训所使用的步进驱动器如图 5-1-14 所示。

图 5-1-13　实训用步进电机

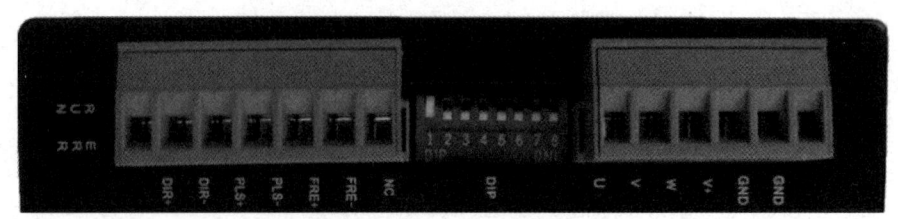

图 5-1-14 实训用步进驱动器

相关要求：对照图 5-1-14 识别步进驱动器的接口。

（3）步进电机间歇运行控制

① 控制要求。

控制一台步进电机间歇式工作，即该步进电机每次转 5 整圈后自动停止，停 10s 后再转 5 整圈停 10s，接下来依此顺序循环运行。

② 步进控制系统设计。

根据控制要求，编制 PLC 的输入/输出地址分配表，如表 5-1-6 所示；设计步进控制系统接线图，如图 5-1-15 所示；设计步进电机运行控制程序，如图 5-1-16 所示。

表 5-1-6　输入/输出地址分配表

说　明	PLC 软元件	元件文字符号	元　件　名　称	控　制　功　能
输入	X000	SB_0	按钮	启动
	X001	SB_1	按钮	停止
输出	Y000	PLS-	脉冲输出端口	位移控制

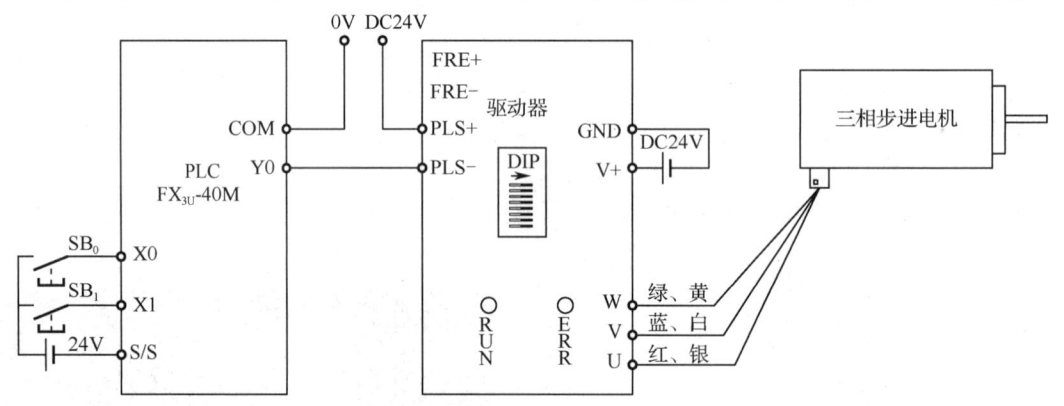

图 5-1-15　步进控制系统接线图

③ 系统调试。

检查步进控制系统的硬件接线是否与图 5-1-15 保持一致；检查接线端子的压接情况，观察接线是否有松脱现象。硬件电路经确认无误后，系统才可以上电调试。

第一步：设置细分，将细分开关 DIP1 置为"ON"状态。

现场工况：细分设置结果如图 5-1-17 所示；步进电机旋转 5 整圈需要 5000 个脉冲数。

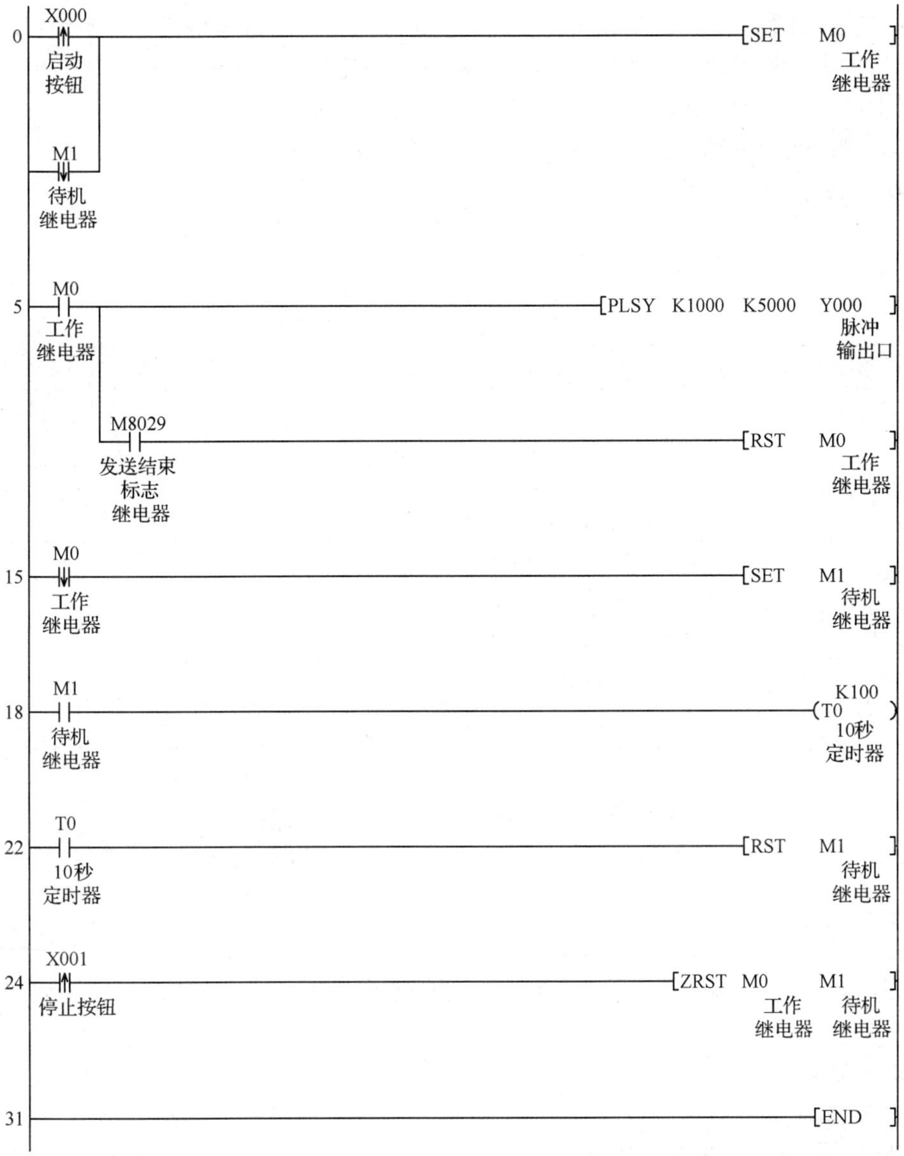

项目 5 控制电机的认识

```
     X000                                            ┌SET   M0     ┐
0 ───┤/├──────────────────────────────────────────── │      工作    │
     启动                                            │      继电器  │
     按钮                                            └─────────────┘
      │
      M1
     ─┤/├─
     待机
     继电器


     M0                                    ┌PLSY  K1000  K5000  Y000 ┐
5 ───┤├──────────────────────────────────── │                   脉冲 │
     工作                                   │                   输出口│
     继电器                                 └─────────────────────────┘
      │
      │  M8029                                       ┌RST   M0     ┐
      ├──┤├──────────────────────────────────────── │      工作    │
         发送结束                                     │      继电器  │
         标志                                        └─────────────┘
         继电器


      M0                                              ┌SET   M1     ┐
15 ───┤/├──────────────────────────────────────────── │      待机    │
      工作                                            │      继电器  │
      继电器                                          └─────────────┘


      M1                                                       K100
18 ───┤├─────────────────────────────────────────────────────( T0  )
      待机                                                     10秒
      继电器                                                   定时器


      T0                                              ┌RST   M1     ┐
22 ───┤├──────────────────────────────────────────── │      待机    │
      10秒                                            │      继电器  │
      定时器                                          └─────────────┘


      X001                                   ┌ZRST   M0     M1     ┐
24 ───┤├───────────────────────────────────── │       工作   待机   │
      停止按钮                                │       继电器 继电器 │
                                              └─────────────────────┘


31 ──────────────────────────────────────────────────────────[END]
```

图 5-1-16 步进电机运行控制程序

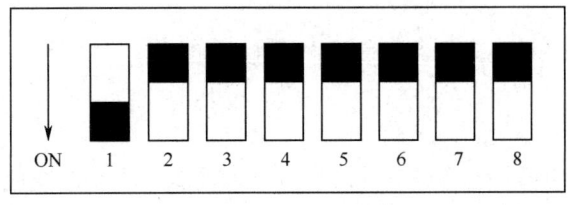

图 5-1-17 细分设置图示

第二步：系统上电，将图 5-1-16 所示程序下传给 PLC。

现场工况：PLC 的 POW 和 RUN 指示灯亮；步进电机没有旋转。

第三步：以点动方式按压启动按钮 SB_0。

现场工况：PLC 的 Y0 指示灯亮，步进电机正转运行；步进电机正转 5 整圈后，Y0 指示灯熄灭，步进电机停止运行；待机 10s 后，步进电机再次正转运行，后续进入循环工作状态。

第四步：以点动方式按压停止按钮 SB_1。

现场工况：PLC 的输出指示灯熄灭，步进电机停止旋转。

【任务考核与评价】

步进电机控制训练的考核见表 5-1-7。

表 5-1-7 步进电机控制训练的考核

项目内容	配分	评分标准	自评	互评	教师评
认识步进电机	20	① 能正确识别步进电机引出线 10 分； ② 能正确识读步进电机铭牌 10 分			
认识步进驱动器	20	① 能识别步进驱动器的输入端子 10 分； ② 能识别步进驱动器的输出端子 10 分			
步进电机控制	50	① 硬件设计和接线正确 20 分； ② 软件设计和调试正确 30 分			
安全、文明操作	10	违反一次扣 5 分			
定额时间	30min	每超过 5min 扣 5 分			
开始时间		结束时间		总评分	

任务 2 伺服电机控制训练

【任务要求】

本任务通过学习伺服电机，使学生全面了解伺服电机的结构、工作原理及驱动方式，掌握伺服电机的运行控制方法。

【知识目标】

1．了解交流伺服电机结构；
2．熟悉交流伺服电机的工作原理；
3．熟悉交流伺服驱动器的接口。

【技能目标】

能对伺服控制系统进行正确接线，能控制伺服电机运行。

【任务相关知识】

伺服电机又称执行电机，它能将电压信号转变为伺服电机轴的角速度或角位移输出。伺服电机分为直流伺服电机和交流伺服电机两大类，与直流伺服电机相比，交流伺服电机具有运行稳定、可控性好、响应快速、灵敏度高及机械特性好等优点。因此，交流伺服电机占据市场主导地位，本任务中所涉及的伺服电机均指交流伺服电机。

1．伺服电机结构

三菱伺服电机外部结构如图 5-2-1 所示，它主要由定子、转子和编码器组成。

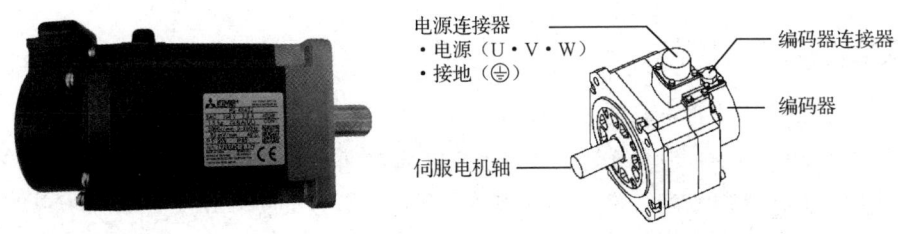

图 5-2-1　三菱伺服电机外部结构

伺服电机的定子结构与普通交流电动机的定子结构一样，也由铁芯和绕组两部分组成；伺服电机的转子结构不同于普通交流电机的转子结构，它采用稀土永磁材料制成。伺服电机的编码器如图 5-2-2 所示，编码器被安装在伺服电机轴上，这样就使得编码器的码盘能随伺服电机轴同步转动。当伺服电机旋转时，编码器对外输出脉冲信号，其分辨率为 131072 脉冲/转，该脉冲信号通过传输线反馈至伺服驱动器，使伺服电机自身就构成了一个闭环。

图 5-2-2　伺服电机编码器

2．伺服电机工作原理

伺服电机的工作原理和普通交流电动机一样。当上位机（如 PLC）向伺服电机的驱动器发出运行控制指令时，驱动器就会给伺服电机的定子绕组通入三相交流电，这样在定子内膛就会产生一个旋转磁场。由于永磁式转子受到定子旋转磁场的作用，转子就会沿着定子磁场的旋转方向跟随定子磁场做同步转动。同时，伺服电机自带的编码器输出脉冲信号，该脉冲信号反馈至伺服驱动器，伺服驱动器再根据反馈值与目标值进行比较，调整转子转动的角度，伺服电机运行控制框图如图 5-2-3 所示。

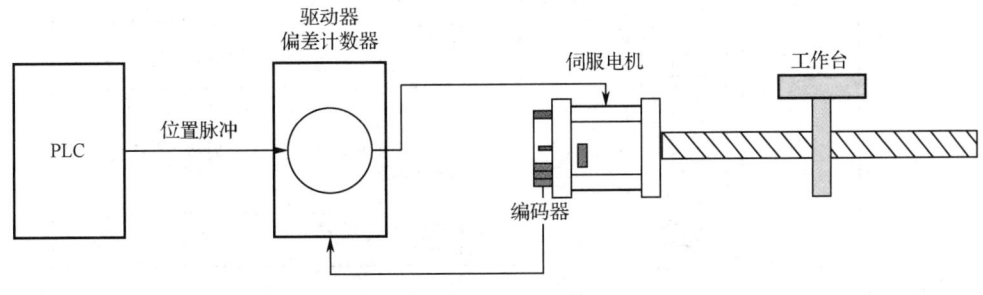

图 5-2-3　伺服电机运行控制框图

> 课堂讨论
>
> 问题：伺服电机与同步电机有何异同？
> 答案：这两种电动机的定子结构和工作原理基本相同，因此，伺服电机可以看作同步电机。但从转子结构上看，伺服电机的转子是永磁体，不需要励磁，而大型同步电机的转子有励磁绕组，需要通过励磁来建立转子磁场。从运行精度上看，伺服电机自身带有编码器，其运行精度高，而且编码器分辨率越高，其运行精度就越高。从控制参量上来看，伺服电机可以控制速度、方向和旋转角度三个参量，而同步电机只可以控制速度和方向两个参量。从使用场合上来看，伺服电机用于运动控制场合，而同步电机用于拖动场合。

3．伺服电机驱动器的认识

伺服电机必须由驱动器驱动才能旋转，伺服驱动器的作用类似于变频器作用于三相交流感应式电机，因此伺服驱动器和伺服电机必须成套使用。本任务以三菱 MR-JE 系列驱动器为例，介绍驱动器的使用。

【注意事项】

在伺服控制系统集成时，由于不同厂家生产的伺服驱动器和伺服电机一般是不匹配的，所以伺服驱动器和伺服电机要尽量选用同一个品牌，用户最好不要随意混合搭配。

三菱 MR-JE 系列驱动器是一款经济型驱动器，外部结构及说明如图 5-2-4 所示，型号命名原则如图 5-2-5 所示，主电路接线如图 5-2-6 所示，控制电路接口如图 5-2-7 所示。

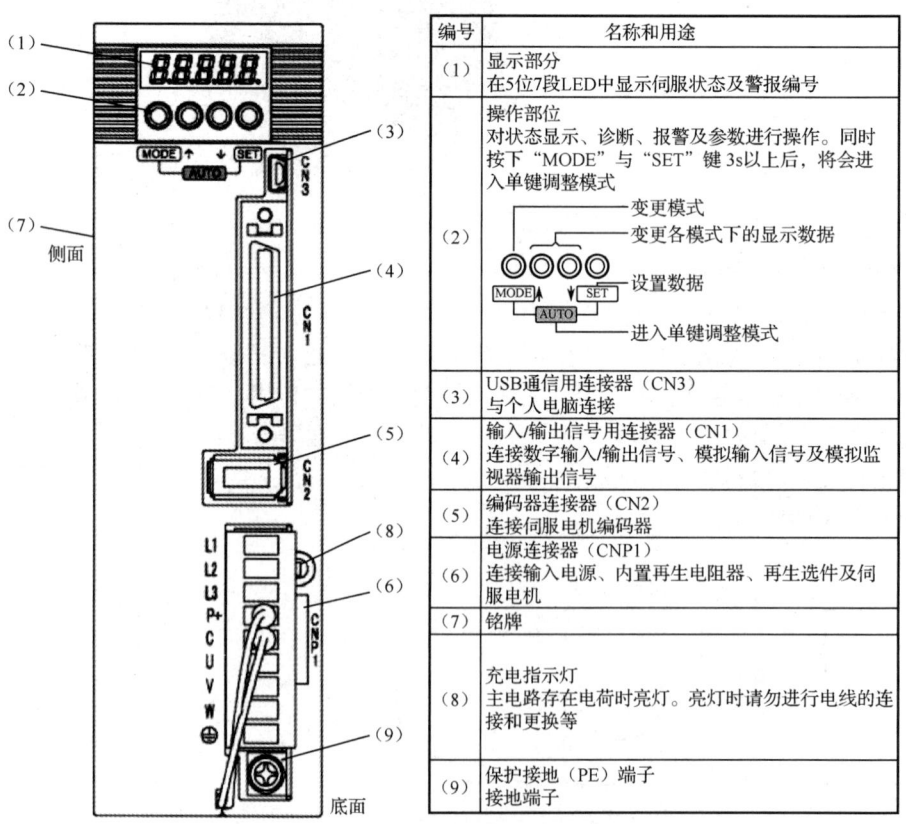

图 5-2-4　三菱 MR-JE 系列驱动器外部结构

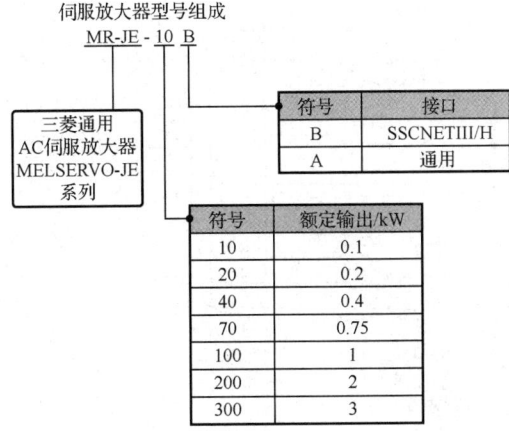

图 5-2-5 三菱 MR-JE 系列驱动器型号命名原则

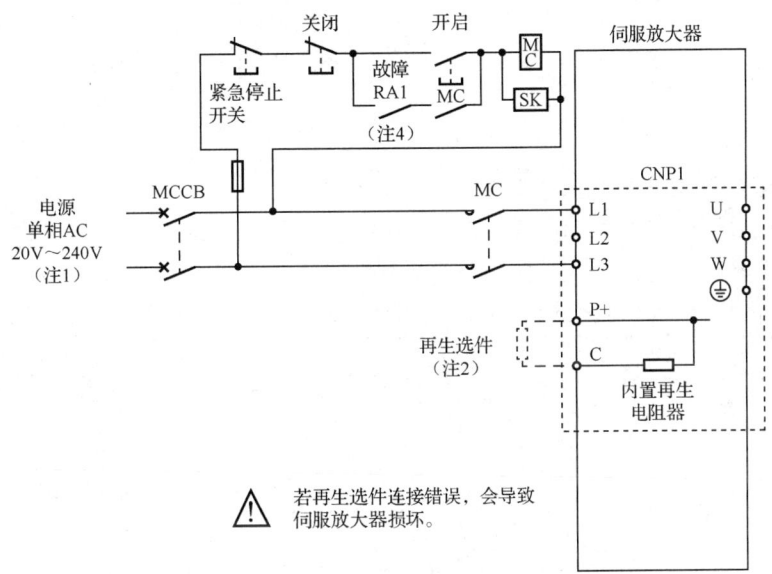

图 5-2-6 三菱 MR-JE 系列驱动器主电路接线图

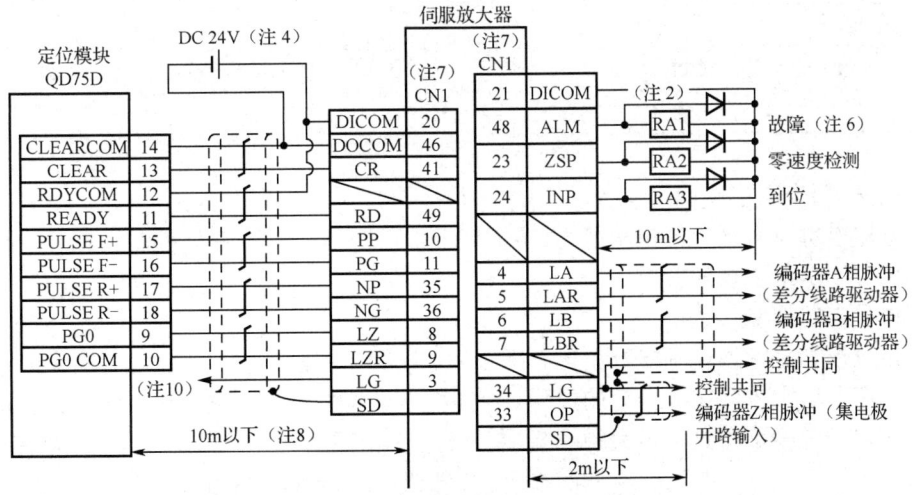

图 5-2-7 三菱 MR-JE 系列驱动器控制电路接口

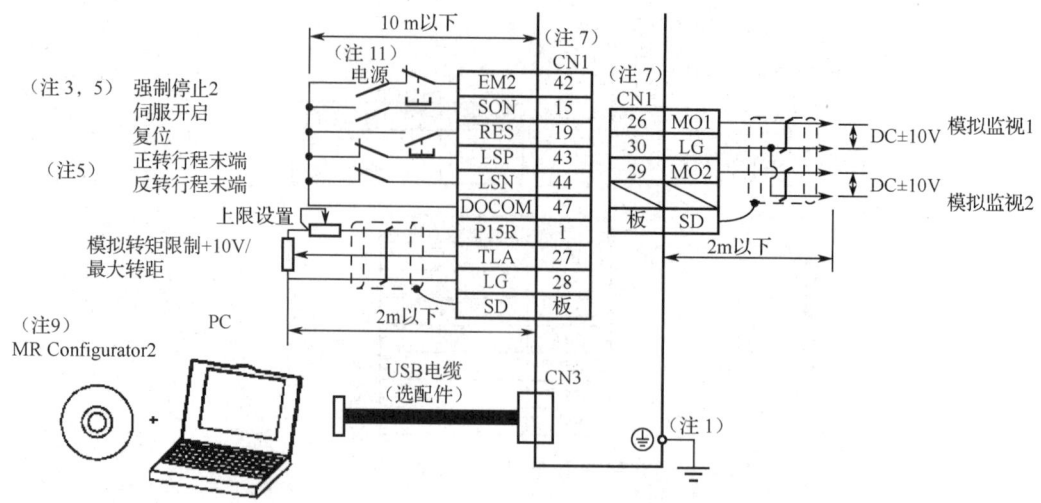

图 5-2-7　三菱 MR-JE 系列驱动器控制电路接口（续）

课堂讨论

问题：步进电机与伺服电机有哪些不同呢？

答案：步进电机和伺服电机虽然都属于控制电机，但两者在结构、工作原理、控制精度和低频特性等方面却有很大不同，具体如表 5-2-1 所示。

表 5-2-1　步进电机与伺服电机的比较

项　　目	步 进 电 机	伺 服 电 机
基本结构	定子采用凸极式、转子表面有齿、不带编码器	定子采用隐极式、转子表面光滑、带编码器
工作原理	脉冲信号控制，"一步一步"地运行	长信号控制，连续运行
功率	功率较小，最大功率只能达到瓦级	功率较大，最大功率能达到千瓦级
控制精度	采用开环控制方式，控制精度低	采用闭环控制方式，控制精度高
过载能力	几乎无过载能力	有 3 倍左右过载能力
低频特性	在起步或低速运行时容易丢转，低频特性不好	全速域不丢转，低频特性好
稳定运行速域	一般在 200~500r/m	一般在 0~3000r/m
控制模式	速度（频率）、位置（脉冲数）	速度（频率）、位置（脉冲数）和扭矩（电流）
价格	相对便宜	相对昂贵

4．伺服电机的应用

伺服电机具有优异的控制能力，被广泛应用在定位控制、速度控制和转矩控制等场合，其中定位控制是最主要的应用。

（1）定位控制

定位控制是指当控制器发出控制指令后，伺服电机能驱动运动件（如机床工作台）按照指定的速度和指定方向完成指定的位移。当伺服电机被引入到定位控制系统后，定位控制的运行速度和定位精度都得到了很大的提高，能够充分满足高精度控制要求。定位控制应用非常广泛，例如，机床工作台的移动、电梯的平层、定长处理、仓库码垛和食品包装等。

（2）定位控制系统组成

采用伺服电机作为执行元件的定位控制系统框图如图 5-2-8 所示。

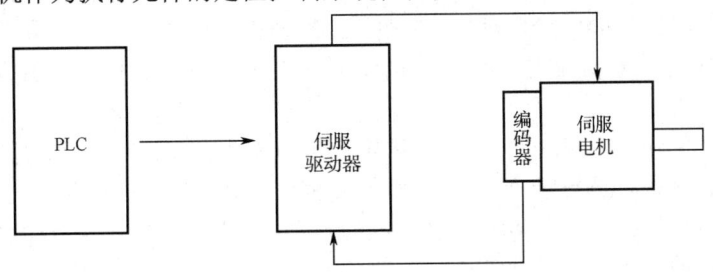

图 5-2-8　定位控制系统框图

在图 5-2-8 中，控制器主要是 PLC，其作用是通过执行程序下达控制指令，使伺服电机按控制要求完成位移和定位。目前，许多 PLC 不仅能提供多轴的高速脉冲输出，还能提供多种用于定位控制的指令，使定位控制程序的编制十分容易。另外，PLC 与伺服驱动器的硬件连接也十分简单。因此，PLC 在定位控制中如鱼得水、得心应手，使用 PLC 作为定位控制系统的控制器已成为当前应用的一种趋势。

（3）应用举例

举例：使用十字手柄开关，手动控制某工作台沿 X 轴和 Y 轴往复移动。

本例中用到的输入/输出元件及其控制功能如表 5-2-2 所示，梯形图程序如图 5-2-9 所示。

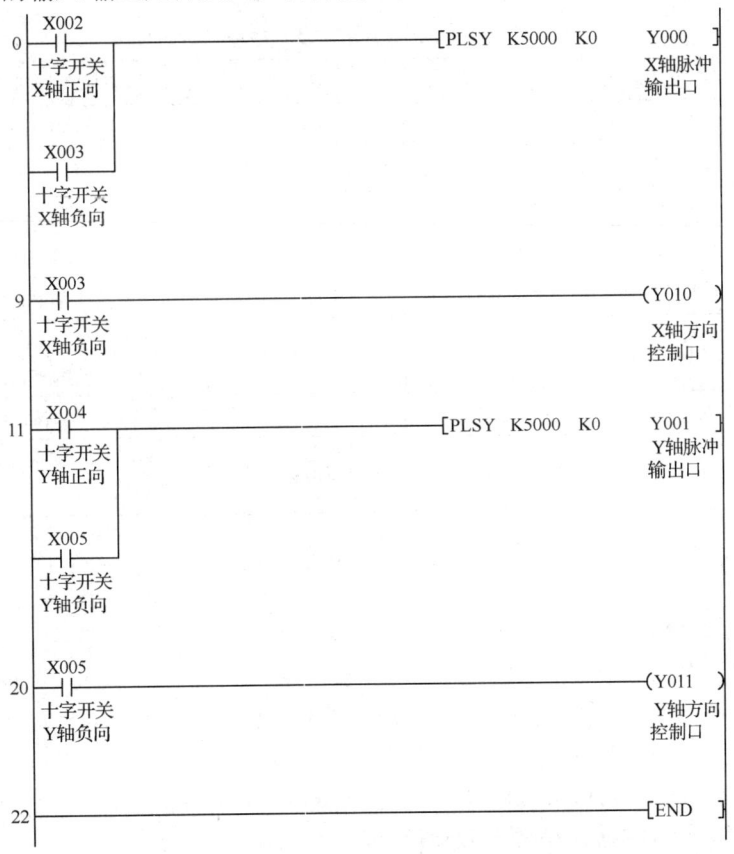

图 5-2-9　手动控制工作台沿 X 轴和 Y 轴往复移动程序

① X 轴方向移动控制分析。

当十字手柄开关向左侧拨动时，X002 的常开触点变为常闭，PLC 执行[PLSY K5000 K0 Y000]指令，使工作台以 5000 个脉冲/秒的速度沿 X 轴正向移动；当十字手柄开关回拨至初始位时，X002 的常开触点恢复常开，PLC 不执行[PLSY K5000 K0 Y000]指令，使工作台停止移动。

当十字手柄开关向右侧拨动时，X003 的常开触点变为常闭，Y010 继电器得电，PLC 执行[PLSY K5000 K0 Y000]指令，使工作台以 5000 个脉冲/秒的速度沿 X 轴负向移动。当十字手柄开关回拨至初始位时，X003 的常开触点恢复常开，PLC 不执行[PLSY K5000 K0 Y000]指令，Y010 继电器失电，使工作台停止移动。

② Y 轴方向移动控制分析。

当十字手柄开关向左侧拨动时，X004 的常开触点变为常闭，PLC 执行[PLSY K5000 K0 Y001]指令，使工作台以 5000 个脉冲/秒的速度沿 Y 轴正向移动；当十字手柄开关回拨至初始位时，X004 的常开触点恢复常开，PLC 不执行[PLSY K5000 K0 Y001]指令，使工作台停止移动。

当十字手柄开关向右侧拨动时，X005 的常开触点变为常闭，Y011 继电器得电，PLC 执行[PLSY K5000 K0 Y001]指令，使工作台以 5000 个脉冲/秒的速度沿 Y 轴负向移动。当十字手柄开关回拨至初始位时，X005 的常开触点恢复常开，PLC 不执行[PLSY K5000 K0 Y001]指令，Y011 继电器失电，使工作台停止移动。

表 5-2-2　输入/输出元件及其控制功能说明表

说　明	PLC 软元件	元件文字符号	元件名称	控制功能
输入	X002	SA1-1	十字手柄开关	沿 X 轴正向运行
	X003	SA1-2		沿 X 轴负向运行
	X004	SA1-3		沿 Y 轴正向运行
	X005	SA1-4		沿 Y 轴负向运行
输出	Y000	PP（CN1）	驱动器 1	X 轴脉冲输出
	Y010	NP（CN1）	驱动器 1	Y010 为 OFF 时，X 轴正方向控制 Y010 为 ON 时，X 轴负方向控制
	Y001	PP（CN1）	驱动器 2	Y 轴脉冲输出
	Y011	NP（CN1）	驱动器 2	Y011 为 OFF 时，Y 轴正方向控制 Y011 为 ON 时，Y 轴负方向控制

【任务实施】

【任务目实施器材】

（1）三菱伺服电机，型号为 HG-KR43J，两台/组；

（2）三菱伺服驱动器，型号为 MR-JE-10A，两台/组；

（3）三菱 PLC，型号为 FX_{3U}-32MT，一台/组；

（4）两轴滑台（同步齿形带传动），尺寸为 600 mm×600 mm；

（5）直流 24V 开关电源，型号为 DR-75-24，一台/组；

（6）低压断路器，型号为 DZ47-10，一只/组；

（7）网孔板，一块/组；

（8）电工工具和耗材包，一套/组。

【任务实施步骤】

（1）伺服电机的认识

本次实训所使用的伺服电机如图 5-2-10 所示，铭牌如图 5-2-11 所示。

图 5-2-10　三菱伺服电机　　　　　　图 5-2-11　三菱伺服电机铭牌

相关要求：识别绕组和编码器的引出线；识别电机铭牌，认真观察并记录铭牌上的有关信息，包括型号、生产商、防护等级、相数及接法等。

（2）伺服电机驱动器认识

本次实训所使用的伺服驱动器如图 5-2-12 所示。

图 5-2-12　三菱 MR-JE-10A 型伺服驱动器

相关要求：对照图 5-2-6 识别驱动器主电路接口，对照图 5-2-7 识别驱动器控制电路接口。

（3）工作台沿正方形运行控制

① 控制要求。

在两轴滑台上，分别控制两台伺服电机，使工作台沿 X 轴方向和 Y 轴方向运动，最终形成正方形运行轨迹。在每轴行程范围内，正方形的边长可自行确定。

② 伺服控制系统设计。

根据控制要求，编制 PLC 的 I/O 地址分配表，如表 5-2-3 所示；设计伺服控制系统接线图，如图 5-2-13 所示；设计工作台运行控制程序，如图 5-2-14 所示。

表 5-2-3 输入/输出元件及其控制功能说明表

说　明	PLC 软元件	元件文字符号	元件名称	控 制 功 能
输入	X000	SB_0	按钮	启动
	X001	SB_1	按钮	停止
输出	Y000	PP（CN1）	驱动器 1	X 轴脉冲输出
	Y010	NP（CN1）	驱动器 1	Y010 为 OFF 时，X 轴正方向控制 Y010 为 ON 时，X 轴负方向控制
	Y001	PP（CN1）	驱动器 2	Y 轴脉冲输出
	Y011	NP（CN1）	驱动器 2	Y011 为 OFF 时，Y 轴正方向控制 Y011 为 ON 时，Y 轴负方向控制

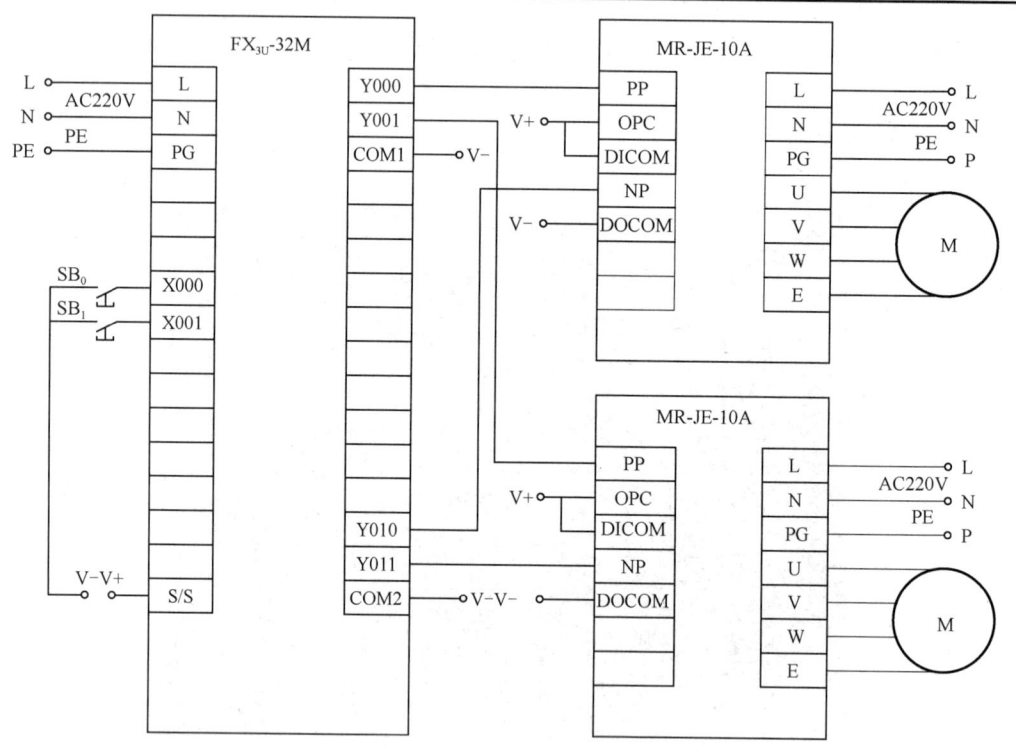

图 5-2-13 伺服控制系统接线图

③ 系统调试。

检查伺服控制系统的硬件接线是否与图 5-2-13 保持一致，检查接线端子的压接情况，观察接线是否有松脱现象。硬件电路经确认正确无误后，系统才可以上电调试。

第一步：系统上电，将图 5-2-14 所示程序下传给 PLC。

现场工况：PLC 的 POW 和 RUN 指示灯亮；伺服电机没有旋转。

第二步：以点动方式按压启动按钮 SB_0。

项目 5 控制电机的认识

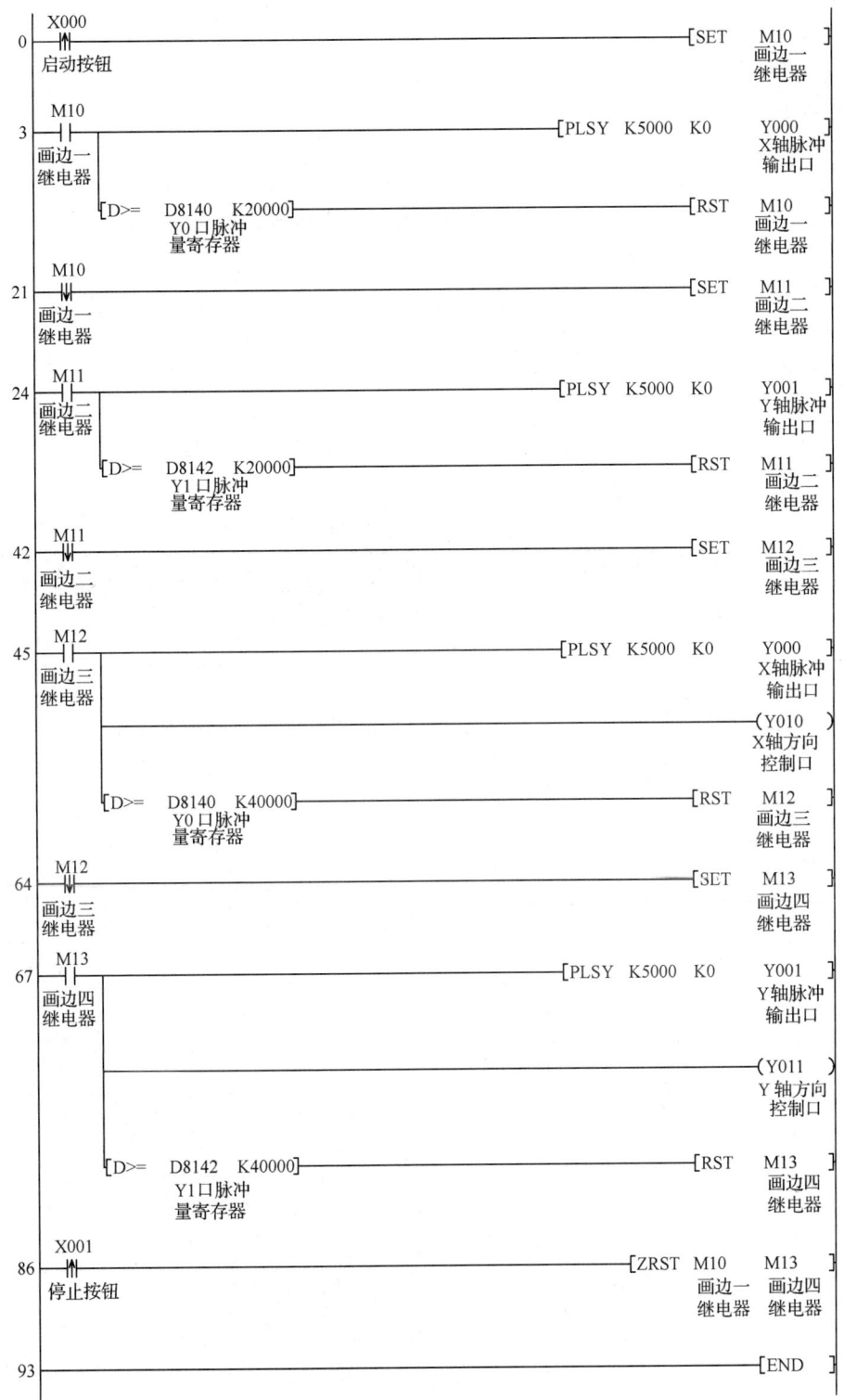

图 5-2-14 工作台运行控制程序

ⅰ 观察工作台走第一个方边

现场工况：PLC 的 Y0 指示灯亮，X 轴伺服电机正转，工作台右移。

ⅱ 观察工作台走第二个方边

现场工况：PLC 的 Y1 指示灯亮，Y 轴伺服电机正转，工作台后移。

ⅲ 观察工作台走第三个方边

现场工况：PLC 的 Y0 和 Y010 指示灯亮，X 轴伺服电机反转，工作台左移。

ⅳ 观察工作台走第四个方边

现场工况：PLC 的 Y1 和 Y011 指示灯亮，工作台前移。

第三步：以点动方式按压停止按钮 SB1。

现场工况：PLC 的输出指示灯熄灭，伺服电机停止旋转。

【任务考核与评价】

伺服电机认识和控制的考核见表 5-2-4。

表 5-2-4 伺服电机认识和控制考核

项目内容	配分	评分标准	自评	互评	教师评
伺服电机认识	20	① 能正确识别伺服电机引出线 10 分； ② 能正确识读伺服电机铭牌 10 分			
驱动器认识	20	① 能识别驱动器主电路的端子 10 分； ② 能识别驱动器控制电路的端子 10 分			
伺服电机控制	50	① 硬件设计和接线正确 20 分； ② 软件设计和调试正确 30 分			
安全、文明操作	10	违反一次扣 5 分			
定额时间	30min	每超过 5min 扣 5 分			
开始时间		结束时间		总评分	

附录 A 电机绕线模尺寸

表 A-1 Y80～Y160（IP44）电动机绕线模尺寸

电动机型号	功率/kW	定子铁芯/mm			槽数 Z_1/Z_2	气隙/mm	定子绕组				接法	线模尺寸								
		铁芯长	内径	外径			线规	每槽匝数	节距	线圈形式		t_{y1}	t_{y2}	t_{y3}	L_1	L_2	L_3	R_1	R_2	R_3	b
Y801-2	0.75	65	67	120	18/16	0.3	1×0.63	111	1～8	单层交叉	1Y	58	71		169						8
Y802-2	1.1	80	67	120	18/16	0.3	1×0.71	90	1～9						180			30	36		
Y90S-2	1.5	80	72	130		0.35	1×0.8	77				66	79		185						9
Y90L-2	2.2	110	72	130		0.35	1×0.9	58	2～10						213			33	40		
Y100L-2	3.0	100	94	155	24/20	0.4	1×1.18	40	1～12 2～11	单层同心	1Y	87	104		208	230		44	52		10
Y112M-2	4.0	105	98	175		0.45	1×1.06	48						120	230	244	275	44	52	60	
Y132S-2	5.5	105	116	210	30/26	0.55	1×0.9 1×0.95	44				88	104		237	259	300	51	62	73	
Y132S$_2$-2	7.5	125	116	210		0.55	1×1.0 1×1.06	37	1～16 2～15		1△	102	124	146	257	279	320	51	62	73	12
Y160M$_1$-2	11	125	150	260	30/26	0.65	2×1.18 1×1.25	28	3～14 1～14						297	323	349	66	79	92	
Y160M$_2$-2	15	155	150	260		0.65	2×1.18 2×1.12	23	2～13			132	158	184	327	353	379	66	79	92	
Y160L-2	18.5	195	150	260	30/26	0.65	2×1.12 2×1.18	19							367	393	419	66	79	92	

续表

电动机型号	功率/kW	定子铁芯/mm 铁芯长	定子铁芯/mm 内径	定子铁芯/mm 外径	槽数 Z_1/Z_2	气隙/mm	定子绕组 线规	定子绕组 每槽匝数	定子绕组 节距	定子绕组 线圈形式	接法	t_{y1}	t_{y2}	t_{y3}	线模尺寸 L_1	L_2	L_3	R_1	R_2	R_3	b
Y801-4	0.55	65	75	120	24/22	0.25	1×0.56	128	1~6	单层链式	1Y	50			119			31			
Y802-4	0.75	80	75	120	24/22	0.25	1×0.63	103	1~6	单层链式	1Y	50			129			31			
Y90S-4	1.1	90	80	130		0.25	1×0.71	81	1~6	单层链式	1Y	50			146			36			
Y90L-4	1.5	120	80	130		0.25	1×0.8	63	1~6	单层链式	1Y	50			174			36			
Y100L$_1$-4	2.2	105	98	155	36/32	0.3	2×0.71	41	1~9	单层交叉	1△	59	67		180			32		37	
Y100L$_2$-4	3.0	135	98	155	36/32	0.3	1×1.18	31	2~10	单层交叉	1△	59	67		210			32		37	
Y112M-4	4.0	135	110	175		0.3	1×1.06	46	1~9	单层交叉	2△	67	72		210			34		40	
Y132S-4	5.5	115	136	210	36/32	0.4	1×0.9 1×0.95	47	2~10	单层交叉	△	84	94		195			53	53	65	
Y132M-4	7.5	160	136	210		0.4	2×1.06	35	1~8			84	94		245			53	65		10
Y160M-4	11	155	170	260		0.4	1×1.3	56	1~9						253			60	69		12
Y160L-4	15	195	170	260	36/26	0.4	2×1.12 1×1.18	22	2~10			104	146		293			60	69		
Y90S-6	0.75	100	86	130		0.25	1×0.67	77	1~8	单层链式	1Y	36			146			22			9
Y90L-6	1.1	125	86	130		0.25	1×0.75	60	1~6	单层链式	1Y	48			165			22			10
Y100L-6	1.5	100	106	155	36/33	0.25	1×0.85	53	1~6	单层链式	1Y	53			158			28			
Y112M-6	2.2	110	120	175	30/26	0.45	1×1.06	44	1~6	单层链式	1Y				171			30			
Y132S-6	3.0	110	148	210	36/33	0.4	1×0.85 1×0.9	38	1~6	单层链式	1△	65			170			43			9
Y132M$_1$-6	4.0	140	148	210		0.4	1×1.06	52	1~6	单层链式	1△	65			200			43			10
Y132M$_2$-6	5.5	180	148	210	36/33	0.35	1×1.25	42	1~6	单层链式	1△	65			240			43			9

续表

电动机型号	功率/kW	定子铁芯/mm 铁芯长	内径	外径	槽数 Z1/Z2	气隙/mm	线规	每槽面数	节距	线圈形式	接法	t_{y1}	t_{y2}	t_{y3}	L_1	L_2	L_3	R_1	R_2	R_3	b
Y160M-6	7.5	145	180	260		0.4	2×1.12	38				79			220			47			12
Y160L-6	11	195	180	260		0.4	4×0.95	28							270			47			
Y132S-8	2.2	110	148	210	48/44	0.35	1×1.12	38	1~6	单层链式	1Y	49			165			30			9
Y132M-8	3.0	140	148	210		0.35	1×1.3	30							195			30			
Y160M₁-8	4.0	110	180	260		0.4	1×1.25	49	1~6		1△	60			178			37			12
Y160M₂-8	5.5	145	180	260	48/44	0.4	2×1.0	39							208			37			
Y160L-8	7.5	195	180	260		0.4	1×1.12 1×1.18	30							263			37			

表 A-2 Y180~Y315（IP44）电动机绕线模尺寸

电动机型号	功率/kW	定子铁芯/mm 铁芯长	内径	外径	槽数 Z1/Z2	气隙/mm	线规	每槽面数	节距	线圈形式	接法	t_y	L	L_x	b
Y180M-2	22	175	160	290	36/28	0.8	2×1.3 2×1.4	16	1~14	双层叠式	△	202	215	126	9
Y180M-4	18.5	190	187	290	48/44	0.55	2×1.8	32	1~11			132	230	79	7.5
Y180L-4	22	220	187	290	54/44	0.55	2×1.3	28	1~11				260		
Y180L-6	15	200	205	290	54/58	0.45	1×1.5	34	1~9			100	235	61	6.5
Y180L-8	11	200	205	290	36/28	0.45	2×0.9	46	1~7			74	235	45	6.5
Y200L₁-2	30	180	182	327	36/28	1.0	2×1.12 2×1.18	28	1~14		2△	230	225	140	8
Y200L₂-2	31	210	182	327	48/44	1.0	1×1.4 1×1.5	24					255		

续表

电动机型号	功率/kW	定子铁芯/mm 铁芯长	内径	外径	槽数 Z1/Z2	气隙/mm	定子绕组 线规	每槽面数	节距	线圈形式	接法	线模尺寸 τy	L	Lx	b
Y200L-4	30	230	210	327	54/44	0.65	1×1.06	48	1~11		4△	150	275	87	
Y200L1-6	18.5	195	210	327	54/44	0.65	1×1.14	32				113	230	65	7
Y200L2-6	22	220	230	327	54/44	0.5	1×1.12 1×1.18	28	1~9		2△		260	50	
Y200L-8	15	195	230	327	54/58	0.5	2×1.25 1×1.06 1×1.12	38	1~7			83	230	159	
Y225M-2	45	210	210	368	36/28	1.1	3×1.4 1×1.5	22	1~14		4△	260	250	117	12
Y225S-4	37	200	245	368	48/44	0.7	2×1.25	46	1~12			190	240	76	
Y225M-4	45	235	245	368	48/44	0.7	1×1.3 1×1.4	40	1~12		2△		275	61	10
Y225M-6	30	210	260	368	54/44	0.5	1×1.3 1×1.4	26	1~9	双层叠式	4△	124	250	173	
Y225S-8	18.5	170	260	368	54/58	0.5	1×1.3	38	1~7			94	210	119	6.5
Y225M-8	22	210	260	368		0.5	2×1.4	32			3△		250	92	12.5
Y250M-2	55	195	225	400	36/28	1.2	6×1.4	20	1~14			284	259	67	10
Y250M-4	55	140	260	400	48/44	0.8	3×1.3	36	1~12		2△	202	290	192	7
Y250M-6	37	225	285	400	72/58	0.55	1×1.12 2×1.18	28	1~12			145	265		24
Y250M-8	30	225	255	445	42/34	1.5	3×1.3	22	1~9			103	275		
Y280S-2	75	225	255	445	42/34	1.5	7×1.5	14	1~16				275		
Y280M-2	90	260	255	445	42/34	1.5	8×1.5	12	1~16			312	310		

204

附录A 电机绕线模尺寸

续表

电动机型号	功率/kW	定子铁芯/mm			槽数 Z1/Z2	气隙/mm	定子绕组				接法	线模尺寸			
		铁芯长	内径	外径			线规	每槽匝数	节距	线圈形式		τ_y	L	L_x	b
Y280S-4	75	240	300	445	60/50	0.9	2×1.25 2×1.3	26	1~14		4△	217	290	137	12
Y280M-4	90	325	300	445	60/50	0.9	5×1.3	20	1~4				375		
Y280S-6	45	215	325	445	72/58	0.65	2×1.3 1×1.4	26	1~12		3△	164	265	100	9
Y280M-6	55	200	325	445	72/58	0.65	1×1.4 2×1.5	22	1~12		3△	164	310	100	9
Y280S-8	37	215	325	445	72/58	0.65	2×1.3	40	1~12		4△	117	265	75	9
Y280M-8	45	260	325	445	72/58	0.65	1×1.5 1×1.4	34	1~12	双层叠式			310		
Y315S-2	110	290	300	520	48/40	1.8	1×1.5 4×1.6	9	1~18		2△	370	340	240	16
Y315M₁-2	132	340	300	520	48/40	1.8	5×1.4 12×1.5	8	1~18				390		
Y315M₂-2	100	380	300	520	48/40	1.8	17×1.5	7	1~18				430		
Y315S-4	110	300	350	520	72/64	1.1	3×1.3 4×1.4	16	1~17		4△	264	355	165	10
Y315M₁-4	132	350	350	520	72/64	1.1	3×1.3 4×1.4	14	1~17				405		
Y315M₂-4	160	400	350	520	72/64	1.1	2×1.4 6×1.5	12	1~17				455	105	
Y315S-6	75	300	375	520	72/58	0.8	1×1.4 2×1.5	34	1~11		6△	175	350	115	

续表

电动机型号	功率/kW	定子铁芯/mm 铁芯长	定子铁芯/mm 内径	定子铁芯/mm 外径	槽数 Z1/Z2	气隙/mm	定子绕组 线规	定子绕组 每槽匝数	定子绕组 节距	定子绕组 线圈形式	定子绕组 接法	τ_y	线模尺寸 L	线模尺寸 L_x	线模尺寸 b
Y315M₁-6	90	350	375	520		0.8	1×1.5 2×1.6	30	1~11		6△	175	400	115	10
Y315M₂-6	110	400	375	520		0.8	1×1.4 3×1.5	25	1~11		2△	175	450	115	10
Y315M₃-6	132	455	375	520		0.8	1×1.5 3×1.6	22	1~11		8△	175	505	115	10
Y315S-8	55	300	390	520	72/58	0.8	7×1.5	14	1~9	双层叠式	4△	141	350	90	10
Y315M₁-8	75	350	390	520		0.8	1×1.5 1×1.6	46	1~9		8△	141	400	90	10
Y315M₂-8	90	400	390	520		0.8	4×1.3 2×1.4	20	1~9		8△	141	450	90	10
Y315M₃-8	110	455	390	520		0.8	1×1.4 2×1.5	34	1~9		10△	141	505	90	10
Y315S-10	45	300	390	520	90/72	0.8	1×1.12 1×1.18	66	1~9		10△	113	350	73	10
Y315M₁-10	55	400	390	520		0.8	2×1.3	52	1~9		10△	113	400	73	10
Y315M₃-10	75	455	390	520		0.8	2×1.4 2×1.5	32	1~9		5△	113	505	73	10

附录 B 常见的三相异步电动机技术数据

表 B-1 Y 系列（IP44）三相异步电动机技术数据

型号	功率/kW	定子铁芯/mm 铁芯长	定子铁芯/mm 内径	定子铁芯/mm 外径	槽数 Z_1/Z_2	定子绕组 线规	定子绕组 每槽匝数	节距	绕组形式	接法
Y801-2	0.75	65	120	67	19/16	0.6	121	1~9 2~10	单层交叉	Y
Y802-2	1.1	80	120	67	18/16	0.6	99			Y
Y90S-2	1.5	80	130	72	18/16	0.8	87			Y
Y90L-2	2.2	110	130	72	18/16	0.9	67			Y
Y100L-2	3.0	100	155	94	24/20	1.12	44	1~12 2~11	单层同心	△
Y112M-2	4.0	105	175	98	30/26	2×0.71	53			△
Y132S$_1$-2	5.5	105	210	116	30/26	2×0.9	48	1~16 2~15 3~14		△
Y132S$_2$-2	7.5	125	210	116	30/26	2×1.0	41			△
Y160M$_1$-2	11	125	260	150	30/26	2×1.18 2×1.12	31			△
Y160M$_2$-2	15	155	260	150	30/26	2×1.25 1×1.3	25			△
Y160L-2	18.5	195	260	150	30/26	2×1.18 2×1.25	21			△
Y180M-2	22	175	290	160	36/28	2×1.30 2×1.25	18	1~14	双层叠绕	2△
Y200L$_1$-2	30	180	327	182	36/28	2×1.25 1×1.30	30			2△
Y200L$_2$-2	37	210	327	182	36/28	3×1.4	26	1~14	双层叠绕	2△
Y225M-2	45	210	368	210	36/28	2×1.3 2×1.40	24			2△
Y250M-2	55	195	400	225	36/28	4×1.3 2×1.4	22			2△
Y280S-2	75	225	445	255	42/34	5×1.4 2×1.5	16	1~16		2△
Y280M-2	90	260	445	255	42/34	6×1.4 2×1.50	14			2△
Y801-4	0.55	65	120	75	24/22	0.53	141	1~6	单层链式	Y
Y802-4	0.75	80	120	75	24/22	0.6	115			Y
Y90S-4	1.1	90	130	80	24/22	0.67	89			Y
Y90L-4	1.5	120	130	80	24/22	0.75	70			Y

续表

型号	功率/kW	定子铁芯/mm			槽数 Z_1/Z_2	定子绕组				
		铁芯长	内径	外径		线规	每槽匝数	节距	绕组形式	接法
Y100L_1-4	2.2	105	155	98	36/32	0.95	45	1～9 2～10	单层交叉	Y
Y100L_2-4	3.0	135	155	98	36/32	1.12	34			Y
Y112M-4	4.0	135	175	110	36/32	2×0.71	51			△
Y132S-4	5.5	115	210	136	36/32	2×0.85	51			△
Y132M-4	7.5	160	210	136	36/32	2×1.0	38	1～9 2～10	单层交叉	△
Y160M-4	11	155	260	170	36/26	1.18 1.30	31			△
Y160L-4	15	195	260	170	36/26	3×1.18	24			△
Y180M-4	18.5	190	290	187	48/44	1×1.12 2×1.25	70			4△
Y180L-4	22	220	290	187	48/44	1.40 1.50	30	1～11	双层叠绕	2△
Y200L-4	30	230	327	210	48/44	1.40 1.50	26			2△
Y225S-4	37	200	368	245	48/44	2×1.18	50			4△
Y225M-4	45	235	368	245	48/44	1×1.25 3×1.3	22	1～12		2△
Y250M-4	55	140	400	260	48/44	3×1.3 2×1.4	20			2△
Y280M-4	90	325	445	300	60/50	1×1.3 3×1.4	22	1～14		4△
Y90S-6	0.75	100	130	86	36/33	0.63	85	1～6		Y
Y90L-6	1.1	125	130	86	36/33	0.71	70			Y
Y100L-6	1.5	100	155	106	36/33	0.80	58			Y
Y112M-6	2.2	110	175	120	36/33	2×0.71	49		单层链式	Y
Y132S-6	3.0	110	210	148	36/33	0.85 0.9	42	1～6		Y
Y132M_1-6	4.0	140	210	148	36/33	1.06	58			△
Y132M_2-6	5.5	180	210	148	36/33	1.25	45			△
Y160M-6	7.5	145	260	180	36/33	2×1.06	43			△
Y160L-6	11	195	260	180	36/33	3×1.06	31			△
Y180L-6	15	200	290	205	54/44	1.4	38			2△
Y200L_1-6	18.5	195	327	230	54/44	2×1.12	34	1～9	双层叠绕	2△
Y200L_2-6	22	220	327	230	54/44	2×1.18	30			2△
Y225M-6	30	210	368	260	54/44	1.18 1.30	34	1～11		3△

续表

型号	功率/kW	定子铁芯/mm			槽数 Z_1/Z_2	定子绕组				
		铁芯长	内径	外径		线规	每槽匝数	节距	绕组形式	接法
Y250M-6	37	225	400	285	72/58	1.30 1.40	30	1～12	双层叠绕	3△
Y280S-6	45	215	445	325	72/58	2×1.25 1.30	28	1～12	双层叠绕	3△
Y280M-6	55	260	445	325	72/58	3×1.4	24			3△
Y132S-8	2.2	110	210	148	48/44	1.06	42			Y
Y132M-8	3.0	140	210	148	48/44	1.25	33	1～6	单层链式	Y
Y160M$_1$-8	4.0	110	260	180	48/44	1.18	54			△
Y160M$_2$-8	5.5	145	260	180	48/44	2×0.95	43			△
Y160L-8	7.5	195	260	180	48/44	1.06 1.12	33			△
Y180L-8	11	200	290	205	54/58	1.18 1.25	26	1～7	双层叠绕	△
Y200L-8	15	195	327	230	54/58	1.4	44			2△

表 B-2　Y 系列（IP23）三相异步电动机技术数据

型号	功率/kW	定子铁芯/mm			槽数 Z_1/Z_2	定子绕组			
		铁芯长	外径	内径		线规	每槽匝数	节距	接法
Y160M-2	15	100		160	36/28	2×Φ1.06 1×Φ1.12	24		
Y160L$_1$-2	18.5	125		160	36/28	1×Φ1.4 1×Φ1.5	20	1～14	△
Y160L$_2$-2	22	135		160	36/28	1×Φ1.5 1×Φ1.6	18		
Y160M-4	11	100			48/44	1×Φ1.8	54		
Y160L$_1$-4	15	130	290	187	48/44	1×Φ1.3	42	1～11	2△
Y160L$_2$-4	18.5	150			48/44	1×Φ1.4 1×Φ1.5	18		
Y160M-6	7.5	95		205	54/44	1×Φ1.4	32	1～9	1△
Y160L-6	11	125		205	54/44	2×Φ1.8 1×Φ1.3	24		
Y160M-8	5.5	95			54/50	1×Φ1.0	42	1～7	
Y160L-8	7.5	125			54/50	1×Φ1.06	32		
Y180M-2	30	135	327	182	36/28	2×Φ1.3	32	1～14	2△
Y180L-2	37	160		182	36/28	2×Φ1.4	27		
Y180M-4	22	135		210	48/44	2×Φ1.12	36	1～11	

续表

型号	功率/kW	定子铁芯/mm			槽数 Z_1/Z_2	定子绕组			
		铁芯长	外径	内径		线规	每槽匝数	节距	接法
Y180L-4	30		175			$2×\phi1.3$	32		
Y180M-6	15	327	125	230	54/44	$1×\phi1.4$	44	1～9	$2\triangle$
Y180L-6	18.5		155			$2×\phi1.06$	36		
Y180M-8	11	327	125	230	54/44	$2×\phi0.9$	56	1～9	
Y180L-8	15		155			$2×\phi1.0$	44		
Y200M-2	45		155	210	36/28	$2×\phi1.25$ $2×\phi1.30$	24	1～14	
Y200L-2	55		185			$3×\phi1.4$	21		
Y200M-4	37		155	245	48/44	$1×\phi1.12$ $2×\phi1.18$	26	1～11	$2\triangle$
Y200L-4	45	400	185			$3×\phi1.3$	22		
Y200M-6	22		135		54/44	$2×\phi1.18$	36	1～9	
Y200L-6	30		165			$2×\phi1.3$ $2×\phi1.4$	30		
Y200M-8	18.5		135		54/50	$1×\phi1.6$	44	1～7	
Y200L-8	22		165			$2×\phi1.25$	36		
Y225M-2	75		185	225	36/28	$3×\phi1.6$	18	1～14	
Y225M-4	55		185	260	48/44	$1×\phi1.25$ $1×\phi1.3$	40	1～12	$4\triangle$
Y225M-6	37		175	285	72/58	$1×\phi1.18$ $1×\phi1.25$	30		$3\triangle$
Y225M-8	30		175			$1×\phi1.4$	50	1～9	$4\triangle$
Y250S-2	90	445	170	225	42/34	$2×\phi1.3$ $3×\phi1.4$	6	1～16	$2\triangle$
Y250M-2	110		195	225	42/34	$4×\phi1.5$ $1×\phi1.6$	4	1～16	
Y250S-4	75		185	300	60/50	$2×\phi1.25$ $3×\phi1.3$	14	1～14	$2\triangle$
Y250M-4	90	445	215			$4×\phi1.25$ $2×\phi1.3$	12		
Y250S-6	45		165			$2×\phi1.4$	28	1～12	$3\triangle$
Y250M-6	55		195			$4×\phi1.06$	24		
Y250S-8	37		165	325	72/58	$1×\phi1.06$ $1×\phi1.12$	46	1～9	$4\triangle$
Y250M-8	45		195			$1×\phi1.18$ $1×\phi1.25$	38		

续表

型号	功率/kW	定子铁芯/mm			槽数 Z_1/Z_2	定子绕组			
		铁芯长	外径	内径		线规	每槽匝数	节距	接法
Y280M-2	132	200	493	280	60/50	$6×\Phi1.5$	12	1~16	$2\triangle$
Y280S-4	110	200	493	330	60/50	$4×\Phi1.25$	24	1~14	$4\triangle$
Y280M-4	132	240	493	330	60/50	$4×\Phi1.4$	20	1~14	$4\triangle$
Y280S-6	95	185	493	330	60/50	$3×\Phi1.4$	22	1~12	$3\triangle$
Y280M-6	90	240	493	330	60/50	$3×\Phi1.5$	18	1~12	$3\triangle$
Y280S-8	55	185	493	360	72/58	$1×\Phi1.3$ $1×\Phi1.4$	36	1~9	$4\triangle$
Y280M-8	75	240	493	360	72/58	$1×\Phi1.5$ $1×\Phi1.6$	28	1~9	$4\triangle$

注：绕组形式均为双层叠绕。

附录C 常用圆漆包线规格数据

表 C-1 常用圆漆包线规格数据表

裸导线直径 /mm	裸导线截面积 /mm²	20℃时直流电阻值/(Ω/km)	裸导线直径 /mm	裸导线截面积 /mm²	20℃时直流电阻值/(Ω/km)
0.020	0.00031	55587	0.59	0.273	64.1
0.025	0.00049	35574	0.62	0.302	58
0.030	0.00071	24704	0.64	0.322	54.5
0.040	0.00126	13920	0.67	0.353	49.7
0.050	0.00196	8949	0.69	0.374	46.9
0.060	0.00283	6198	0.72	0.407	43.0
0.070	0.00385	4556	0.74	0.430	40.7
0.080	0.00503	3487	0.77	0.466	37.6
0.090	0.00636	2758	0.80	0.503	34.8
0.100	0.00785	2237	0.83	0.541	32.4
0.110	0.00950	1846	0.86	0.581	30.1
0.120	0.01131	1551	0.90	0.636	27.5
0.130	0.01327	1322	0.93	0.679	25.8
0.140	0.01539	1139	0.96	0.724	24.2
0.150	0.01767	993	1.00	0.785	22.4
0.160	0.0201	872	1.04	0.850	20.6
0.170	0.0227	773	1.08	0.916	19.1
0.180	0.0255	689	1.12	0.985	17.8
0.190	0.0284	618	1.16	1.057	16.6
0.200	0.0314	558	1.20	1.131	15.5
0.210	0.0346	506	1.25	1.227	14.3
0.230	0.0415	422	1.30	1.327	13.2
0.250	0.0491	357	1.35	1.431	12.3
0.270	0.0573	306	1.40	1.539	11.3
0.290	0.0661	265	1.45	1.651	10.6
0.310	0.0755	232	1.50	1.767	9.93
0.330	0.0855	205	1.56	1.911	9.17
0.350	0.0962	182	1.62	2.06	8.5
0.380	0.1134	155	1.68	2.22	7.91

续表

裸导线直径 /mm	裸导线截面积 /mm²	20℃时直流电阻值/(Ω/km)	裸导线直径 /mm	裸导线截面积 /mm²	20℃时直流电阻值/(Ω/km)
0.410	0.1320	133	1.74	2.38	7.73
0.44	0.1521	115	1.81	2.57	6.81
0.47	0.1735	101	1.88	2.78	6.31
0.49	0.1886	93	1.95	2.99	5.87
0.51	0.204	85.9	2.02	3.21	5.47
0.53	0.221	79.5	2.10	3.46	5.06
0.55	0.238	73.7	2.26	4.01	4.37
0.57	0.255	68.7	2.44	4.68	3.75

附录D 常见的单相异步电动机技术数据

表D-1 BO2、CO2、DO2系列单相异步电动机技术数据

型号	功率/kW	定子铁芯/mm			定子槽数	主/副绕组			
		外径	内径	铁芯长		线规	每极匝数	分布方案	平均半匝长
BO2-6312	90	96	50	45	24	0.45/0.33	436/192	22/22	132/132
BO2-6322	120	96	50	54	24	0.50/0.35	357/182	22/22	141/140
BO2-7112	180	110	58	50	24	0.56/0.38	297/167	22/22	148.2/148.5
BO2-7122	250	110	58	62	24	0.63/0.40	235/156	22/22	160.2/160.6
BO2-8012	370	128	67	58	24	0.71/0.45	206/136	22/22	170.4/171.3
BO2-6314	60	96	58	45	24	0.42/0.31	315/127	6/6	97.3/93.5
BO2-6324	90	96	58	54	24	0.45/0.35	270/117	6/6	109.5/109.4
BO2-7114	120	110	67	50	24	0.53/0.33	224/124	6/6	109.4/109.4
BO2-7124	180	110	67	62	24	0.60/0.35	183/102	6/6	121.4/121.4
BO2-8014	250	128	77	58	24	0.71/0.4	158/104	6/6	126.4/126.4
BO2-8024	370	128	77	75	24	0.85/0.47	124/90	6/6	143.9/143.4
CO2-7112	180	110	58	50	24	0.56/0.38	297/247	22/21	148.2/158.3
CO2-7122	250	110	58	62	24	0.63/0.47	235/204	22/21	160.2/170.3
CO2-8012	370	128	67	58	24	0.71/0.53	206/206	22/21	170.4/182
CO2-8022	550	128	67	75	24	0.85/0.56	159/154	22/21	187.6/192
CO2-90S2	750	145	77	70	24	1.0/0.63	147/133	22/21	198.2/211.2
CO2-7114	120	110	67	50	24	0.53/0.35	224/145	6/5	109.4/120.2
CO2-7124	180	110	67	62	24	0.60/0.38	183/124	6/5	121.4/132.2
CO2-8014	250	128	77	58	24	0.71/0.47	158/133	6/5	126.4/199
CO2-8024	370	128	77	75	24	0.85/0.50	124/134	6/5	143.4/155.8
CO2-90S4	550	145	87	70	36	0.95/0.60	127/108	17/13	144.6/157.2
CO2-90L4	750	145	87	90	36	1.06/0.63	96/120	17/13	165/177
DO2-4512	10	71	38	45	12	0.18/0.16	868/971	6/6	106/106
DO2-4522	16	71	38	45	12	0.20/0.19	750/796	6/6	106/106
DO2-5012	25	80	44	45	12	0.25/0.23	519/819	6/6	125.7/125.7
DO2-5022	40	80	44	45	12	0.25/0.25	489/698	6/6	125.7/125.7
DO2-5612	60	90	48	50	24	0.28/0.31	454/527	22/22	131.6/131.6
DO2-5622	90	90	48	50	24	0.33/0.31	363/467	22/22	131.6/131.6

续表

型号	功率 /kW	定子铁芯/mm			定子槽数	主/副绕组			
		外径	内径	铁芯长		线规	每极匝数	分布方案	平均半匝长
DO2-6312	120	96	50	45	24	0.40/0.31	415/593	22/22	132/132
DO2-6322	180	96	50	54	24	0.45/0.33	320/427	22/22	140.7/140.7
DO2-7112	250	110	58	50	24	0.50/0.45	271/382	22/22	148.1/148.1
DO2-5614	40	90	54	50	24	0.28/0.23	356/508	6/6	98.7/98.7
DO2-5624	60	90	54	50	24	0.31/0.28	348/339	6/6	98.7/98.7
DO2-6314	90	96	58	45	24	0.35/0.31	302/374	6/6	98.7/98.7
DO2-6324	120	96	58	54	24	0.40/0.31	259/365	6/6	106.3/106.3
DO2-7114	180	110	67	50	24	0.42/0.38	206/330	6/6	109.4/109.4
DO2-7124	250	110	67	62	24	0.47/0.42	165/268	6/6	121.4/121.4

表 D-2 洗衣机单相电容异步电动机技术数据

用途	型号	功率/W	电流/A	电容器/μF	槽数/Z1	线径/mm	大圈匝数	小圈匝数	节距
洗涤	XD-90	90	0.9	8	24	0.42	110	220	1~6/2~5
	XD-120	120	1.0	10	24	0.45	118	161	
	XD-180	180	1.5	12	24	0.53	80	160	
	XD-250	250	1.8	16	24	0.56	96	69	
	XD-90	90	0.9	8	24	0.38	100	200	
	XD-120	120	1.0	10	24	0.41	88	176	
	XCL-90 XDS-90	90	0.88	8	24	0.35	108	188	1~7/2~6
	XDS-120 XDL-120	120	1.1	9	24	0.38	92	161	
	XDL-180 XDS-180	180	1.54	12	24	0.45	71	124	
	XDL-250 XDS-250	250	2.0	16	24	0.5	57	99	
洗涤	XDC-X-2	85	1.1	8	24	0.38	170	80	1~6/2~5
	JXX-90B	90	1.1	8	24	0.41	107	214	
	XPB15-3	90	1.1	8	24	0.41	107	214	
	XPB15-Ⅰ XPB15-Ⅱ XPB20-1S	90		8	24	0.38	170	80	1~7/2~6
	XPB15-I XPB20-1S	120		8.5	24	6.38	100	200	

续表

用　途	型　号	功率/W	电流/A	电容器/μF	槽数/Z1	线径/mm	大圈匝数	小圈匝数	节　距
洗涤	XPB15-3	90		8.5	24	0.38	175	60	
	XPB20	90		10	24	0.4	148	88	
脱水	XDC-T-2	20	0.6	3	24	0.25	310/455	150/225	1~6/2~5
	XTD-40	40	0.6	3	24	0.27	320/470	320/470	
	XPB20-1S	30		3	24	0.31	150/215	430	
	XPB15-1S	25		3	24	0.27	300/230	300/230	
脱水泵	XPB15-4	20		2	12	0.29	729/942	729/942	1~7/2~6

注：1. 洗涤用电动机主、副绕组数据相同；2. "/"上下为主、副绕组数据。

参考文献

[1] 王占元. 常用电动机的实用绕组. 北京：机械工业出版社，2006.
[2] 潘成林. 电机和变压器的控制与维修问答. 北京：机械工业出版社，2006.
[3] 张晶，郑立平. 电机与拖动技术（实训篇）. 北京：大连理工大学出版社，2006.
[4] 赵承荻，杨利军. 电机与电气控制技术. 北京：高等教育出版社，2007.
[5] 李明. 电机与电力拖动. 北京：电子工业出版社，2010.
[6] 芮静康. 常见电气故障的诊断与维修. 北京：机械工业出版社，2007.
[7] 宁秋平，马宏骞. 维修电工技能实训项目教程. 北京：电子工业出版社，2013.
[8] 马宏骞. 电机技术与应用. 北京：电子工业出版社，2011.
[9] 王建. 维修电工技术（中级）考前指导. 北京：中国劳动社会保障出版社，2007.
[10] 丁继斌，邓利民. 电动机. 北京：化学工业出版社，2008.
[11] 张永花，杨强. 电机及控制技术. 北京：中国铁道出版社，2010.
[12] 才家刚. 电机使用与维修技术问答. 北京：化学工业出版社，2009.
[13] 潘品英. 电动机绕组修理. 上海：上海科学技术出版社，1984.
[14] 孙余凯. 电动机基础与技能实训教程. 北京：电子工业出版社，2007.
[15] 刘午平. 电动机修理从入门到精通. 北京：国防工业出版社，2006.
[16] 孙雅欣. 图解电动机绕组嵌线技巧. 北京：电子工业出版社，2011.
[17] 姚建红，刘小斌. 控制电机及其应用. 黑龙江：哈尔滨工业大学出版社，2012.
[18] 郎永强. 小功率异步电动机维修技术. 北京：化学工业出版社，2007.
[19] 颜嘉男. 伺服电机应用技术. 北京：科学出版社，2010.

反侵权盗版声明

电子工业出版社依法对本作品享有专有出版权。任何未经权利人书面许可,复制、销售或通过信息网络传播本作品的行为,歪曲、篡改、剽窃本作品的行为,均违反《中华人民共和国著作权法》,其行为人应承担相应的民事责任和行政责任,构成犯罪的,将被依法追究刑事责任。

为了维护市场秩序,保护权利人的合法权益,我社将依法查处和打击侵权盗版的单位和个人。欢迎社会各界人士积极举报侵权盗版行为,本社将奖励举报有功人员,并保证举报人的信息不被泄露。

举报电话:(010)88254396;(010)88258888
传　　真:(010)88254397
E-mail:　dbqq@phei.com.cn
通信地址:北京市海淀区万寿路173信箱
　　　　　电子工业出版社总编办公室
邮　　编:100036